Pro/ENGINEER

3D

产品造型及 打印实现

CAD/CAM/CAE 技术联盟◎编著

清华大学出版社
北京

内 容 简 介

《Pro/ENGINEER 产品造型及 3D 打印实现》基于 Pro/ENGINEER 5.0 软件建模，通过 3D 打印机和 3D 打印软件打印模型，并对模型进行优化修补得到最终模型。第 1 章主要介绍 3D 打印概述；第 2 章主要介绍 Pro/ENGINEER 软件的建模基础；第 3 章主要介绍生活用品的建模及打印过程；第 4 章主要介绍电子产品的建模及打印过程；第 5 章主要介绍电器类产品的建模及打印过程；第 6 章主要介绍机械类产品的建模及打印过程；第 7 章主要介绍曲面造型的建模及打印过程；第 8 章主要介绍电热水器的建模及打印过程；第 9 章主要介绍切割机中各个零件的建模及打印过程。

本书适合关注 3D 打印的有关人员阅读，也适合工艺设计和机械设计读者学习使用，还可用作职业培训、职业教育的教材。

图书在版编目（CIP）数据

Pro/ENGINEER 产品造型及 3D 打印实现/CAD/CAM/CAE 技术联盟编著. —北京：清华大学出版社，2018
ISBN 978-7-302-50559-4

Ⅰ．①P… Ⅱ．①C… Ⅲ．①工业产品-产品设计-计算机辅助设计-应用软件 Ⅳ．①TB472-39

中国版本图书馆 CIP 数据核字（2018）第 141040 号

责任编辑：杨静华
封面设计：杜广芳
版式设计：魏 远
责任校对：马子杰
责任印制：宋 林

出版发行：清华大学出版社
　　网　　址：http://www.tup.com.cn，http://www.wqbook.com
　　地　　址：北京清华大学学研大厦 A 座　　　　　邮　编：100084
　　社 总 机：010-62770175　　　　　　　　　　　邮　购：010-62786544
　　投稿与读者服务：010-62776969，c-service@tup.tsinghua.edu.cn
　　质 量 反 馈：010-62772015，zhiliang@tup.tsinghua.edu.cn
印 装 者：北京密云胶印厂
经　　销：全国新华书店
开　　本：203mm×260mm　　　　印　张：22.25　　　字　数：654 千字
版　　次：2018 年 9 月第 1 版　　　印　次：2018 年 9 月第 1 次印刷
定　　价：69.80 元

产品编号：064087-01

前 言
Preface

　　3D 打印技术出现在 20 世纪 90 年代中期，实际上它是一种以数字模型文件为基础，运用粉末状金属或塑料等粘合材料，通过逐层打印的方式来构造物体的技术。3D 打印机与普通打印工作原理基本相同，打印机内装有液体或粉末等"打印材料"，与计算机连接后，通过计算机控制把"打印材料"一层层叠加起来，最终把计算机中的蓝图变成实物。

　　有关 3D 打印的新闻近来在媒体上经常出现，如 3D 打印零件、3D 打印房屋、3D 打印器官的新闻不停地刷新着民众对 3D 打印的认识。有人把 3D 打印称作一场新的革命，这种提法并不过分，3D 打印在未来对我们的生活方式的改变将产生重要的影响。世界各国都在投入巨资发展 3D 打印。在 2014 年美国的国情咨文中，时任总统奥巴马煞费笔墨地谈论了 3D 打印的重要性，让产业工人重视 3D 打印技术，学习这项有可能颠覆工业的新技术。日本政府在 2014 年预算案中划拨了 40 亿日元，将由经济产业省组织实施以 3D 成型技术为核心的制造革命计划。2014 年 6 月，韩国政府宣布成立 3D 打印工业发展委员会，并批准了一份旨在使韩国在 3D 打印领域争取领先位置的总体规划。该规划的目标包括到 2020 年培养 1000 万创客（Maker），并在全国范围内建立 3D 打印基础设施。2015 年 2 月 28 日，我国工信部联合发改委、财政部发文，制定了我国未来关于 3D 打印的战略发展规划。推进计划指出，到 2016 年，初步建立较为完善的增材制造（3D 打印）产业体系，整体技术水平与国际保持同步，在航空航天等直接制造领域达到国际先进水平，在国际市场上占有较大的市场份额。

　　Pro/ENGINEER 三维实体建模设计系统是美国参数技术公司（Parametric Technology Corporation，简称 PTC 公司）的产品，已经在机械、电子、航空、航天、汽车、船舶、军工、建筑、轻工纺织等领域得到了广泛的应用。由于其强大而完美的功能，Pro/ENGINEER 已经成为结构设计师和制造工程师进行产品设计与制造的得力助手。

　　Pro/ENGINEER 在三维实体模型、完全关联性、数据管理、操作简单性、尺寸参数化、基于特征的参数化建模等方面具有其他软件所不具有的优势。本书主要描述利用 Pro/ENGINEER 软件强大的 3D 造型功能，并将设计的 3D 零件利用 3D 打印机快速打印出所需零件的原理过程。本书第 1 章主要介绍 3D 打印概述；第 2 章主要介绍 Pro/ENGINEER 软件的建模基础；第 3 章主要介绍生活用品的建模及打印过程；第 4 章主要介绍电子类产品的建模及打印过程；第 5 章主要介绍电器类产品的建模及打印过程；第 6 章主要介绍机械产品的建模及打印过程；第 7 章主要介绍曲面造型的建模及打印过程；第 8 章主要介绍电热水壶的建模及打印过程；第 9 章主要介绍切割机中各个零件的建模及打印过程。

　　本书提供了极为丰富的学习配套资源，可通过扫描书中和封底二维码下载查看。扫描书后刮刮卡二维码，即可绑定书中二维码的读取权限，再扫描书中二维码，即可在手机中观看对应教学视频。充分利用碎片化时间，随时随地提升。需要强调的是，书中给出的是实例的重点步骤，详细操作过程还需读者通过视频来仔细领会。

本书由 CAD/CAM/CAE 技术联盟主编。CAD/CAM/CAE 技术联盟是一个从事 CAD/CAM/CAE 技术研讨、工程开发、培训咨询和图书创作的工程技术人员协作联盟，包含 20 多位专职和众多兼职 CAD/CAM/CAE 工程技术专家。

在本书的写作过程中，赵志超、张辉、赵黎黎、朱玉莲、徐声杰、卢园、杨雪静、孟培、闫聪聪、李兵、甘勤涛、孙立明、李亚莉、王敏、宫鹏涵、左昉、李谨、刘昌丽、康士廷、胡仁喜、王培合等参与了具体章节的编写或为本书的出版提供了必要的帮助，对大家的付出表示真诚的感谢。由于时间仓促，加上编者水平有限，书中不足之处在所难免，还请广大读者批评指正，编者将不胜感激。

编　者

目 录

Contents

第 1 章

3D 打印概述

　　3D 打印是科技融合体模型中最新的高"维度"的体现之一，近些年来 3D 打印机逐渐进入人们的视野。所谓"3D 打印机"，就是打印三维立体物件的机器，听起来很玄妙，其实已经存在很久了。3D 打印机，是快速成型技术的一种机器，它是一种以数字模型文件为基础，运用粉末状金属或塑料等可粘合材料，通过逐层打印的方式来构造物体的技术。过去其常在模具制造、工业设计等领域被用于制造模型，现正逐渐用于一些产品的直接制造，意味着这项技术正在逐渐普及。

　　3D 打印机能打印出汽车、步枪甚至房子，听起来不可思议，那么 3D 打印机的原理是什么呢？本章将进行简要探讨。

任务驱动&项目案例

1.1　3D 打印基本简介

3D 打印（3D printing）技术又称三维打印技术，是一种以数字模型文件为基础，运用粉末状金属或塑料等可粘合材料，通过逐层打印的方式来构造物体的技术。它无须机械加工或任何模具，就能直接从计算机图形数据中生成任何形状的零件，从而极大地缩短产品的研制周期，提高生产率和降低生产成本。灯罩、身体器官、珠宝、根据球员脚型定制的足球靴、赛车零件、固态电池以及为个人定制的手机、小提琴等都可以用该技术制造出来。

1.1.1　3D 打印发展历史

3D 打印技术的核心制造思想最早起源于 19 世纪末的美国，20 世纪 80 年代已有雏形，其学名为"快速成型"（SLS）。1979 年，类似过程由 RF. Housholder 获得专利，但没有被商业化。在 20 世纪 80 年代中期，SLS 被美国德克萨斯州大学奥斯汀分校的 Deckard 博士开发出来并获得专利。到 20 世纪 80 年代后期，3D 打印技术发展成熟并被广泛应用。

1995 年，麻省理工学院创造了"三维打印"一词，当时的毕业生 Jim Bredt 和 Tim Anderson 修改了喷墨打印机方案，变为把约束溶剂挤压到粉末床的解决方案，而不是把墨水挤压在纸张上的方案。

在此之前，三维打印机数量很少，大多集中在"科学怪人"和电子产品爱好者手中，他们主要用来打印如珠宝、玩具、工具、厨房用品之类的东西，甚至有汽车专家打印出了汽车零部件，然后根据塑料模型去订制真正市面上买到的零部件。

人们可以在一些电子产品商店购买到这类打印机，工厂也在进行直接销售。不过物以稀为贵，一套三维打印机的价格从一般的 750 美元到上等质量的 27000 美元不等。

科学家们表示，三维打印机的使用范围还很有限，不过在未来的某一天人们一定可以通过 3D 打印机打印出更多更实用的物品。

2005 年，市场上首个高清晰彩色 3D 打印机 Spectrum Z510 由 ZCorp 公司研制成功。

2010 年 11 月，世界上第一辆由 3D 打印机打印而成的汽车 Urbee 问世。

2011 年 6 月 6 日，发布了全球第一款 3D 打印的比基尼。

2011 年 7 月，英国研究人员开发出世界上第一台 3D 巧克力打印机。

2011 年 8 月，南安普敦大学的工程师们开发出世界上第一架 3D 打印的飞机。

2012 年 11 月，苏格兰科学家利用人体细胞首次用 3D 打印机打印出人造肝脏组织。

2013 年 10 月，全球首次成功拍卖一款名为"ONO 之神"的 3D 打印艺术品。

2013 年 11 月，美国德克萨斯州奥斯汀的 3D 打印公司"固体概念"（SolidConcepts）设计制造出 3D 打印金属手枪。

3D 打印带来了世界性制造业革命，以前是部件设计完全依赖于生产工艺能否实现，而 3D 打印机的出现，将会颠覆这一生产思路，这使得企业在生产部件时不再考虑生产工艺问题，任何复杂形状的设计均可以通过 3D 打印机来实现。它无须机械加工或模具，就能直接从计算机图形数据中生成任何形状的物体，从而极大地缩短了产品的生产周期，提高了生产效率。尽管仍有待完善，但 3D 打印技术市场潜力巨大，势必成为未来制造业的众多突破技术之一。

1.1.2　3D 打印的应用领域

利用 3D 打印机，工程师可以验证开发中的新产品，把手中的 CAD 数字模型用 3D 打印机制造成实体模型，可以方便地对设计进行验证并及时发现问题，相比传统的方法可以节约大量的时间和成本。

3D 打印机也可以用于小批量产品的生产，这样就可以快速地把产品的样品提供给客户，或进行市场宣传，不用等模具制造好后才制造成品，对于某些小批量定制的产品甚至连模具的成本都可以省去，如电影中用到的各种定制道具。如图 1-1 所示，左边的是某工艺品的原型，右边的是 3D 打印出来的复制品，从造型上看，两者基本上没有什么差别。如图 1-2 所示，电影《机械公敌》中的奥迪 RSQ 汽车就是使用 3D 打印制作的。

图 1-1　3D 打印与实物对比　　　　　　　图 1-2　3D 打印制作的奥迪 RSQ 汽车

至于家用和个人市场方面，应用就因人而异了，不过要推广开来的话可是困难重重，首先目前个人用 3D 打印机并不便宜，价格从几千到几万都有。其次，3D 打印的原材料也不便宜，这些材料的价格便宜的几百元一公斤，最贵的要四万元左右。

1.1.3　3D 打印技术五大发展趋势

在近几年中，更多的资本、更多的公司、更多的创意都涌向了 3D 打印领域。据此，行业也对未来 3D 打印发展前景进行了预测，认为未来 3D 打印的以下五大发展趋势值得关注。

1. 更好、更快、更廉价

企业家正从各方面涌向 3D 打印领域。在未来，3D 打印不仅是一种打印、扫描和共享内容的新方式，而且还将增加打印的精密度、规模以及更好的选择材料，而且打印成本也将下降。总体而言，功能性材料将进入市场，而且还将出现更加先进的打印程序，不久的将来将会看到更加先进的 3D 打印机走向市场。一些初创型企业也会研发出更快、更便宜的 3D 打印设备。

2. 传统公司需要创新和改进

为了维持自己在快速增长的 3D 打印行业内的统治地位，传统的 3D Systems 公司和 Stratasys 公司都将执行简单的战略，即要么收购对方，要么阻击对方。然而这种并购并不一定会产生效果，毕竟，整合业务或业务并购都非常困难，因此这样的措施或许还会适得其反。随着惠普等公司进入 3D 打印市场，再加上一些初创企业的冲击，促使传统的 3D 打印巨头急需加速内部创新，并努力推出更好、更便宜的解决方案，从而增加他们的市场份额。对这些公司而言，需要改进的两大重要领域就是 3D 打印速度和材料价格。

3. 3D 照相馆的崛起

一些公司已经开设了一些小规模的店内 3D 大头照拍摄馆。简单的 3D 扫描设备和软件将会越来越普及，而且消费成本也会越来越低，甚至还会出现一些便携式的 3D 拍摄设备。以后还将有更多的新企业开设 3D 拍摄馆。更为重要的是，这些扫描和拍照工具将为大规模的定制化拍摄奠定基础，并能够让更多的公司为每一个客户拍摄定制化的 3D 照片。

4. 战争武器

尽管使用类似于机器人的热熔胶枪来制作一支真枪，并不是获得武器的最有效方式，但这种做法肯定会产生轰动效应。以后更多的枪支、手榴弹以及一些更夸张的武器将会出现。管理者也会担忧 3D 打印机可能会成为混乱状态的最终工具。

5. 医疗神器

3D 打印技术最具潜力的作用将体现在医疗健康领域。人们已经看到从颅骨和面部植入假体材料到低成本的假体，再到可更换的气管等在内的诸多 3D 打印产品。未来，在此领域还将充满更多的新创意。尽管打印完全功能的器官还需要一段时间，但是，为个别患者定制打印某种器官的能力将会出现。医生们也因为有了强大的 3D 打印工具而更加舒适，并能够获得更好的体验，与此同时，人们的生活也会因此而更加美好。

1.1.4 发展前景

1. 价格因素

大多数桌面级 3D 打印机的售价在 2 万元人民币左右，一些仿制品价格可以低到 6000 元。但是据 3D 打印机代理商透露，这些仿制的 3D 打印机虽然价格低，但质量很难保障。

对于桌面级 3D 打印机来说，由于仅能打印塑料产品，因此使用范围非常有限，而且对于家庭用户来说，3D 打印机的使用成本仍然很高。因为在打印一个物品之前，用户必须要懂得 3D 建模，然后将数据转换成 3D 打印机能够读取的格式，最后再进行打印。

2. 原材料

3D 打印不是一项高深艰难的技术，它与普通打印的区别就在于打印材料。

据了解，以色列的 Object 是掌握最多打印材料的公司。它已经可以使用 14 种基本材料并在此基础上混搭出 107 种材料，两种材料的混搭使用、上色也已经成为现实。但是，这些材料种类与人们生活的大千世界里的材料相比，还相差甚远，而且价格很高。

3. 社会风险成本

如同核反应既能发电，又能破坏一样。3D 打印技术在初期就让人们看到了一系列隐忧，而未来的发展也会令不少人担心。如果任何物体都能彻底复制，想到什么就能制造出什么，听上去很美的同时，也着实让人恐惧。

4. 著名的3D打印悖论

3D打印是一层层地来制作物品，如果想把物品制作得更精细，则需要每层厚度减小；如果想提高打印速度，则需要增加层厚，而这势必影响产品的精度质量。若生产同样精度的产品，同传统的大规模工业生产相比，没有成本上的优势，尤其是在考虑到时间成本和规模成本之后。

5. 整个行业没有标准，难以形成产业链

21世纪3D打印机生产商是百花齐放。3D打印机缺乏标准，同一个3D模型用不同的打印机打印，所得到的结果是大不相同的。

此外，打印原材料也缺乏标准，3D打印机厂商都想让消费者买自己提供的打印原料，这样他们能获取稳定的收入。这样做虽然可以理解，毕竟普通打印机也走这一模式，但3D打印机生产商所用的原料一致性太差，从形式到内容千差万别，这让材料生产商很难进入，研发成本和供货风险都很大，难以形成产业链。

表面上是3D打印机捆绑了3D打印材料，事实上却是材料捆绑了打印机，非常不利于降低成本和抵抗风险。

6. 意料之外的工序：3D打印前所需的准备工序，打印后的处理工序

很多人可能以为3D打印就是在计算机上设计一个模型，不管多复杂的内面、结构，单击一下按钮，3D打印机就能打印一个成品。这个印象其实不正确。真正设计一个模型，特别是一个复杂的模型，需要大量的工程、结构方面的知识，需要精细的技巧，并根据具体情况进行调整。用塑料熔融打印来举例，如果在一个复杂部件内部没有设计合理的支撑，打印的结果很可能是会变形的。后期的工序也通常避免不了。媒体将3D打印描述成打印完毕就能直接使用的神器。可事实上制作完成后还需要一些后续工艺：或打磨，或烧结，或组装，或切割，这些过程通常需要大量的手工工作。

7. 缺乏杀手锏产品及设计

都说3D打印给人们巨大的生产自由度，能生产前所未有的东西。可直到现在，这种"杀手"级别的产品还很少，几乎没有。做些小规模的饰品、艺术品是可以的，做逆向工程也可以的，但要谈到大规模工业生产，3D打印还不能取代传统的生产方式。如果3D打印能生产别的工艺所不能生产的产品，而这种产品又能极大提高某些性能，或能极大改善生活的品质，这样或许能更快地促进3D打印机的普及。

1.2　3D打印机

说到3D打印，就不得不提3D打印机。3D打印机又称三维打印机，是一种累积制造技术，通过打印一层层的粘合材料来制造三维物体。现阶段三维打印机被用来制造产品，销售逐渐扩大，价格也开始下降。

3D打印机（3D Printers）是可以"打印"出真实的3D物体的一种设备，由一位名为恩里科·迪尼（Enrico Dini）的发明家设计的。3D打印机不仅可以"打印"出一幢完整的建筑，如图1-3所示，甚至可以在航天飞船中给宇航员打印任何所需的物品的形状。2014年，美国"太空制造"公司为国

际空间站提供了一台 3D 打印机,供宇航员在太空中直接生产零部件,无须再从地球运输零部件。

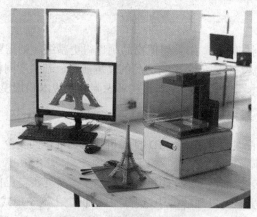

图 1-3　3D 打印埃菲尔铁塔

1. 家用 3D 打印机

德国发布了一款迄今为止最高速的纳米级别微型 3D 打印机——Photonic Professional GT。这款 3D 打印机能制作纳米级别的微型结构,以最高的分辨率、快速的打印速度,打印出不超过人类头发直径的三维物体。

2. 最小的 3D 打印机

据了解,世上最小的 3D 打印机来自维也纳技术大学,由其化学研究员和机械工程师研制。这款迷你 3D 打印机只有大装牛奶盒大小,重量约 3.3 磅(约 1.5 千克),造价 1200 欧元(约 1.1 万元人民币)。相比于其他的打印技术,这款 3D 打印机的成本大大降低。研发人员还在对打印机进行材料和技术的进一步实验,希望能够早日面世。

3. 最大的 3D 打印机

华中科技大学史玉升科研团队经过十多年努力,实现重大突破,研发出全球最大的 3D 打印机。这一 3D 打印机可加工零件长宽最大尺寸均达到 1.2 米。从理论上说,只要长宽尺寸小于 1.2 米的零件(高度无须限制),都可通过这部机器"打印"出来。这项技术将复杂的零件制造变为简单的由下至上的二维叠加,大大降低了设计与制造的复杂度,让一些传统方式无法加工的奇异结构制造变得快捷,一些复杂铸件的生产由传统的 3 个月缩短到 10 天左右。

大连理工大学参与研发的最大加工尺寸达 1.8 米的世界最大激光 3D 打印机进入调试阶段,其采用"轮廓线扫描"的独特技术路线,可以制作大型工业样件及结构复杂的铸造模具。这种基于"轮廓失效"的激光三维打印方法已获得两项国家发明专利。该激光 3D 打印机只需打印零件每一层的轮廓线,使轮廓线上砂子的覆膜树脂碳化失效,再按照常规方法在 180℃ 加热炉内将打印过的砂子加热固化和后处理剥离,就可以得到原型件或铸模。这种打印方法的加工时间与零件的表面积成正比,大大提升打印效率,打印速度可达到一般 3D 打印机的 5～15 倍。

4. 彩印 3D 打印机

这种类型的 3D 打印机新产品 ProJet x60 系列于 2013 年 5 月上市。ProJet 品牌主要有 4 种造型方法的装置。其余 3 种均是使用光硬化性树脂的类型,包括用激光硬化光硬化性树脂液面的类型、从喷嘴喷出光硬化性树脂后照射光进行硬化的类型(这种类型的造型材料还可以使用蜡)、向薄膜上的光硬化性树脂照射经过掩模的光的类型。高端机型 ProJet 660Pro 和 ProJet 860Pro 可以使用 CMYK（青色、洋红、黄色、黑色）4 种颜色的粘合剂，而实现 600 万色以上的颜色（ProJet 260C 和 ProJet 460Plus 使用 CMY 3 种颜色的粘合剂）。

1.3　3D 打印的材料

3D 打印存在许多不同的技术。它们的不同之处在于以可用的材料的方式，并以不同层构建创建部件，如表 1-1 所示。3D 打印常用材料有尼龙玻纤、耐用性尼龙材料、石膏材料、铝材料、钛合金、不锈钢、镀银、镀金、橡胶类材料。

表 1-1　打印材料

类　　型	累　积　技　术	基　本　材　料
挤压	熔融沉积式（FDM）	热塑性材料、共晶系统金属、可食用材料
线	电子束自由成形制造（EBF）	几乎任何合金
粒状	选择性激光熔化成型（SLM）	钛合金，钴铬合金，不锈钢，铝
	直接金属激光烧结（DMLS）	几乎任何合金
	电子束熔化成型（EBM）	钛合金
	选择性激光烧结（SLS）	热塑性塑料、金属粉末、陶瓷粉末
	选择性热烧结（SHS）	热塑性粉末
光聚合	数字光处理（DLP）	光硬化树脂
	立体平版印刷（SLA）	光硬化树脂
层压	分层实体制造（LOM）	纸、金属膜、塑料薄膜
粉末层喷头三维打印	石膏 3D 打印	石膏

下面介绍常用的几种 3D 打印材料。

1. 工程塑料

工程塑料是指被用作工业零件或外壳材料的工业用塑料，是强度、耐冲击性、耐热性、硬度及抗老化性均优的塑料。工程塑料是当前应用最广泛的一类 3D 打印材料，常见的有 Acrylonitrile Butadiene styrene（ABS）类材料、Polycarbonate（PC）类材料、尼龙类材料等。ABS 材料是 Fused Deposition Modeling（FDM，熔融沉积造型）快速成型工艺常用的热塑性工程塑料，具有强度高、韧性好、耐冲击等优点，正常变形温度超过 90℃，可进行机械加工（钻孔、攻螺纹）、喷漆及电镀等。

2. 光敏树脂

光敏树脂即 Ultraviolet Rays（UV）树脂，由聚合物单体与预聚体组成，其中加有光（紫外光）引发剂（或称为光敏剂）。在一定波长的紫外光（250～300nm）照射下能立刻引起聚合反应完成固化。光敏树脂一般为液态，可用于制作高强度、耐高温、防水材料。目前，研究光敏材料 3D 打印技术的主要有美国 3Dsystem 公司和以色列 Object 公司。常见的光敏树脂有 Somos NEXT 材料、树脂 Somos11122 材料、Somos19120 材料和环氧树脂等。

3. 橡胶类材料

橡胶类材料具备多种级别弹性材料的特征，这些材料所具备的硬度、断裂伸长率、抗撕裂强度和拉伸强度，使其非常适合于要求防滑或柔软表面的应用领域。3D 打印的橡胶类产品主要有消费类电子产品、医疗设备以及汽车内饰、轮胎、垫片等。

4. 金属材料

近年来，3D 打印技术逐渐应用于实际产品的制造，其中，金属材料的 3D 打印技术发展尤其迅速。在国防领域，欧美发达国家非常重视 3D 打印技术的发展，不惜投入巨资加以研究，而 3D 打印金属零部件一直是研究和应用的重点。3D 打印所使用的金属粉末一般要求纯净度高、球形度好、粒径分布窄、氧含量低等。目前，应用于 3D 打印的金属粉末材料主要有钛合金、钴铬合金、不锈钢和铝合金材料等，此外还有用于打印首饰用的金、银等贵金属粉末材料。

1.4　3D 打印步骤

首先要有三维模型数据，如动物模型、人物或者微缩建筑等。然后通过 SD 卡或者 USB 优盘把它复制到 3D 打印机中，进行打印设置后，打印机就可以把它们打印出来，3D 打印机的工作原理和传统打印机基本一样，都是由控制组件、机械组件、打印头、耗材和介质等架构组成的，打印原理是一样的。3D 打印机主要是在打印前在电脑上设计了一个完整的三维立体模型，然后再进行打印输出。

三维模型数据的获得方式简单来讲有 3 种。

☑　通过三维软件建模获得。

☑　通过扫描仪扫描实物获得其模型数据。

☑　通过拍照的方式拍取实物多角度照片，然后通过电脑相关软件将照片数据转化成模型数据。

3D 打印与激光成型技术一样，采用了分层加工、叠加成型来完成 3D 实体打印。每一层的打印过程分为两步，首先在需要成型的区域喷洒一层特殊胶水，胶水液滴本身很小，且不易扩散。然后是喷洒一层均匀的粉末，粉末遇到胶水会迅速固化黏结，而没有胶水的区域仍保持松散状态。这样在一层胶水一层粉末的交替下，实体模型将会被"打印"成型，打印完毕后只要扫除松散的粉末即可"刨"出模型，而剩余粉末还可循环利用。

1. 三维设计

三维打印的设计过程是：先通过计算机建模软件建模，再将建成的三维模型"分区"成逐层的截面，即切片，从而指导打印机逐层打印。设计软件和打印机之间协作的标准文件格式是 STL 文件格式。一个 STL 文件使用三角面来近似模拟物体的表面。三角面越小其生成的表面分辨率越高。PLY 是一种通过扫描产生的三维文件的扫描器，其生成的 VRML 或者 WRL 文件经常被用作全彩打印的输入文件。

2. 打印过程

打印机通过读取文件中的横截面信息，用液体状、粉状或片状的材料将这些截面逐层地打印出来，再将各层截面以各种方式粘合起来从而制造出一个实体。这种技术的特点在于其几乎可以制造出任何形状的物品。打印机打出的截面的厚度（即 Z 方向）以及平面方向即 X-Y 方向的分辨率是以 dpi（像素每英寸）或者微米来计算的。一般的厚度为100微米，即0.1毫米，也有部分打印机如Objet Connex系列还有三维Systems' ProJet系列可以打印出16微米薄的一层。而平面方向则可以打印出跟激光打印机相近的分辨率。打印出来的"墨水滴"的直径通常为50到100个微米。用传统方法制造出一个模型通常需要数小时到数天，根据模型的尺寸以及复杂程度而定。而用三维打印的技术则可以将时间缩短为数个小时，当然其是由打印机的性能以及模型的尺寸和复杂程度而定的。传统的制造技术如注塑法可以以较低的成本大量制造聚合物产品，而三维打印技术则可以更快、更有弹性及更低成本的办法生产数量相对较少的产品。一个桌面尺寸的三维打印机就可以满足设计者或概念开发小组制造模型的需要。

3. 制作完成

三维打印机的分辨率对大多数应用来说已经足够（在弯曲的表面可能会比较粗糙，像图像上的锯齿一样），要获得更高分辨率的物品可以通过如下方法：先用当前的三维打印机打出稍大一点的物体，再稍微经过表面打磨即可得到表面光滑的"高分辨率"物品。有些技术可以同时使用多种材料进行打印。有些技术在打印的过程中还会用到支撑物，如在打印出一些有倒挂状的物体时就需要用到一些易于除去的东西（如可溶的东西）作为支撑物。

1.5　3D 打印技术

快速成型技术从出现以来，出现了十几种不同的方法。本书仅介绍目前工业领域较为常用的工艺方法，目前占主导地位的快速成型技术共有如下6类。

1.5.1　FDM 打印技术

熔积成型法（Fused Deposition Modeling，FDM）是将丝状的热熔性材料加热融化，同时三维喷头在计算机的控制下，根据截面轮廓信息，将材料选择性地涂敷在工作台上，快速冷却后形成一层截面。一层成型完成后，机器工作台下降一个高度（即分层厚度）再成型下一层，直至形成整个实体造型，打印原理如图1-4所示。

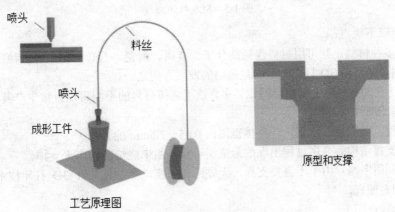

图1-4　FDM打印原理

FDM 技术有以下优点。

（1）操作环境干净、安全，材料无毒，可以在办公室、家庭环境下进行，没有产生毒气和化学污染的危险。

（2）无须激光器等贵重元器件，因此价格便宜。

（3）原材料为卷轴丝形式，节省空间，易于搬运和替换。

（4）材料利用率高，可备选材料很多，价格也相对便宜。

FDM 技术的缺点如下。

（1）成型后表面粗糙，须后续抛光处理。最高精度只能达到 0.1mm。

（2）因为喷头做机械运动，速度较慢。

（3）需要材料作为支撑结构。

1.5.2 SLS 打印技术

选择性激光烧结（Selective Laser Sintering，SLS）技术采用铺粉将一层粉末材料平铺在已成型零件的上表面，并加热至恰好低于该粉末烧结点的某一温度，控制系统控制激光束按照该层的截面轮廓在粉层上扫描，使粉末的温度上升到熔化点，进行烧结并与下面已成型的部分实现粘结。一层完成后，工作台下降一层厚度，铺料辊在上面铺上一层均匀密实粉末，进行新一层截面的烧结，直至完成整个模型，原理如图 1-5 所示。

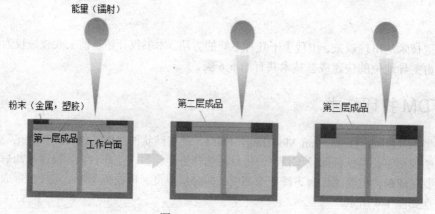

图 1-5 SLS 打印原理

SLS 技术有以下优点。

（1）可用多种材料。其可用材料包括高分子、金属、陶瓷、石膏、尼龙等多种粉末材料。特别是金属粉末材料，是目前 3D 打印技术中最热门的发展方向之一。

（2）制造工艺简单。由于可用材料比较多，该工艺按材料的不同可以直接生产复杂形状的原型、型腔模三维构建或部件及工具。

（3）高精度。一般能够达到工件整体范围内 0.05～2.5mm 的公差。

（4）无须支撑结构。叠层过程出现的悬空层可直接由未烧结的粉末来支撑。

（5）材料利用率高。由于不需要支撑，无须添加底座，在常见几种 3D 打印技术中材料利用率最高，且价格相对便宜。

SLS 技术的缺点如下。

（1）表面粗糙。由于原材料是粉状的，原型建造是由材料粉层经过加热熔化实现逐层粘结的，因此，原型表面严格来讲是粉粒状的，表面质量不高。

（2）烧结过程有异味。SLS 工艺中粉层需要激光使其加热达到熔化状态，高分子材料或者粉粒在激光烧结时会挥发异味气体。

（3）无法直接成型高性能的金属和陶瓷零件，成型大尺寸零件时容易发生翘曲变形。

（4）加工时间长。加工前，要有 2 小时的预热时间；零件构建后，还需 5～10 小时时间冷却才能从粉末缸中取出模型。

（5）由于使用了大功率激光器，除了本身的设备成本，还需要很多辅助保护工艺，整体技术难度较大，制造和维护成本非常高，普通用户无法承受。

1.5.3 SLA 打印技术

光固化法（Stereo Lithography Apparatus，SLA）是目前应用最为广泛的一种快速原型制造工艺。在液槽中充满液态光敏树脂，其在激光器所发射的紫外激光束（SLA 与 SLS 所用的激光不同，SLA 用的是紫外激光，而 SLS 用的是红外激光）照射下，会快速固化。在成型开始时，可使升降工作台处于液面以下刚好一个截面层厚的高度。通过透镜聚焦后的激光束，按照机器指令将截面轮廓沿液面进行扫描。扫描区域的树脂快速固化，从而完成一层截面的加工过程，得到一层塑料薄片。然后，工作台下降一层截面层厚的高度，再固化另一层截面，原理如图 1-6 所示。这样层层叠加构成建构三维实体。

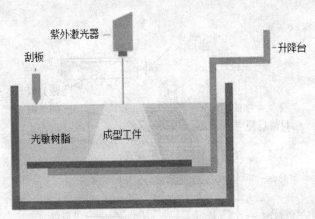

图 1-6　SLA 打印原理

SLA 技术有以下优点。

（1）发展时间最长，工艺最成熟，应用最广泛。在全世界安装的快速成型机中，光固化成型系统约占 60%。

（2）成型速度较快，系统工作稳定。

（3）具有高度柔性。

（4）精度很高，可以达到微米级别，如 0.025mm。

（5）表面质量好，比较光滑，适合做精细零件。

SLA 技术的缺点如下。

（1）需要设计支撑结构。支撑结构需要未完全固化时去除，容易破坏成型件。

（2）设备造价高昂，而且使用和维护成本都较高。SLA 系统需要对液体进行操作的精密设备，对工作环境要求苛刻。

（3）光敏树脂有轻微毒性，对环境有污染，对部分人体皮肤有过敏反应。

（4）树脂材料价格贵，成型后强度、刚度、耐热性都有限，不利于长时间保存。

（5）由于是树脂材料，温度过高会熔化，工作温度不能超过 100℃。且固化后较脆，易断裂，可加工性不好。成型件易吸湿膨胀，抗腐蚀能力不强。

1.5.4　LOM 打印技术

纸叠层制造（Lamited Object Manufacturing，LOM）技术是利用分层叠加原理制成原型或模型。其基本原理是将涂有热熔胶的纸铺在工作台上，先用加热辊施压使纸张与工作台上模型架粘合，然后用激光（或尖刀）在第一层纸上切割出模型平面轮廓，制好第一层后，转动送纸器，按上述原理加工第二层，直至加工好模型为止。用纸张做的模型还要进行封蜡、油漆、防潮处理等后处理工序。这种制造技术的优点是工作可靠，模型支撑性好，有类似木质外观，更适合于制造外形结构复杂、内部简单的零件；缺点是前后处理费时费力且不能制造中空结构件。

LOM 工艺的基本原理如图 1-7 所示。先将单面涂有热熔胶的纸片通过加热辊加热粘接在一起，位于上方的激光器按照 CAD 分层模型所获数据，用激光束将纸切割成所制零件的内外轮廓，然后新的一层纸再叠加在上面，通过热压装置和下面已切割层粘合在一起，激光束再次切割，这样反复逐层切割—粘合—切割，直到整个零件模型制作完成。此方法只需切割轮廓，特别适合制造实心零件。一旦零件完成，多余的材料必须手动去除，过程可以通过用激光在三维零件周围切割一些方格形小孔而简单化。

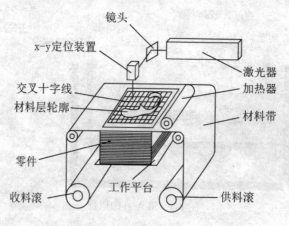

图 1-7　纸叠层制造工艺原理图

LOM 技术的优点如下。

（1）无须设计和构建支撑。

（2）激光束只是沿着物体的轮廓扫描，无须填充扫描，成型效率高。

（3）成型件的内应力和翘曲变形小，制造成本低。

LOM 技术的缺点如下。

（1）材料利用率低。

（2）表面质量差。

（3）后处理难度大，尤其是中空零件的内部残余废料不易去除。

（4）可以选择的材料种类有限，目前常用的主要是纸。

（5）对环境有一定的污染。

LOM 工艺适合制作大中型原型件，翘曲变形小和形状简单的实体类零件。通常用于产品设计的概念建模和功能测试零件，且由于制成的零件具有木质属性，特别适用于直接制作砂型铸造模。

1.5.5　DLP 打印技术

DLP 激光成型技术和 SLA 立体平版印刷技术比较相似，不过它是使用高分辨率的数字光处理器（DLP）投影仪来固化液态光聚合物，逐层的进行光固化，由于每层固化时通过幻灯片似的片状固化，因此速度比同类型的 SLA 立体平版印刷技术速度更快。该技术成型精度高，在材料属性、细节和表面光洁度方面可匹敌注塑成型的耐用塑料部件。

1.5.6　UV 打印技术

UV 紫外线成型技术和 SLA 立体平版印刷技术比较相似类似，不同的是它利用 UV 紫外线照射液态光敏树脂，一层一层由下而上堆栈成型，成型的过程中没有噪声产生，在同类技术中成型的精度最高，通常应用于精度要求高的珠宝和手机外壳等行业。

1.6　3D 打印机的分类

1．按市场定位分

目前国内还没有一个明确的 3D 打印机分类标准，但是可以根据设备的市场定位将它简单分为 3 类：个人级、专业级和工业级。

（1）个人级 3D 打印机。国内各大电商网站上销售的个人 3D 打印机，如图 1-8 所示。大部分国产的 3D 打印机都是基于国外开源技术延伸的，由于采用开源技术，技术成本得到了很大的压缩，因此售价在人民币 3 千至 1 万元不等，十分有吸引力。国外进口的品牌个人 3D 打印机售价都在人民币 2 万至 4 万元之间。

图 1-8　个人 3D 打印机

这类设备都属于熔丝堆积技术（以 FDM 技术为代表），设备打印材料都以 ABS 塑料或者 PLA 塑料为主，主要满足个人用户生活中的使用要求，因此各项技术指标都并不突出，优点在于体积小巧，性价比较高。

（2）专业级 3D 打印机。专业级的 3D 打印机，如图 1-9 所示，可供选择的成型技术和耗材（塑料、尼龙、光敏树脂、高分子、金属粉末等）要比个人 3D 打印机丰富很多。设备结构和技术原理相比起来更先进，自动化更高，应用软件的功能以及设备的稳定性也是 3D 个人打印机望尘莫及的，这类设备售价都在十几万至上百万元人民币。

（3）工业级 3D 打印机。工业级 3D 打印机，如图 1-10 所示。工业级的设备除了要满足材料上的特殊性、制造大尺寸的物件等要求，更关键的是物品制造后需要符合一系列的特殊应用标准，因此这类设备制造出来的物体是直接应用的。

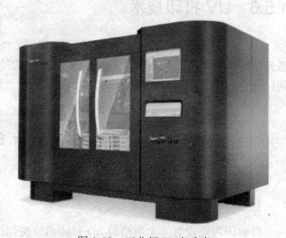

图 1-9　专业级 3D 打印机　　　　　　　　　　图 1-10　工业级 3D 打印机

如飞机制造中用到的钛铝合金材料，就需要对物件的刚性、任性、强度等参数有一系列的要求，由于很多设备是根据需求定制的，因此价格很难估量。

2．按原材料分

3D 打印机与传统打印机最大的区别在于，它使用的"墨水"是实实在在的原材料，堆叠薄层的形式多种多样，可用于打印的介质种类多样，从繁多的塑料到金属、陶瓷以及橡胶类物质。根据使用的介质不同可以分为喷墨 3D 打印机、粉剂 3D 打印和生物 3D 打印。

（1）喷墨 3D 打印机。部分 3D 打印机使用喷墨打印机的原理进行打印。Objet 公司是以色列的一家 3D 打印机生产企业，其生产的打印机是利用喷墨头在一个托盘上喷出超薄的液体塑料层，并经过紫外线照射而凝固。此时，托盘略微降低，在原有薄层的基础上添加新的薄层。另一种方式是熔融沉淀型。总部位于尼阿波利斯的 Stratasys 公司应用的就是这种方法，具体过程是在一个打印机头里将塑料熔化，然后喷出丝状材料，从而构成一层层薄层。

（2）粉剂 3D 打印。粉剂 3D 打印是利用粉剂作为打印材料，这些粉剂在托盘上被分布成一层薄层，然后喷出的液体粘结而凝固。在一个被称为激光烧结的处理程序中，通过激光的作用，这些粉剂可以熔融成想要的样式，德国的 EOS 公司把这一技术应用于他们的添加剂制造机之中。据了解，瑞典的 Arcam 公司通过真空中的电子束将打印机中的粉末熔融在一起，用于 3D 打印。

为了制作一些内部空间和结构复杂的构件，凝胶以及其他材料被用来做支撑，或者空间预留出来，用没有熔融的粉末来填满，填充材料随后可以被冲洗或吹掉。现在，能够用于 3D 打印的材料范围非常广泛，塑料、金属、陶瓷以及橡胶等材料都可用来打印。

（3）生物 3D 打印。一些研究人员开始使用 3D 打印机去复制一些简单的生命体组织，如皮肤、肌肉以及血管等。有可能，大的人体组织如肾脏、肝脏甚至心脏，在将来的某一天也可以进行打印，如果生物打印机能够使用病人自己的干细胞进行打印的话，那么在进行器官移植后，其身体将不会对打印出来的器官产生排斥。

食物也可以被打印。康奈尔大学的研究人员已经成功打印出了蛋糕。几乎每个人都同意，这个制造食品的终极武器将会打印出巧克力来。

1.7 常用 3D 打印软件

目前 3D 打印软件很多，有些公司的 3D 打印机配有自行研发的软件，也有可以通用的 3D 打印软件，下面介绍几款常用软件。

1. Cura 软件

Cura 是 Ultimaker 公司设计的 3D 打印软件，使用 Python 开发，集成 C++开发的 CuraEngine 作为切片引擎。由于其有切片速度快、切片稳定、对 3D 模型结构包容性强、设置参数少等诸多优点，拥有越来越多的用户群。Cura 软件更新比较快，几乎每隔两个月就会发布新版本，其版本号一般为"年数.月数"，如 Cura14.09 就表示该版本是 2014 年 9 月发布的。

Cura 的主要功能有：载入 3D 模型进行切片，载入图片生成浮雕并切片，连接打印机打印模型。

Cura 软件的优点在于兼容性非常高。虽然它可以兼容多款打印机，但是 Ultimaker3D 打印机的兼容表现是最好的。因此这款软件主要应用于 Ultimaker3D 打印机。Cura 既可以进行切片，也有 3D 打印机控制接口。由于 Cura 使用 Python 开发，汉化比较方便，国内出现很多汉化版本。

软件界面提供了支持和可解决翘边的平台附着类型，能够帮助客户尽可能地成功打印。另外根据不同的参数设置，软件计算的打印完成时间也不同。

Cura 软件具有以下优势功能。

（1）自动切片。打开一个文件时，Cura 自动切片，显示预计时间和预估米数。并且参数修改后，切片自动进行，预计时间和预计米数也将变化。

（2）浮雕功能。3D 打印三维打印时，打印前需要建立一个三维的立体模型，浮雕功能可以实现二维平面的三维打印。选中一张图片，直接拖入 Cura 的操作界面，还可以设置高度、深度，一键生成三维模型，非常简便。

2. Magics 软件

Magics 是一个强大的 STL 文件自动化处理工具，可以对 STL 文件进行浏览、测量和修补，还可以对 STL 文件进行分割、冲孔、布尔运算、生成中心腔体等操作，并进行表面缺陷、零件冲突检测。Magics 是一个能很好满足快速成型工艺要求和特点的软件，此软件可提供在一个表面上同时生成几种不同支撑类型，以及不同支撑结构的组合支撑类型，并可以快速地对含有各种错误的 STL 文件进行修复，使文件格式转换过程中产生的损坏三角面片得以修复。除此之外，Magics 软件兼容所有主要的 CAD 文件格式，例如 IGES、VDA 和 STL，结合 STL 修改器，Magics 可以让用户输出任何文件给快速成型系统。

Magics 软件具有如下功能。

（1）三维模型的可视化。在 Magics 中可方便清楚地观看 STL 零件中的细节，并能测量、标注等。

（2）STL 文件错误自动检查和修复。

（3）Magics 能够接受 PROE、UG、CATIA、STL、DXF、VDA*或 IGES*、STEP 等格式文件，还有 ASC 点云文件、SLC 层文件等，并转换成 STL 文件，直接进行编辑。

（4）functionty 能够将多个零件快速而方便地放在加工平台上，可以从库中调用各种不同加工机器的参数，放置零件。底部平面功能能够在几秒钟内将零件转为所希望的成型角度。

（5）分层功能。可将 STL 文件切片，能输出不同的文件格式（如 SLC、CLT、F&S、SSL），并能够快速简便地执行切片效验。

（6）STL 操作。直接对 STL 文件进行修改和设计操作，包括移动、旋转、镜像、阵列、拉伸、偏移、分割和抽壳等操作。

即使是非常复杂的零件也能通过偏置功能方便地抽出薄壳，因为在成型过程中产生的内部应力较少，所以，做出的零件更精确，并且成型速度更快。

☑　能够沿着设定的路径分割零件。

☑　能把面拉成实体。

☑　三角缩减使 STL 文件大小更趋向合理化。

☑　布尔操作。

☑　能创建 STL 格式体素（如球体、圆柱体、立方体、四面体、棱柱体）。

☑　Z 轴补偿提高了零件在竖直方向的精度。

（7）支撑设计模块。能在很短的时间内自动设计支撑。支撑可选多种形式，例如经常采用点状支撑，可使支撑容易去除，并能保证支撑面的光洁度。

3．RPdata 软件

西安交通大学研发的 RPdata 数据处理软件，是在基于 Windows 环境的基础上，切实考虑快速成型技术的实际需要，经过大量的程序改进、优化制作的 Windows 软件，并且增加了多模型制作模块。采用了面向对象的程序设计方法及基于 OpenGL 的图形处理功能，功能强大、界面友好。

4．Makerware 软件

Makerware 是针对 Makerbot 机型专门设计的 3D 打印控制软件，但也支持其他 3D 打印机产品。目前，国内还没有比较完整的汉化版本，全英文界面，对于非英文用户，还是不太容易上手。但是由于 Makerware 本身软件的设计比较简单，操作起来比较直观，因此，对于基础 3D 打印机用户而言，使用起来没有特别大的困难。

Makerware 的主界面相对简洁直观。界面上左方的按钮主要是对模型进行移动和编辑，上方按钮主要是对模型的载入保存和打印。

值得注意的是，Makerware 的支撑是自动生成的，虽然可以为初学者提供便利，但限制了用户的编辑自由性。同一打印对象，Makerware 的切片速度略慢一些，并且完成速度达到 64%后，切片容易出现错误，从而不能完成切片。

Makerware 具有以下优势功能。

（1）查看便捷。Makerware 载入模型文件后，左键选中，滑动鼠标，可以很方便地从不同角度查看模型。

（2）预览功能。虽然这不是一个 Makerware 独有的功能，Flashprint 在切片后也有预览的功能，但是 Flashprint 需要文件保存后才能预览；而 Makerware 在切片后，选中预览功能，可以直接预览，方便使用者修改。在这点上，Makerware 的设计者考虑到了使用者的舒适度，非常人性化。

5. Flashprint 软件

Flashprint 是闪铸科技针对 Dreamer（梦想家）机型专门研发的软件。自 Dreamer 机型开始，闪铸科技在新产品上均使用该软件，现在覆盖机型包括 Dreamer、Finder 和 Guider。

在首次启动 Flashprint 时，用户需要根据提示对所用机型进行选择。Flashprint 在界面上默认为中文界面，但是可以根据需要改成其他语言界面。并且闪铸为了能够让用户获得更好的用户体验，在出厂之前针对用户的语言习惯进行了语言设置。

就支撑而言，Flashprint 有自动生成支撑和手动编辑支撑，并提供了线状支撑和树状支撑两种方案。树状支撑是闪铸科技独有的支撑方案，很大程度上解决了支撑难以去除的难题。另外，相比线状支撑，树状支撑能够很大程度上节省耗材。用户还可以手动添加支撑和修改支撑，对于 3D 打印用户来说，在使用方面的操作性大大提高。

Flashprint 具有以下优势功能。

（1）浮雕功能。Flashprint 的浮雕功能和 Cura 一样很简便，可以一键生成。

（2）切割功能。当打印模型的尺寸超过打印机打印的尺寸时，可以使用切割功能。同时，为了更方便打印，也可以将模型切割再打印。这样打印的成功率可以大大增加。使用切割功能还可以有效地减少支撑的数量，从而节省耗材。切割方向可以根据用户自己的需求进行设置，操作也非常简便，即使首次使用，也可以轻松上手。

6. XYZware 软件

XYZware 可以导入.stl 格式的 3D 模型文件，并导出为三纬 da Vinci 1.0 3D 打印机专有格式。而后缀为.3w 格式是经过 XYZware 切片后的文件格式，可以直接在三纬 da Vinci 1.0 上进行打印，从而省去每次打印需要对 3D 模型做切片的步骤。

XYZware 界面左侧一列为查看和调整 3D 数字模型的操作选项。可以设置顶部、底部、前、后、左、右 6 个查看视角。选中模型后还可以进行移动、旋转、缩放等操作，注意，调整好的模型需要先保存再进行切片。

XYZware 具有以下优势功能。

（1）细致易用。三纬 da Vinci 1.0 3D 打印机的打印软件 XYZware 能够起到查看、调整、保存 3D 模型的作用，并且对 3D 模型切片以转换为 3D 打印机识别的数字模型的操作选项。

（2）高级选项。在高级选项中，可以设置更为详细的打印参数。3D 密度决定了模型内部蜂窝状结构的多少，密度越高蜂窝状结构越多，成品的强度越好。

本书主要介绍如何利用 Cura、Magics 和 RPdata 软件进行模型的 3D 打印。

第2章

Pro/ENGINEER Wildfire 5.0 基础

Pro/ENGINEER Wildfire 是全面的一体化软件，可以让产品开发人员提高产品质量、缩短产品上市时间、减少成品改善过程中的信息交流途径等，同时为新产品的开发和制造提供了全新的创新方法。

本章介绍了软件的工作环境和基础操作，包括 Pro/ENGINEER Wildfire 5.0 的界面组成、定制环境和基本的文件操作、显示控制等操作方法。目的是让读者尽快地熟悉 Pro/ENGINEER Windfire 5.0 的用户界面和基本技能。这些是后面章节 Pro/ENGINEER Wildfire 建模操作的基础，建议读者能够认真学习并掌握这些操作技能。

任务驱动&项目案例

2.1　Pro/ENGINEER Wildfire 5.0 操作界面

在 Windows 中，可以有两种方式进入 Pro/ENGINEER Wildfire 5.0 的运行界面：一种是选择"开始"→"所有程序"→ProENGINEER→ProENGINEER 命令，打开 Pro/ENGINEER Wildfire 5.0；另一种方式是双击桌面上的 Pro/ENGINEER Wildfire 5.0 图标 ，也可以进入如图 2-1 所示的起始界面。

图 2-1　Pro/ENGINEER Wildfire 5.0 起始界面

在等待一段时间后，Pro/ENGINEER Wildfire 5.0 就进入如图 2-2 所示的运行界面。与传统的 Windows 软件一样，Pro/ENGINEER Wildfire 5.0 的初始运行界面包含所有的菜单栏和状态栏。除此之外还包含导航区、浏览器、绘图区和工具栏等。

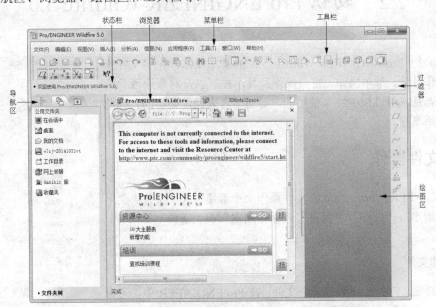

图 2-2　Pro/ENGINEER Wildfire 5.0 运行界面

1. 导航区

导航区包括"模型树"、"层树"和"收藏夹"。

2. 浏览器

Pro/ENGINEER 浏览器提供对内部和外部网站的访问功能。

3. 菜单栏

菜单栏包含创建、保存和修改模型的命令，以及设置 Pro/ENGINEER 环境和配置选项的命令。可通过添加、删除、复制或移动命令，或通过添加图标到菜单项或将它们从菜单项删除来定制菜单栏。

 注意： 不适用于活动窗口的命令将不可用或不可见。

4. 工具栏

工具栏位于 Pro/ENGINEER 窗口的顶部、右侧和左侧。使用"定制"对话框可定制工具栏的内容和位置。

5. 状态栏

在可用时，状态栏显示下列信息。
（1）与"工具"→"控制台"相关的警告和错误快捷方式。
（2）在当前模型中选取的项目数。
（3）可用的选取过滤器。
（4）模型再生状态。状态符，指示必须再生当前模型；或状态符，指示当前过程已暂停。
（5）屏幕提示。

2.2 *初识* Pro/ENGINEER Wildfire 5.0

本节将介绍 Pro/ENGINEER Wildfire 5.0 的基本操作，包括文件操作、设置工作目录、菜单操作、窗口操作和显示控制以及对象选取等内容。这些内容是应用过程中经常使用的，对初学者来说是必备的，因此最好能够熟练掌握。

2.2.1 文件操作

Pro/ENGINEER Wildfire 5.0 的文件操作命令都集中在"文件"菜单下，包括"新建"、"打开"、"保存"、"保存副本"和"备份"等命令，如图 2-3 所示。

1. 新建文件

要创建特征，首先必须新建一个文件。在 Pro/ENGINEER 中，选择菜单栏中的"文件"→"新建"命令，在弹出的"新建"对话框中可创

图 2-3 "文件"菜单

建新的草绘、零件、组件、制造模型、绘图、格式、报表、图表、布局、标记或交互文件。创建新对象时，由模板支持的对象类型自动获得模板。**Pro/ENGINEER** 接受默认模板、选取另一模板，或者浏览到要用作模板的文件。建立新文件的操作过程如下。

（1）单击"文件"工具栏中的"新建"按钮，或选择菜单栏中的"文件"→"新建"命令，打开如图 2-4 所示的"新建"对话框。

（2）在这个对话框中列出了可以建立的新文件的类型。选取要创建的文件类型。如果"子类型"可用，它们也会被列出。

> 注意：如果单击每个文件类型，在"名称"文本框中会显示每种文件类型的默认名称，默认前缀表示文件类型。例如，零件 prt0001 另存为文件 prt0001.prt，组件 mfg0001 另存为文件 mfg0001.mfg。

（3）在"名称"文本框中，可以输入文件名或使用默认名。如果使用默认模板，则单击"确定"按钮即可以默认模板建立一个新文件。

（4）如果不使用默认模版，则取消选中"使用缺省模板"复选框，然后单击"确定"按钮，打开如图 2-5 所示的"新文件选项"对话框。

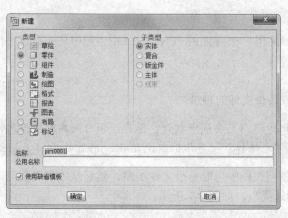

图 2-4　"新建"对话框

图 2-5　"新文件选项"对话框

> 注意：如果模板不支持对象类型，则"使用缺省模板"不可用。

（5）在该对话框输入模板文件的名称，或选取一个模板文件，或浏览到一个文件，然后选取该文件作为模板文件。每种模板可提供两个文件，一个为公制（mmns）模板，另一个为英制（inbls）模板。对于模板支持的文件类型，欲使"新文件选项"对话框在默认情况下出现，可将配置选项 force_new_file_options_dialog 设置为 Yes。

> 注意：选取包含相同名称绘图的模板后，选中"复制相关绘图"复选框可自动创建新零件的绘图。例如，如果选取了模板 inlbs_part_solid.prt，且模板目录中包含相应的绘图模板 inlbs_part_solid.drw，则可选中"复制相关绘图"复选框以自动创建具有相同名称的绘图。

（6）单击"确定"按钮，Pro/ENGINEER 绘图窗口打开并建立新文件。

2. 打开文件

如果要打开一个文件，操作过程如下。

（1）单击"文件"工具栏中的"打开"按钮，或选择菜单栏中的"文件"→"打开"命令，打开如图 2-6 所示的"文件打开"对话框。"寻找"文本框中的目录默认为下列目录之一。

图 2-6 "文件打开"对话框

① "我的文档"（仅限 Windows 平台），如果用户在当前 Pro/ENGINEER 进程中还未设置工作目录，或之前已经将对象保存到另一目录中。

② 为当前进程设置的"工作目录"。

③ 最近访问用以打开、保存、保存副本或备份文件的目录。

注意： 设置配置选项 file_open_default_folder 以指定要从中打开、保存、保存副本或备份文件的目录，可从"工具"→"选项"或"文件打开"对话框中设置 file_open_default_folder。

（2）要缩小搜索范围，可从"类型"下拉列表框中选取一个文件类型，然后从"子类型"下拉列表框中选取子类型。此时目录中只会列出所选类型，如图 2-7 所示。

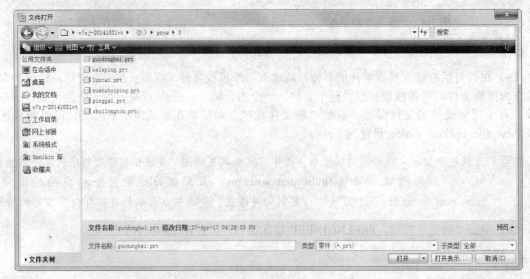

图 2-7 打开特定类型的文件

注意：单击"工作目录"按钮 □ 可访问工作目录。

（3）单击"预览"按钮则可以打开扩展的预览窗口，这时选定一个文件，则该文件就在预览窗口进行预览显示，如图 2-8 所示。

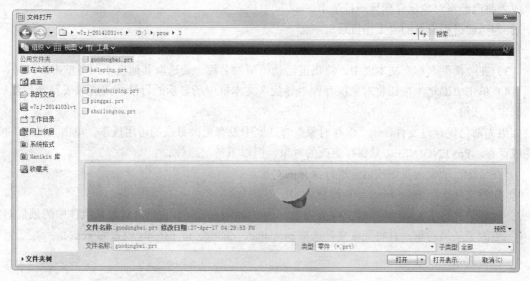

图 2-8　预览显示

（4）选取文件，然后单击"打开"按钮，对象会在图形窗口中出现。

3. 保存文件

Pro/ENGINEER 可使用"保存"或"保存副本"两种命令保存 Pro/ENGINEER 文件。在磁盘上保存文件时，其文件名格式为 object_name.object_type.version_number。例如，如果创建一个名为 gear 的零件，则初次保存时文件名为 gear.prt.1；再次保存该相同零件时，文件名会变为 gear.prt.2。保存文件的操作过程如下。

（1）单击"文件"工具栏中的"保存"按钮 □ 或选择菜单栏中的"文件"→"保存"命令，打开如图 2-9 所示的"保存对象"对话框。

图 2-9　"保存对象"对话框

（2）在"保存对象"对话框中选择默认目录或浏览至新目录。在该窗口的"查找范围"文本框中的目录默认为下列目录之一。

① "我的文档"（仅限 Windows 平台），如果用户在当前 Pro/ENGINEER 进程中还未设置工作目录，或之前已经将对象保存到另一目录中。

② 为当前进程设置的"工作目录"。

③ 最近访问用以打开、保存、保存副本或备份文件的目录。

（3）在"模型名称"文本框中，将出现活动模型的名称。要选取其他模型，可单击 按钮。

（4）单击"确定"按钮将对象保存到"寻找"文本框中所显示的目录，或选取子目录，然后单击"确定"按钮。

如果先前已保存过文件，则"保存对象"对话框中没有更改目录的可用选项。单击"确定"按钮以完成保存。Pro/ENGINEER 只保存更改的对象，但以下情况除外。

① 在目标目录中未找到被选定进行保存的对象。

② 配置文件选项 save_objects 被设置为 all。

③ 配置文件选项 save_objects 被设置为 changed_and_specified，且当前对象是组件中的顶层对象。

④ 更改了从属对象，且将配置文件选项 propagate_change_to_parents 设置为 yes。

4. 保存副本

利用"保存副本"命令可以将一个文件以不同的文件名保存，还可以将 Pro/ENGINEER 文件输出为不同格式，以及将文件另存为图像。

（1）选择菜单栏中的"文件"→"保存副本"命令，打开如图 2-10 所示的"保存副本"对话框。在"模型名称"文本框中显示活动模型的名称，也可以单击 按钮选取其他模型。

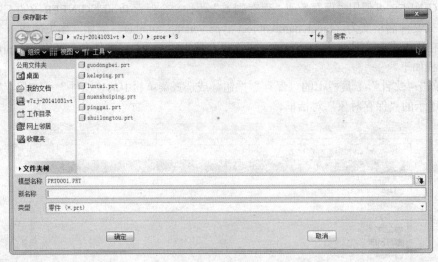

图 2-10 "保存副本"对话框

（2）该对话框与"保存对象"对话框不同，在"保存副本"对话框中有一个"新名称"文本框，可以在其中输入副本的名称。

（3）如果要更改保存文件的类型，则在"类型"下拉列表框中选择适当的类型并选择保存路径，单击"确定"按钮将对象保存到"寻找"文本框中所显示的目录。

注意：如果输入当前进程中的模型名称，则会显示错误提示，如图 2-11 所示。

图 2-11 错误提示

5. 备份文件

保存副本文件可以在同一个目录以不同的名字来保存模型，如果要在不同的目录下以相同的文件名称来保存文件，可以使用"备份"命令。选择菜单栏中的"文件"→"备份"命令，打开如图 2-12 所示的"备份"对话框。

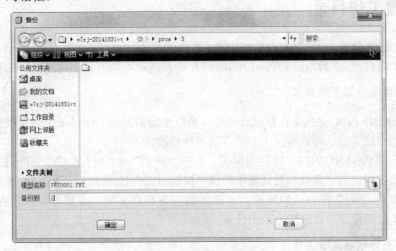

图 2-12 "备份"对话框

在"模型名称"文本框中选取要备份模型的名称并单击"确定"按钮，将对象备份到"寻找"文本框中所显示的目录，或所选取的子目录。

注意：在备份目录中会重新设置备份对象的版本。如果备份组件、绘图或制造对象，Pro/ENGINEER 在指定目录中保存所有从属文件。如果组件有相关的交换组，备份该组件时那些组不是保存在备份目录中的。如果备份模型后对其进行更改，然后再保存此模型，则更改将被始终保存在备份目录中。

6. 重命名

（1）Pro/ENGINEER 还支持对模型进行重命名操作。选择菜单栏中的"文件"→"重命名"命令打开如图 2-13 所示的"重命名"对话框，并且当前模型名称出现在"模型"文本框中。选取要重命名的模型，在"新名称"文本框中输入新文件名。

图 2-13　"重命名"对话框

（2）选中"在会话中重命名"或"在磁盘上和会话中重命名"单选按钮，前者只在进程中对模型进行重命名，而磁盘上还是以原文件名保存；后者是在磁盘上和进程中同时进行重命名操作。单击"确定"按钮即可完成重命名操作。

> **注意：** 如果重命名磁盘上的文件，然后根据先前的文件名检索模型（不在进程中），则会出现错误。例如，在组件中不能找到零件。如果从非工作目录检索对象，然后重命名并保存该对象，则该对象会保存在从其检索的原始目录中，而不是保存在当前工作目录中。即使将文件保存在不同的目录中，也不能使用原始文件名保存或重命名文件。

2.2.2　设置工作目录

工作目录是指分配存储 Pro/ENGINEER 文件的区域。通常，默认工作目录是其中启动 Pro/ENGINEER 的目录。要为当前的 Pro/ENGINEER 进程选取不同的工作目录，可使用下列几种方式。

1. 从启动目录选取工作目录

通常 Pro/ENGINEER 是从工作目录启动的，系统给定的默认工作目录也是加载点目录。工作目录是在安装过程中设定的，可以通过下面的方法进行修改。

右击桌面上的 Pro/ENGINEER 快捷图标或者右击"开始"→"所有程序"→Pro ENGINEER 下的"属性"命令，在弹出的"属性"对话框中选择"快捷方式"选项卡，如图 2-14 所示。在该对话框中将"起始位置"设为工作目录的路径，单击"确定"按钮完成。设置好以后，在重新启动后，Pro/ENGINEER 自动将启动目录作为工作目录。

2. 从文件夹导航器选取工作目录

单击模型树上方的"文件夹浏览器"按钮，打开"文件夹导航器"，如图 2-15 所示。选取要设置为工作目录的目录，然后右击，在弹出的快捷菜单中选择"设置工作目录"命令，如图 2-16 所示。这时消息区出现一条消息，确认工作目录已更改。

3. 从"文件"菜单选取工作目录

选择菜单栏中的"文件"→"设置工作目录"命令，打开如图 2-17 所示的"选取工作目录"对话框。

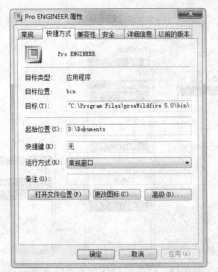

图 2-14 "Pro ENGINEER 属性"对话框

图 2-15 文件夹导航器

Note

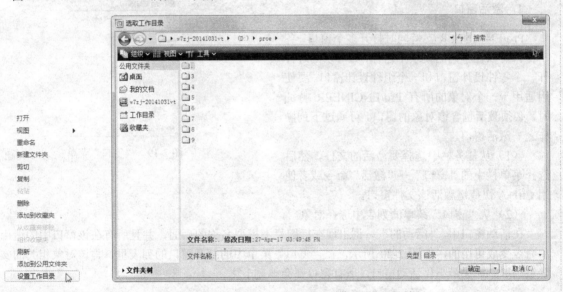

图 2-16 右键快捷菜单   图 2-17 "选取工作目录"对话框

浏览至要设置为新工作目录的目录，指定工作目录的位置层。单击"确定"按钮将其设置为当前的工作目录。

📢 **注意**：退出 Pro/ENGINEER 时，不会保存新工作目录的设置。

如果从用户工作目录以外的目录中检索文件，然后保存文件，则文件会保存到检索出该文件的目录中。如果保存副本并重命名文件，副本会保存到当前的工作目录中。用户还可以通过"文件打开"、"保存对象"、"保存副本"和"备份"对话框访问工作目录。

2.2.3 菜单管理器操作

"菜单管理器"是一系列用来执行 Pro/ENGINEER 内某些任务的层叠菜单。"菜单管理器"的菜单结构随不同模块而变化。"菜单管理器"菜单上的一些选项与菜单栏中的选项相同。如图 2-18 所示为"特征操作"模块的菜单管理器。在命令表的上方显示所选择的模块及其上层菜单,可以让用户清楚地了解当前菜单的位置及其使用的功能模块。和其他菜单一样,选择其中的菜单项就可以执行相应的命令。

2.2.4 窗口操作

Pro/ENGINEER 中窗口操作的相关命令在"窗口"菜单下。"窗口"菜单包含激活、新建、关闭和调整 Pro/ENGINEER 窗口的命令。也可选取"窗口"菜单底部的所需窗口,以在打开的窗口间切换,如图 2-19 所示。

图 2-18 "特征操作"菜单管理器

1.激活窗口

Pro/ENGINEER 支持同时打开多个窗口,各个窗口可以在不同的模块下运行,如可以同时打开一个零件设计窗口和一个组件设计窗口。要使用适用于一个对象的所有 Pro/ENGINEER 特征时,必须激活包含该对象的窗口。可通过下列操作之一激活窗口。

图 2-19 "窗口"菜单

(1)从任务栏中选择要激活的文件,然后选择菜单栏中的"窗口"→"激活"命令或者使用 Ctrl+A 快捷键激活该文件窗口。

(2)从"窗口"菜单的列表中选择对象。

在活动窗口中,"活动的"一词出现在标题栏上模型名称的后面,并且所有在该窗口中的适用菜单命令变成可用的,如图 2-20 所示,在"窗口"菜单中的打开窗口的列表里,与该对象相关的文件名被选取。如果最小化活动窗口,所有窗口都会被最小化。

2.打开新窗口

Pro/ENGINEER 可以创建包含当前窗口中所包含对象的新窗口。然后,可以修改模型并将其重命名。要在"零件"或"组件"模式中选择菜单栏中的"窗口"→"新建"命令,就会建立一个新窗口,当前 Pro/ENGINEER 窗口中的对象也出现在新窗口中。这一新的 Pro/ENGINEER 窗口变成为活动窗口。

3.关闭窗口

通过执行下列操作之一,可从屏幕上关闭窗口但仍在内存中保留其对象。

(1)选择菜单栏中的"窗口"→"关闭"命令,关闭当前窗口。

(2)选择菜单栏中的"文件"→"关闭窗口"命令,关闭当前窗口。

如果在该窗口中有一个对象,则在整个进程中,该对象将始终保留在内存中,除非选择菜单栏中的"文件"→"拭除"命令将其拭除(具体见 2.2.6 节)。如果只有一个 Pro/ENGINEER 打开,则对象将被删除,而窗口保持打开。

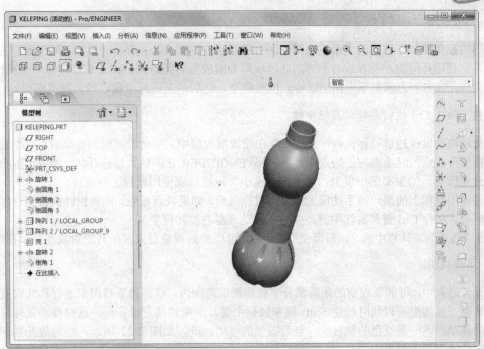

图 2-20 活动窗口

4. 调整窗口大小

可使用以下几种方法调整 Pro/ENGINEER 窗口的大小。

（1）拖动窗口的任何边或角。

（2）单击标题栏上的"最大化"或"最小化"按钮。

（3）使用"窗口"菜单上 Pro/ENGINEER 的"最大化"、"缺省尺寸"和"恢复"命令。

如果用户通过拖动窗口改变了窗口的大小，可以选择"窗口"→"缺省尺寸"命令将窗口恢复到默认状态大小，也可以选择"窗口"→"恢复"命令调回用户所设置的窗口大小。

2.2.5 显示控制

Pro/ENGINEER 提供了一系列的显示控制命令，可以使用户在设计模型过程中从不同角度、不同方式和不同距离来观察模型。如图 2-21 所示为 Pro/ENGINEER 的"模型显示"工具栏和"视图"工具栏。"模型显示"工具栏提供了模型显示方式的操作命令，而"视图"工具栏中的各种命令可以用来控制模型的显示视角。

图 2-21 "模型显示"工具栏和"视图"工具栏

1. 重画视图

"重画"按钮 的功能是刷新图形区，在用户完成操作后视图或者模型状况没有发生相应的改变时可以用重画视图功能清除所有临时显示信息。重画视图功能重新刷新屏幕，但不再生模型。选择菜单栏中的"视图"→"重画"命令或者单击"视图"工具栏中的"重画"按钮 ，即可完成该操作。

2．缩放视图

常用的视角控制方法是改变模型在图形区中的显示方向和大小。要放大模型，可在图形窗口中将指针放置到目标几何的左上方或右上方，此区域即为缩放框的起始点。按下 Ctrl 键并单击鼠标中键，指针变为，向右下方或左下方拖动鼠标，框选模型，然后单击鼠标中键，放大视图模型。

注意： 按下 Ctrl 键时要释放鼠标中键。

对角地拖动鼠标越过目标几何，并使几何在缩放框内居中。拖动的同时创建缩放框，中键单击定义缩放框的终止点。终止点与起始点成对角，Pro/ENGINEER 立即放大目标几何。要取消放大，仅需释放 Ctrl 键即可。如果要缩小模型，请单击"缩小"按钮或使用鼠标上的滚轮。

通过使用鼠标上的滚轮可手动放大或缩小目标几何。如果没有滚轮，则将指针放置到目标几何的上方。然后，按住 Ctrl 键和鼠标中键，并上下拖动（左右旋转模型）。

单击"视图"工具栏中的"重新调整"按钮，可以重新调整对象使所有的对象都显示在屏幕上。

3．平移视图

在设计过程中，可能要观察的图形部分不在绘图区范围内，这样就要将图形进行移动来观察特定的部分。要平移图形可以同时按住 Shift 键和鼠标中键，用来移动三维图形。这时移动鼠标可以看到随鼠标的移动出现一条红色的轨迹线，显示图形的移动轨迹，如图 2-22 所示，然后放开鼠标中键即可将图形移动到新的位置。

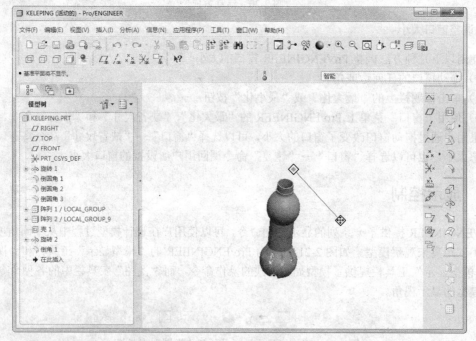

图 2-22　平移图形

如果是在草绘或者工程图的二维状态下，可以直接按住鼠标中键对图形进行平移操作。

4．旋转视图

在 Pro/ENGINEER 中，对模型的旋转操作是围绕鼠标指针进行的，并且只有在三维环境中才能进行操作。要对模型旋转可以按住鼠标中键，然后移动鼠标。随着鼠标移动方向的不同，模型就随之进行旋转，如图 2-23 所示。如果鼠标指针选择的位置不合适，模型可能偏出图形区。为了避免这种情况，可以选中旋转中心。单击"视图"工具栏中的"旋转中心"按钮 ，模型中央就会出现旋转中心的标志，其中红、绿、蓝 3 个轴分别对应坐标系的 3 个轴。这时如果进行旋转操作，模型就只能围绕旋转中心进行旋转，而旋转中心不发生位置变化。

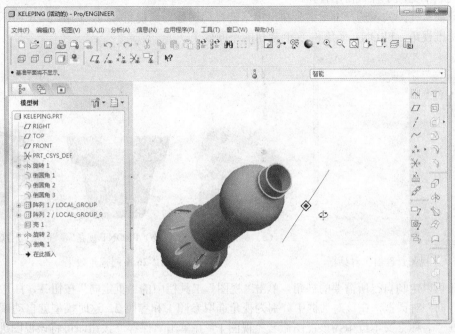

图 2-23　旋转操作

如果同时按住 Ctrl 键+鼠标中键，然后左右移动鼠标，则可以对模型进行翻转操作，如图 2-24 所示。

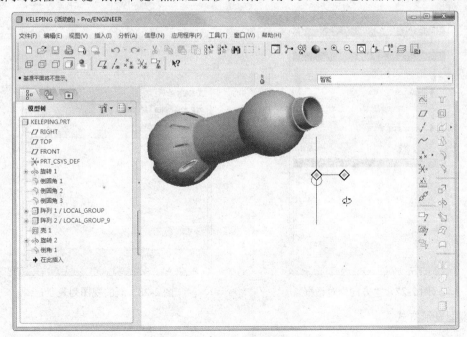

图 2-24　翻转操作

5. 常用视角

除了上面介绍的几种调整视图的方式外，在 Pro/ENGINEER 中还提供了几种比较常用的视角。单击"视图"工具栏中的"视图管理器"按钮，打开如图 2-25 所示的"视图管理器"对话框，在对话框的列表中提供了几种常用视角。

用户只要从视图列表选择合适的视角，模型就自动调整为该视角方向，如图 2-26 所示为线框图模式下的标准视角、FRONT 视角和 TOP 视角的不同效果。

图 2-25 "视图管理器"对话框

（a）标准视角   （b）FRONT 视角   （c）TOP 视角

图 2-26 不同视角效果

用户还可以定制自己所需要的视角，单击"视图"工具栏中的"重定向"按钮，打开如图 2-27 所示的"方向"对话框，在该对话框中分别为视角选取参照 1 和参照 2，这时模型就自动调整视图方向。然后在"名称"文本框中为该视图命名"视图 1"并单击"保存"按钮即可将该视图进行保存。单击"视图"工具栏中的"视图管理器"按钮，在弹出的视图列表中将出现最近保存的视图，如图 2-28 所示。

图 2-27 "方向"对话框

图 2-28 新的视图列表

6. 模型显示方式

在"模型显示"工具栏或者"模型显示"对话框中提供了 4 种显示方式：着色、无隐藏线、隐藏线和线框。要改变模型显示方式可以直接单击"模型显示"工具栏上的显示方式按钮或者选择菜单栏中的"视图"→"显示设置"→"模型显示"命令,在弹出的"模型显示"对话框的"一般"选项卡中选择显示的不同方式,如图 2-29 所示。如图 2-30 所示为不同显示方式的效果。

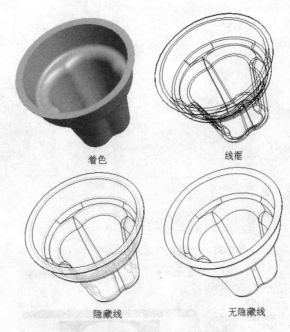

着色   线框

隐藏线   无隐藏线

图 2-29   "模型显示"对话框   图 2-30   不同显示效果

在"模型显示"对话框中选择"边/线"选项卡,然后从该选项卡的"相切边"下拉列表框中选择"不显示"选项,表示在模型中消除相切边线的显示。

在"模型显示"对话框中选择"着色"选项卡,然后从该选项卡中选中"带边"复选框,如图 2-31 所示。则模型在着色显示方式下可以同时显示模型的可见边线,效果如图 2-32 所示。

7. 颜色设置

用户不但可以控制模型的显示,还可以定制自己喜欢的图形区背景颜色。选择菜单栏中的"视图"→"显示设置"→"系统颜色"命令,弹出如图 2-33 所示的"系统颜色"对话框。改变图形区的背景颜色可以有以下几种方法。

(1)可以单击"图形"选项卡中最下面的"背景"左侧的▢按钮,弹出"颜色编辑器"对话框,在该编辑器中有 3 种颜色设定方式:颜色轮盘、混合调色板和 RGB/HSV 滑块。混合调色板和 RGB/HSV 滑块可以精确地调整背景颜色,而颜色轮盘可以更加方便地选择颜色。设定颜色后在"颜色编辑器"对话框的顶端有一个预先框显示当前设定的颜色。其他图形元素的颜色设定与此类似。

(2)选择"系统颜色"对话框中的"布置"菜单将弹出如图 2-34 所示的子菜单,在该子菜单中可以选择几种背景颜色方案。

(3)还可以选择"用户背景"选项卡,从中单击"背景"左侧的▢按钮,也将弹出"颜色编辑器"对话框,用法与前面所述相同。

图 2-31 "着色"选项卡

图 2-32 带边效果

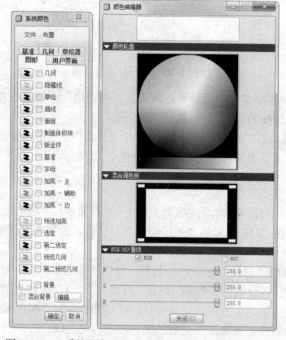

图 2-33 "系统颜色"对话框和"颜色编辑器"对话框

图 2-34 系统颜色方案

2.2.6 删除文件和拭除文件

删除文件和拭除文件都属于"文件"菜单下的命令,之所以拿出来单独讲述是因为这两个命令和一般的命令有一些区别。

1. 拭除文件

拭除文件是从内存中拭除对象，对象是指用 Pro/ENGINEER 创建的文件。选择"关闭窗口"命令关闭窗口时，对象不再显示，但在当前进程中会保存在内存中。拭除对象是将对象从内存中删除，但不从磁盘中删除对象。

可以从内存中删除当前对象或未显示的对象。如果在零件中工作将弹出如图 2-35 所示的"拭除确认"对话框，确认是否从进程拭除当前文件。单击"是"按钮，该零件会从图形窗口拭除。

如果是在组件、制造模型或绘图中工作，选择菜单栏中的"文件"→"拭除"→"当前"命令，则打开"拭除"对话框，要求选取要同时从内存拭除的"关联对象"（由当前对象参照的对象），如图 2-36 所示。

从中选择"关联对象"，可以单击"全选"按钮 ▤ 选择全部对象或者单击"取消全选"按钮 ▤ 取消全部选择。选择完成后单击"确定"按钮从内存中拭除选定的对象。

使用"拭除未显示的"对话框从当前进程中拭除所有对象，但不拭除当前显示的对象及其显示对象所参照的全部对象。例如，如果显示某个组件实例，那么该实例的普通模型和它的元件不能删除。选择菜单栏中的"文件"→"拭除"→"不显示"命令，打开"拭除未显示的"对话框，如图 2-37 所示。在该对话框中列出了所有未显示的对象，单击"确定"按钮即可将其从内存中拭除。如果将配置选项 prompt_on_erase_not_disp 设置为 yes，在拭除对象前，系统会提示用户要保存每个对象。

图 2-35　"拭除确认"对话框　　　图 2-36　"拭除"对话框　　　图 2-37　"拭除未显示的"对话框

> **注意**：当参考该对象的组件或绘图仍处于活动状态时，不能拭除该对象。拭除对象而不必从内存中拭除它参考的那些对象（例如，拭除组件而不必拭除它的元件）。

2. 删除文件

删除文件是从磁盘上删除该对象。每次保存对象时，会在内存中创建该对象的新版本，并将上一版本写入磁盘中。可选择"删除"命令来释放磁盘空间，并移除旧的不必要的对象版本。

按照以下步骤删除最新版本（具有最高版本号的版本）外对象的所有版本。选择菜单栏中的"文件"→"删除"→"旧版本"命令，出现一个确认提示，如图 2-38 所示。

图 2-38　确认提示

单击☑按钮删除当前对象的旧版本，或输入一个不同对象的名称并单击☑按钮可以删除该对象的旧版本。

注意：在当前工作进程中，除非删除组件或绘图，才可删除组件或绘图中使用的零件或子组件。

选择菜单栏中的"文件"→"删除"→"所有版本"命令，打开"删除所有确认"对话框，如图 2-39 所示，单击"是"按钮则将从磁盘和进程中删除该对象的所有版本和选定的相关对象。

图 2-39 "删除所有确认"对话框

2.3 设 计 环 境

为了让读者能快速地了解 Pro/ENGINEER Wildfire 5.0 的工作空间和主要工具的分布，方便后面章节的学习，下面先介绍一下 Pro/ENGINEER Wildfire 5.0 模型设计环境。

Pro/ENGINEER Wildfire 5.0 的设计环境是随着不同的设计过程而不断变化的，界面设计是根据当前的软件功能需要而定的。图 2-40 中显示了常规的 Windows 界面元素和与建模过程紧密相关的界面元素。

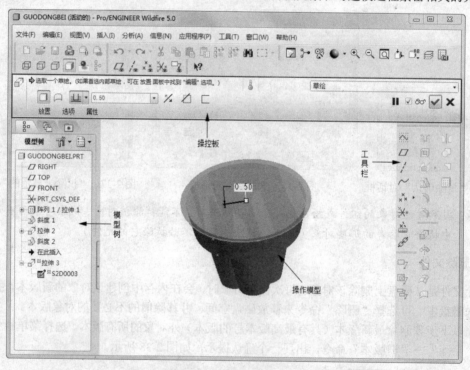

图 2-40 Pro/ENGINEER Wildfire 5.0 界面

2.3.1 模型树

在 Pro/ENGINEER Wildfire 5.0 中，"模型树"是零件文件中所有特征的列表，其中包括基准和坐

Note

标系。在零件文件中，"模型树"显示零件文件名称并在名称下显示零件中的每个特征。在组件文件中，"模型树"显示组件文件名称并在名称下显示所包括的零件文件。

模型结构以分层（树）形式显示，根对象（当前零件或组件）位于树的顶部，附属对象（零件或特征）位于下部。如果打开了多个 Pro/ENGINEER 窗口，则"模型树"内容会反映当前窗口中的文件。

"模型树"只列出当前文件中的相关特征和零件级的对象，而不列出构成特征的图元（如边、曲面、曲线等）。每个"模型树"项目包含一个反映其对象类型的图标，如隐藏、组件、零件、特征或基准平面（也是一种特征）。该图标还可显示特征、零件或组件的显示或再生状态（如隐含或未再生）。缺省情况下，"模型树"位于 Pro/ENGINEER 主窗口中。

"模型树"中的选取是面向对象操作，可以在"模型树"中选取对象，而无须首先指定要对其进行何种操作。可使用"模型树"选取元件、零件或特征。不能选取构成特征的单个几何（图元），如果要选取图元，必须在图形窗口中进行选取。

1. 模型树中特征的顺序

默认情况下，"模型树"会按创建顺序将每个嵌入的基准显示为特征子节点，即最后创建的项目首先显示。对于特征，"模型树"中的嵌入基准和其他子节点的显示顺序为草绘、注释、嵌入基准和转换或阵列特征。将基准特征嵌入到阵列、镜像或移动特征中时，系统会自动归组这些阵列、镜像或移动特征。这类特征显示在"模型树"中时，会带有一个包含工具名称的标签，如"阵列特征"、"镜像特征"或"移动特征"。嵌入基准特征会显示为组标题的子节点，位于所有其他组成员的上方。具有其各自特征的异步基准会显示为"模型树"中的特征子节点。在"模型树"中使用拖放方法可以将独立基准转换为嵌入基准，反之亦然。

特征的顺序是指特征出现在"模型树"中的序列。可在"模型树"中拖动特征以将其与父项或其他相关特征放在一起（即使特征恰好在创建父项之后添加），不能将子项特征排在父项特征的前面。同时，对现有特征重新排序可更改模型的外观。

2. 在模型树中搜索或添加信息

模型树中显示了有关特征的相关信息，包括每个项目的参数和值、已分配的层或特征名称等。可以选择"搜索"命令搜索模型属性或其他信息要执行搜索。首先选择菜单栏中的"编辑"→"查找"命令，打开如图 2-41 所示的"搜索工具"对话框。搜索结果在"模型树"中加亮显示。

在该对话框中选择要查找的类型以及标准，然后按一定的规则来设定查找项，设定完成后单击"立即查找"按钮执行查找操作。其结果在"模型树"中加亮显示，同时特征也在绘图区以红色显示。

除了可以搜索信息，还可以向"模型树"窗口中添加信息列。用栏中的单元可进行上下文相关的编辑或删除。可以添加以下信息的类型。

（1）信息：使用此选项添加信息，包括"状态"、"特征#"、"特征标识"、"特征类型"、"特征名"、"复制的参照"、"特征子类型"和"指定名称"等。

（2）模型参数：使用该选项显示影响整个模型的所有已建立的参数。也可使用该选项定义新的模型参数。

（3）数据库参数：使用该选项查看本地、Windchill 和 Pro/INTRALINK 的数据库参数。

（4）特征参数：使用该选项在"模型树"中创建特征参数。也可以通过在"名称"字段中指定现有参数的名称来显示现有参数。

（5）注释元素参数：使用该选项可在"模型树"中创建注释元素参数。也可以通过在"名称"

（Name）字段中指定现有参数的名称来显示现有参数。

（6）层：使用该选项显示当前模型中每一层的层状态和名称。

（7）注释：使用该选项显示有关注释的信息，包括"注释 ID"、"第一线"、"注释显示"、已指定给注释的任意 URL 以及"注释类型"。

（8）参照控制：使用该选项显示为当前模型设置的参照。也可选择显示共享的模型参照。

（9）质量属性参数：使用该选项显示模型中的"质量属性"。如未指定属性，可将其输入下拉列表框。如指定多种属性，可从下拉列表框中将其选中。

（10）区域：使用该选项可显示当前组件中区域内部的元件（仅限组件模式）。

要将栏添加到模型树，可以选择"模型树"窗口上方的"设置"按钮 下拉列表中的"树列"命令，打开如图 2-42 所示的"模型树列"对话框。

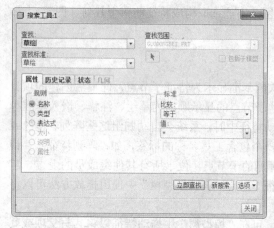

图 2-41　"搜索工具"对话框

图 2-42　"模型树列"对话框

在该对话框的"类型"下拉列表框中选取一种类型（如"信息"、"层"或"注释"）和子类型（如"信息"类型的"状态"）。选择完成后单击"添加"按钮 ，将该参数添加到"显示"列表中。然后单击"应用"和"确定"按钮将对话框关闭，新参数栏将添加到"模型树"中，如图 2-43 所示为添加了特征状态和标识后的模型树。特征的状态（如再生或失败等）在其图标旁指明。

如果要从模型树中移除列，可以在"模型树列"对话框的"已显示"列表下选取要移除的列，并单击"移除"按钮 ，然后单击"应用"和"确定"按钮将对话框关闭即可。

3. 在模型树中选取

可以使用"模型树"选取要编辑的特征或零件。当选定特征或零件在"图形"窗口中不可见时，此方法尤其有用。还可以右击特征或零件，打开快捷菜单，从中选择对应于该选定对象的特定对象命令。还可以在"模型树"中选择特征和零件，即使在"图形"窗口中禁用选取时，也可执行此操作。

在 Pro/ENGINEER 导航器窗口中，选择菜单栏中的"显示"→"加亮几何"命令，在"模型树"中单击特征或零件的名称。Pro/ENGINEER 激活包含该特征或零件的窗口，并在图形窗口中加亮显示所选对象。

注意：在"模型树"中用"Ctrl+单击选取项目"时，图形区域的选取项会被清除。可用 Ctrl+A 快捷键选取"模型树"中的所有项目。

还可以使用键盘在"模型树"窗口选择特征或零件，单击"模型树"窗口，将其激活。在顶层"模型树"对象周围出现一个虚线矩形。按箭头键可将矩形移到其他"模型树"对象处。当矩形处于要选取的对象上时，按空格键即可。

注意：不能在"模型树"中选取单个几何（图元）。因为单个图元是特征的组成部分，因此"模型树"只列出特征，不列出单个图元。

4. 模型树插入定位符

"模型树"插入定位符在"模型树"上通过"在此插入"表示，指明在创建时特征将要插入的位置。默认情况下，它的位置总是位于"模型树"列出的所有项目之后。可以在"模型树"中将其上下拖动，将特征插入到列表中的其他特征之间。当移动插入定位符时，不论"模型树"中的插入定位符向后还是向前移动，模型都不会重定向。会显示当前视图中的模型的图形。将指针在"模型树"中定位到"在此插入"上方。按住鼠标左键并拖动指针到所需的位置，插入定位符随着指针移动。释放鼠标左键。插入定位符将置于新位置，并且会保持当前视图的模型方向，模型不会复位到新位置。如图 2-44 所示，Pro/ENGINEER 会在消息区域显示消息"插入模式已经激活"。

图 2-43　添加列后的模型树　　　图 2-44　移动"插入定位符"

移动插入定位符后，将指针放在插入定位符上并从快捷菜单中选择"取消"或将插入定位符拖动到模型树的底部均可将其移回到其默认位置。将指针在"模型树"中定位到"在此插入"上方。单击鼠标右键，在打开的快捷菜单中选择"取消"命令，插入定位符返回到其默认位置。Pro/ENGINEER会在消息区域显示消息"取消插入模式"。还可通过将插入定位符拖动到模型树的底部，将插入定位符返回到其默认位置。

5. 显示或隐藏模型树中的项目

在模型树中可以选取一个或多个项目，使其在图形窗口中临时隐藏起来，同时被添加到"隐藏项目"层。要隐藏项目，可选取模型树中的一个或多个项目，然后右击并在弹出的快捷菜单中选择"隐藏"命令。

要显示隐藏项目，可选取要显示的项目，然后右击并使用以下方法之一。

（1）在"层树"中，在"隐藏的项目"下右击并在弹出的快捷菜单中选择"取消隐藏"命令。

（2）在"模型树"中，右击并在弹出的快捷菜单中选择"取消隐藏"命令，或选择菜单栏中的"视图"→"可见性"→"取消隐藏"命令。

使用以下方法之一还可以显示或隐藏"模型树"。

（1）在"模型树"中，单击加号或减号可分别展开或收缩"模型树"。

（2）在"层树"中，单击"显示"→"模型树"图标。

单击"显示"→"展开全部"图标或"显示"→"收缩全部"图标。这将展开或收缩"模型树"中的所有分支，只显示最高层或父零件、组件或特征。要展开或收缩单个分支，请单击树节点中的加号或减号。

6. 隐含和恢复特征

隐含特征会在物理和视觉上将特征从模型上临时移除。而使用"隐藏"命令可在视觉上移除特征。但是如果要临时移除特征，例如，为了在其位置试用另一特征，隐含和恢复特征允许临时移除单个或一组特征，并在随后恢复它们。在"模型树"中右击特征出现快捷菜单，然后选择"隐含"命令即可将所选特征隐含。

如果在"模型树"中隐藏了隐含特征，可单击"设置"→"树过滤器"图标，打开"模型树项目"对话框，选中"隐含的对象"复选框。显示了隐含特征后，可选取它们并从快捷菜单中选择"恢复"命令，以便将它们交回模型中。

另外可使用"模型树"执行下列操作。

（1）重命名"模型树"中的文件：单击文件名旁的图标，或双击文件名，打开类型框。

（2）在所提供的类型框中输入新名称，输入完成后按 Enter 键即可修改文件的名称。

（3）在"模型树"中，右击组件文件中的零件，将其打开。

（4）使用快捷菜单（通过右击零件名称得到）创建或修改特征并执行其他操作，如删除或重定义零件或特征、将零件或特征重定参考等。

（5）显示特征、零件或组件的显示或再生状态（如隐含或未再生）。

> **注意：** 每个"模型树"项目包含一个图标，反映其对象类型，如组件、零件、特征或基准平面。该图标还可表明显示或再生状态（如隐含或未再生）。

2.3.2 操控板

操控板是 Pro/ENGINEER 中命令执行的载体，很多命令工作的设定都在操控板中进行。操控板位于 Pro/ENGINEER 窗口底部与环境相关的区域，可指导用户整个建模过程。在图形窗口中选取几何并设置优先选项时，操控板会缩小可用选项的范围，使用户仅锁定在建模的范围。如图 2-45 所示为"拉伸"命令的操控板，由对话栏、下滑面板、消息区和控制区组成。

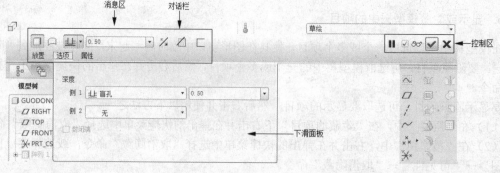

图 2-45　"拉伸"命令操控板

1. 对话栏

可在图形窗口和对话栏中完成大部分建模工作。激活工具时，对话栏显示常用选项和收集器。在特征工具内处理模型时，工具的要求控制所有的选取操作。因此，必须选取一定数量和类型的所需项目来创建特征。Pro/ENGINEER 使用过滤器和收集器来指导用户进行正确的选取。

2. 下滑面板

要执行高级建模操作或检索综合特征信息，就要使用下滑面板。选择对话栏上的选项卡之一，其下滑面板打开。因为选项卡及其对应的下滑面板均与环境相关，所以系统会根据当前建模环境的变化而显示不同的选项卡和面板元素。在某些情况下将提供默认值。要打开另一面板，选择其选项卡；要关闭面板，选择其选项卡，面板将滑回操控板。

3. 消息区

处理模型时，Pro/ENGINEER 通过对话栏上方消息区中的文本消息来确认用户的操作并指导用户完成建模操作。消息区包含当前建模进程的所有消息。要找到先前的消息，滚动消息列表或拖动框格来展开消息区。文本消息描述两种情形：系统功能和建模操作。每个消息前有一个图标，它指示消息的类别如下。

- ☑ ➡：提示。
- ☑ ●：信息。
- ☑ ⚠：警告。
- ☑ 🚫：出错。
- ☑ ✖：危险。

即使用户暂停工具并且操控板不可用，消息窗口仍可继续显示消息。

4. 控制区

操控板的控制区包含下列元素。

- ☑ ▐▐：暂停当前工具，临时返回其中可进行选取的默认系统状态。在原来工具暂停期间创建的任何特征会在其完成后与原来的特征一起放置在"模型树"内的一个"组"中。
- ☑ ▶：恢复暂停的工具。
- ☑ ☑ ∞：激活图形窗口中显示特征的"预览"模式。要停止"预览"模式，再次单击☑ ∞按钮或▶按钮。选中复选框时，系统会激活动态预览，使用此功能可在更改模型时查看模型的变化。
- ☑ ☑：完成使用当前设置的工具。
- ☑ ✖：取消当前工具。

2.3.3 界面定制

Pro/ENGINEER Wildfire 5.0 功能强大，命令菜单和工具按钮较多，为了界面的简明，可以将常用的工具显示出来，而非常用的工具按钮没有必要放置在界面上。Pro/ENGINEER Wildfire 5.0 支持用户界面定制，可根据个人、组织或公司的需要定制 Pro/ENGINEER 用户界面。例如可以执行下列操作。

（1）创建键盘宏（称为映射键），并将它们和其他定制命令添加到菜单和工具栏中。

（2）添加或删除现有工具栏。

（3）将分隔按钮添加到工具栏中（分隔按钮中包含多个紧密相关的命令，通过显示第一个命令而隐藏所有其他命令的方法来节省空间）。

（4）从菜单或工具栏移动或删除命令。

（5）更改消息区位置。

（6）将选项添加到菜单管理器。

（7）遮蔽"菜单管理器"中的选项（使之不可用）。

（8）为"菜单管理器"菜单设置默认命令选项。

（9）当前进程的活动模型相关的视图命令。

选择菜单栏中的"工具"→"定制屏幕"命令，或者在工具栏区域右击并在弹出的快捷菜单中选择"命令"或者"工具栏"命令，打开如图 2-46 所示的"定制"对话框。在该对话框中可以定制菜单条和工具栏。默认情况下，所有命令（包括适用于活动进程的命令）都将显示在"定制"对话框中。

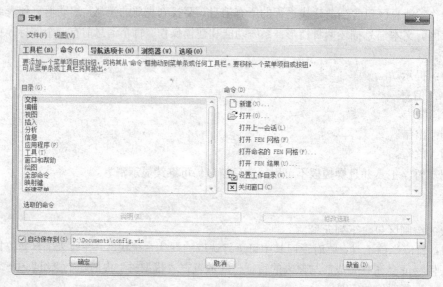

图 2-46　"定制"对话框

在该对话框中有两个下拉菜单和 5 个选项卡，分别介绍如下。

1.　"文件"菜单

在"文件"菜单下有两个命令，一个是"打开设置"命令，通过该命令可以打开如图 2-47 所示的"打开"对话框，在该对话框中可以打开已经存在的 config.win 文件，通过载入和编辑配置文件，可设置 Pro/ENGINEER 窗口的感观。

"文件"菜单下的另一个命令"保存设置"可以将当前定制屏幕的配置文件保存起来，以便下次启动时应用，如图 2-48 所示。保存时可以选择路径，也可以为配置文件重新命名。

2.　"视图"菜单

在"视图"菜单下有一个"仅显示模式命令"命令，该命令可以控制"命令"选项卡中命令显示的多少。如果选择该命令，则在"命令"选项卡中只显示模式命令；如果该命令处于非选中状态，则

"命令"选项卡下将显示所有命令。

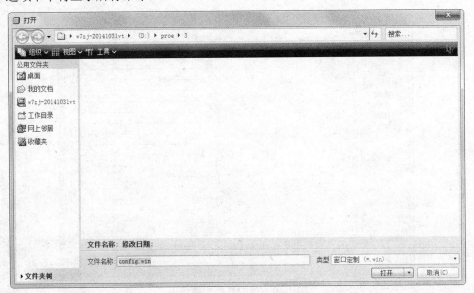

图 2-47　"打开"对话框

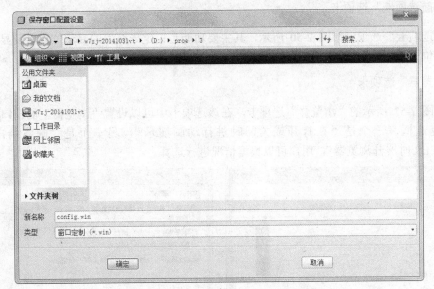

图 2-48　"保存窗口配置设置"对话框

3. "命令"选项卡

要添加一个菜单项目或按钮，可将其从"命令"框拖动到菜单条或任何工具栏。要移除一个菜单项目或按钮，可从菜单条或工具栏将其拖出。"命令"选项卡如图 2-46 所示。

4. "工具栏"选项卡

打开如图 2-49 所示的"工具栏"选项卡。在该选项卡中主要包括两个部分，左边部分用来控制工具栏在屏幕上的显示。所有的工具栏都在该列表中，如果要在屏幕上显示该工具栏就选中其前面的复选框。否则就取消选中该工具栏前的复选框。当工具栏处于选中状态时，可以在右侧的下拉列表中设置其在屏幕上的显示位置，工具栏可以显示在图形区的顶部、右侧和左侧。

图 2-49　"工具栏"选项卡

5．"导航选项卡"选项卡

"导航选项卡"选项卡如图 2-50 所示，其主要功能是设定导航器的显示位置以及显示宽度、消息区的显示位置等。

6．"浏览器"选项卡

打开如图 2-51 所示的"浏览器"选项卡，在该选项卡中可以设置"浏览器"的窗口宽度。其中还有两个复选框，一个是"在打开或关闭时进行动画演示"，另一个是"缺省情况下，加载Pro/ENGINEER 时展开浏览器"，用户可以根据情况进行选择。

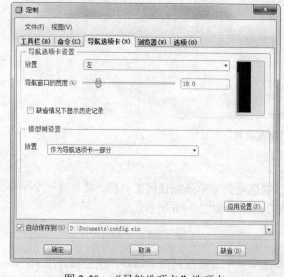

图 2-50　"导航选项卡"选项卡

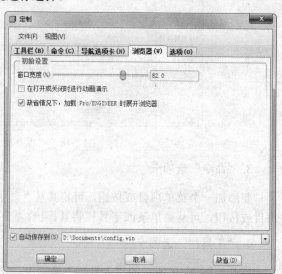

图 2-51　"浏览器"选项卡

7. "选项"选项卡

"选项"选项卡中可以用来设置消息区域的位置，次窗口的显示大小以及菜单显示，如图 2-52 所示。

图 2-52 "选项"选项卡

在"定制"对话框下部有一个"自动保存到"复选框可保存在"定制"对话框中设置的路径。所有设置都保存在 config.win 文件中。要保存设置，选中"自动保存到"复选框（默认选取），然后接受默认文件名，或输入新文件名，或转到要在其中保存此设置的 config.win 文件。如果取消选中"自动保存到"复选框，则定制的结果只应用于当前的进程中。

注意：也可使用"环境"对话框来更改 Pro/ENGINEER 的环境设置。

2.3.4 工作环境定制

用户在使用 Pro/ENGINEER Wildfire 5.0 时，经常需要对软件的工作方式和工作环境进行设定，如设定测量单位、操作参数的精度等。工作方式和工作环境的设置可以通过选择"工具"→"选项"命令进行。

选择"工具"→"选项"命令，打开如图 2-53 所示的"选项"对话框。"选项"对话框中各部分的功能介绍如下。

1. "显示"下拉列表框

"显示"下拉列表框显示最后读取的 config.pro 文件，单击该列表框右侧的下拉按钮可以显示默认的设置。选中"仅显示从文件加载的选项"复选框，查看当前已载入的配置选项，或取消选中此复选框以查看所有的配置选项。

单击"打开"按钮 可以打开如图 2-54 所示的"文件打开"对话框，通过该对话框可以选择已经存在的配置文件并加载到当前进程。

图 2-53 "选项"对话框

图 2-54 "文件打开"对话框

单击"保存"按钮可以将修改的配置文件进行保存，保存过程中可以选择保存路径。在启动时，Pro/ENGINEER 首先在 config.sup 系统配置文件中读取信息，然后按下列顺序在以下目录中搜索并读取配置文件。

（1）Pro/ENGINEER 安装目录下的 text 文件夹，用户可以将配置文件放在此处。

（2）注册目录。指注册标识的本地目录。

（3）启动目录。用户可以将配置文件放在 Pro/ENGINEER 启动时的当前目录或工作目录。

2. "排序"下拉列表框

单击"排序"下列列表框右侧的下拉按钮可以选择配置文件内容的排序方法，排序方法："按字母顺序"。

3. 选项显示区

在该显示区显示配置文件的选项，每个选项左侧的图标表示该选项所作的改变是立即应用还是下次启动时应用。

☑　⚡：闪电形图标表示立即应用。

☑　✁：短杖形图标表示所作改变将应用于创建的下一个对象。

☑　▣：屏幕形图标表示所作改变将应用于下一进程。

4. 设置区和叙述区

在设置区和叙述区有以下 3 列内容。

（1）"值"列：显示了各个配置选项的值，其中在后面附有"*"的表示该值为该配置选项的默认值。

（2）"状态"列：显示了各个配置选项的当前状态。绿色的状态图标用于对所作的改变进行确认。

（3）"说明"列：对各个配置选项的含义进行了简单介绍。

5. 选项设置区

在选项设置区有以下几个部分。

（1）"选项"文本框：用来输入配置选项名称。

（2）"值"编辑框：可以在该框中输入或选取一个值。

（3）"查找"按钮：单击此按钮打开"查找选项"对话框，并使用文本字符串和通配符搜索选项。如图 2-55 所示，在"输入关键字"栏输入"acad"，对话框将列出在字符串中使用 acad 的所有选项。也可使用关键字和通配符搜索描述。可在"查找选项"对话框中更改所选配置选项的值。

图 2-55　"查找选项"对话框

（4）"浏览"按钮：浏览路径，只有在选项文本框中为需要给定路径的配置选项时才有效。

（5）"添加/更改"按钮：用来增加一条新的配置设置选项或修改配置选项。

（6）"删除"按钮：用来删除选定的配置选项设置。

第3章

生活用品设计与 3D 打印实例

　　3D 打印日渐走进人们的视野，走进人们的生活，甚至贯穿着人们未来每一天的起居。3D 打印最大的特点就是可以实现私人定制。

　　本章主要介绍常见几款生活用品，如果冻杯、瓶盖、可乐瓶、水龙头、暖瓶、轮胎等模型的建立及 3D 打印过程。通过本章的学习主要使读者掌握如何从 Pro/EGINEER 中创建模型并导入到 Cura 软件打印出模型。

任务驱动&项目案例

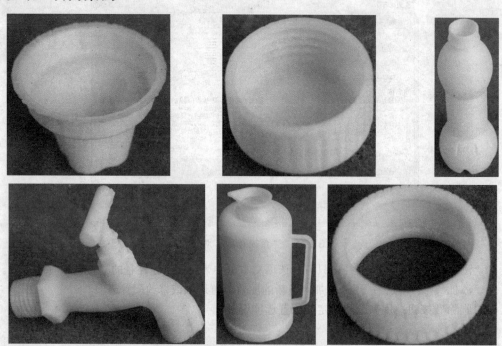

扫码看视频

3.1　果冻杯

3.1　果　冻　杯

首先利用 Pro/EGINEER 软件创建果冻杯模型，再利用 Cura 软件打印果冻杯的 3D 模型，最后对打印出来的果冻杯模型进行去支撑和毛刺处理，流程图如图 3-1 所示。

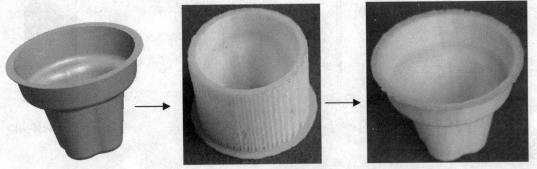

图 3-1　果冻杯模型创建流程图

3.1.1　创建模型

首先绘制拉伸实体，然后将实体阵列 4 个，再将所有圆柱面拔模，然后在顶面上拉伸出圆柱体并拔模，再拉伸 0.5mm 厚度的圆饼，最后倒圆角并将顶面移除抽壳即得到果冻杯。

1. 新建文件

启动 Pro/ENGINEER 5.0，选择菜单栏中的"文件"→"新建"命令，或者单击"标准"工具栏中的"新建"按钮，弹出"新建"对话框，在"类型"选项组中选中"零件"单选按钮，在"子类型"选项组中选中"实体"单选按钮，在"名称"文本框中输入文件名 guodongbei.prt，其他选项接受系统提供的默认设置，如图 3-2 所示，单击"确定"按钮，创建一个新的零件文件。

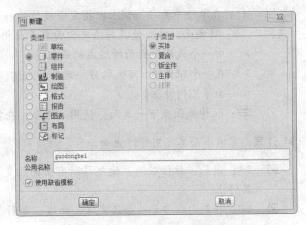

图 3-2　"新建"对话框

2. 拉伸主体

（1）单击"基础特征"工具栏中的"拉伸"按钮，打开如图 3-3 所示的"拉伸"操控板。

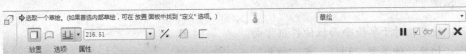

图 3-3　"拉伸"操控板

（2）单击"放置"→"定义"按钮，系统打开如图3-4所示的"草绘"对话框。选取 TOP 面作为草绘面，RIGHT 面作为参考，参考方向向右，单击"草绘"按钮，进入草绘环境。

（3）单击"草绘器"工具栏中的"圆"按钮 ◯，绘制如图3-5所示的截面并修改尺寸。单击"确定"按钮 ✔，退出草图绘制环境。

（4）在操控板中输入拉伸深度为40mm，单击操控板中的"完成"按钮 ✔，结果如图3-6所示。

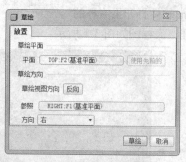

图3-4 "草绘"对话框

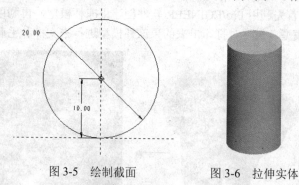

图3-5 绘制截面   图3-6 拉伸实体

☆知识点——拉伸

拉伸特征：指定的 2D 截面沿垂直于 2D 截面的方向生成的三维实体。

操控板包括以下元素。

1. 公共"拉伸"选项

☑ ◻：创建实体。

☑ ◠：创建曲面。

☑ ⬚：定义具体数据的盲孔，自草绘平面以指定深度值拉伸截面。若指定一个负的深度值则会反转深度方向。

☑ ⬚：在草绘平面每一侧上以指定深度值的一半拉伸截面。

☑ ⬚：将截面拉伸，使其与选定曲面或平面相交。终止曲面可选取下列各项。

➢ 由一个或几个曲面所组成的面组。

➢ 在一个组件中，可选取另一元件的几何，几何是指组成模型的基本几何特征，如点、线、面等几何特征。

☑ ⬚：拉伸截面至下一曲面。使用此选项，在特征到达第一个曲面时将其终止。

📢 **注意**：基准平面不能用作终止曲面。

☑ ⬚：通孔，拉伸截面，使之与所有曲面相交。使用此选项，在特征到达最后一个曲面时将其终止。

☑ ⬚：将截面拉伸至一个选定点、曲线、平面或曲面。

📢 **注意**：使用零件图元终止特征的规则：对于 ⬚ 和 ⬚ 两项，拉伸的轮廓必须位于终止曲面的边界内。在和另一图元相交终止的特征不具有与其相关的深度参数。修改终止曲面可改变特征深度。

☑ ⅍：设定相对于草绘平面拉伸特征方向。

☑ ◿：切换拉伸类型"切口"或"伸长"。

（1）用于创建"加厚草绘"使用的选项。

☑　▯：通过为截面轮廓指定厚度创建特征。

☑　⅔：改变添加厚度的一侧，或向两侧添加厚度。

☑　"厚度"框：指定应用于截面轮廓的厚度值。

（2）用于创建"曲面修剪"的选项。

☑　◪：使用投影截面修剪曲面。

☑　⅔：改变要被移除的面组侧，或保留两侧。

2. 下滑面板

"拉伸"工具提供下列下滑面板，如图 3-7 所示。

图 3-7　"拉伸"特征下滑面板

（1）放置：使用该下滑面板重定义特征截面。单击"定义"按钮可以创建或更改截面。

（2）选项：使用该下滑面板可进行下列操作。

① 重定义草绘平面每一侧的特征深度以及孔的类型（如盲孔，通孔）。

② 通过选择"封闭端"选项用封闭端创建曲面特征。

③ 通过选择"添加锥度"选项，使拉伸特征拔模。

（3）属性：使用该下滑面板可以编辑特征名，并在 Creo 浏览器中打开特征信息。

☆知识点——草绘基础知识

草绘是 Pro/ENGINEER 设计过程中的一项基本技巧。在 Pro/ENGINEER 中，草绘截面可以作为单独对象创建，也可以在创建特征过程中进行创建。在草绘中经常用到一些术语，术语说明如下。

（1）图元：指草绘环境中的任何元素，包括直线、圆、圆弧、样条线和坐标系等。当草绘、分割或求交截面几何，或者参照截面外的几何时，可创建图元。

（2）约束：指定义图元几何或图元间关系的条件。约束符号出现在应用约束的图元旁边。例如，可以约束两条直线平行。这时会出现一个平行约束符号来表示。

（3）参数：草绘中的辅助元素，用来定义草绘的形状和尺寸。

（4）截面：指草绘图元、尺寸标注以及定义一个几何图形的所有约束的集合。

（5）"弱"尺寸：指由系统自动建立的尺寸。在用户增加尺寸时，系统可以删除没有确认的多余"弱"尺寸。

（6）"弱"约束：指由系统自动建立的约束关系。在用户增加约束时，系统可以删除没有确认的多余"弱"约束。"弱"约束和上面的"弱"尺寸都以灰色显示。

（7）"强"尺寸和"强"约束：分别和"弱"尺寸和"弱"约束相对应，系统不能自动删除。"强"尺寸和"强"约束以深颜色显示。

（8）冲突：两个或两个以上的"强"尺寸或"强"约束由于矛盾而产生多余条件。在这种情况下用户必须通过移除一个不需要的约束或尺寸来立即解决。

3. 阵列

（1）在"模型树"选项卡中选择前面创建的拉伸特征。

（2）单击"编辑特征"工具栏中的"阵列"按钮▦，打开"阵列"操控板，选取阵列类型为"轴"，如图 3-8 所示。

图 3-8 "阵列"操控板

（3）单击"基准"工具栏中的"基准轴"按钮 /，打开"基准轴"对话框，选取 FRONT 面和 RIGHT 面作为参照，创建临时性基准轴 A_2，如图 3-9 所示，单击"确定"按钮。

（4）单击操控板中的"暂停"按钮▶，系统自动选取刚绘制的中心轴 A_2 作为轴阵列参照，设置阵列个数为 4，阵列角度为 90°，在操控板中单击"确定"按钮✔，完成阵列，结果如图 3-10 所示。

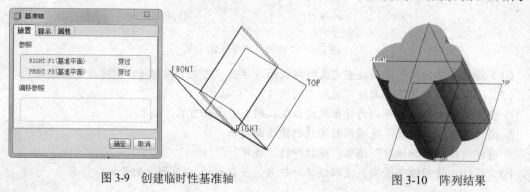

图 3-9 创建临时性基准轴　　　　图 3-10 阵列结果

☆知识点——阵列

阵列就是通过改变某些指定尺寸，创建选定特征的多个实例。选定用于阵列的特征称为阵列导引。阵列有如下优点。

☑ 创建阵列是重新生成特征的快捷方式。

☑ 阵列是由参数控制的，因此通过改变阵列参数，如实例数、实例之间的间距和原始特征尺寸，可修改阵列。

☑ 修改阵列比分别修改特征更为有效。在阵列中改变原始特征尺寸时，系统自动更新整个阵列。

☑ 对包含在一个阵列中的多个特征同时执行操作，比操作单独特征更为方便和高效。

系统允许只阵列一个单独特征。如果要阵列多个特征，可创建一个"特征组"，然后阵列这个组。创建组阵列后，可取消阵列或取消分组实例以便可以对其进行独立修改。

1. 尺寸阵列

尺寸阵列是通过选择特征的定位尺寸来阵列参数的阵列方式。创建尺寸阵列时，选取特征尺寸，并指定这些尺寸的增量变化以及阵列中的特征实例数。尺寸阵列可以是单向阵列（如孔的线性阵列），也可以是双向阵列（如孔的矩形阵列）。换句话说，双向阵列将实例放置在行和列中。

2．方向阵列

方向阵列通过指定方向并拖动控制滑块设置阵列增长的方向和增量来创建自由形式阵列。即先指定特征的阵列方向，然后再指定尺寸值和行列数的阵列方式。方向阵列可以为单向或双向。

3．圆周阵列

圆周阵列就是特征绕旋转中心轴在圆周上进行阵列。圆周阵列第一方向的尺寸用来定义圆周方向上的角度增量，第二方向尺寸用来定义阵列径向增量。

4．填充阵列

填充阵列是根据栅格、栅格方向和成员间的间距从原点变换成员位置而创建的。草绘的区域和边界余量决定将创建哪些成员。将创建中心位于草绘边界内的任何成员。边界余量不会改变成员的位置。

4．拔模 1

（1）单击"工程特征"工具栏中的"拔模"按钮，打开如图 3-11 所示的"拔模"操控板。

图 3-11　"拔模"操控板

（2）选取如图 3-12 所示的要拔模的面（先选取顶面，再按住 Shift 键选取边，即可选到与此面相邻接的所有面）。

（3）选取 TOP 面作为方向平面和拔模枢轴，输入拔模角度为 12°，单击"完成"按钮完成拔模，结果如图 3-13 所示。

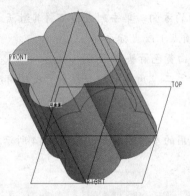

图 3-12　要拔模的面

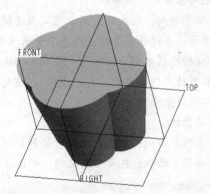

图 3-13　拔模结果

注意：在选取图 3-12 所示的曲面时，可以不必一个一个地选，而是采用回圈面的方式选取，即先选取某个面，再按住 Shift 键选取这个面的某一个边，则跟此面相邻的所有面全部选中，此选取方式在很多时候非常方便。

知识点——拔模

拔模特征将"-30°"和"+30°"间的拔模角度添加到单独的曲面或一系列曲面中。只有曲面是由圆柱面或平面形成时，才可进行拔模。曲面边的边界周围有圆角时不能拔模，不过，可以先拔模，然后对边进行倒圆角。"拔模工具"命令可拔模实体曲面或面组曲面，但不可拔模二者的组合。选取要拔模的曲面时，首先选定的曲面决定着可为此特征选取的其他曲面、实体或面组的类型。

对于拔模，系统使用以下术语。

- ☑ 拔模曲面：要拔模的模型的曲面。
- ☑ 拔模枢轴：曲面围绕其旋转的拔模曲面上的线或曲线（也称作中立曲线）。可通过选取平面（在此情况下拔模曲面围绕它们与此平面的交线旋转）或选取拔模曲面上的单个曲线链来定义拔模枢轴。
- ☑ 拖动方向（也称作拔模方向）：用于测量拔模角度的方向。通常为模具开模的方向。可通过选取平面（在这种情况下拖动方向垂直于此平面）、直边、基准轴或坐标轴来定义。
- ☑ 拔模角度：拔模方向与生成的拔模曲面之间的角度。如果拔模曲面被分割，则可为拔模曲面的每侧定义两个独立的角度。拔模角度必须在-30°～+30°范围内。

拔模曲面可按拔模曲面上的拔模枢轴或不同的曲线进行分割，如与面组或草绘曲线的交线。如果使用不在拔模曲面上的草绘分割，系统会以垂直于草绘平面的方向将其投影到拔模曲面上。如果拔模曲面被分割，用户可以进行以下操作。

- ☑ 为拔模曲面的每一侧指定两个独立的拔模角度。
- ☑ 指定一个拔模角度，第二侧以相反方向拔模。
- ☑ 仅拔模曲面的一侧（两侧均可），另一侧仍位于中性位置。

"拔模"操控板由以下内容组成。

1. 公共选项

- ☑ "拔模枢轴"列表框：用来指定拔模曲面上的中性直线或曲线，即曲面绕其旋转的直线或曲线。单击列表框可将其激活。最多可选取两个平面或曲线链。要选取第二枢轴，必须先用分割对象分割拔模曲面。
- ☑ "拖动方向"列表框：用来指定测量拔模角所用的方向。单击列表框可将其激活。可以选取平面、直边或基准轴、两点（如基准点或模型顶点）或坐标系。
- ☑ "反转拖拉方向"按钮：用来反转拖动方向（由黄色箭头指示）。

对于具有独立拔模侧的"分割拔模"，该对话框包含第二"角度"组合框和"反转角度"图标，以控制第二侧的拔模角度。

2. 下滑面板

- ☑ "参照"面板：包含在拔模特征和分割选项中使用的参考列表框，如图3-14所示。
- ☑ "分割"面板：包含分割选项，如图3-15所示。

图 3-14 "参照"面板　　　　图 3-15 "分割"面板

- ☑ "角度"面板：包含拔模角度值及其位置的列表，如图3-16所示。
- ☑ "选项"面板：包含定义拔模几何的选项，如图3-17所示。
- ☑ "属性"面板：包含特征名称和用于访问特征信息的图标，如图3-18所示。

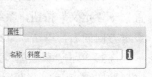

图3-16　"角度"面板　　　　图3-17　"选项"面板　　图3-18　"属性"面板

5. 创建杯体上半部分

（1）单击"基础特征"工具栏中的"拉伸"按钮，在打开的"拉伸"操控板中依次单击"放置"→"定义"按钮，系统打开"草绘"对话框。选取实体顶面作为草绘面，RIGHT 面作为参考，参考方向向右，单击"草绘"按钮，进入草绘环境。

（2）单击"草绘器"工具栏中的"圆"按钮○，绘制如图3-19所示的截面并修改尺寸。单击"确定"按钮✔，退出草图绘制环境。

（3）在操控板中输入拉伸深度为20mm，单击操控板中的"完成"按钮✔，结果如图3-20所示。

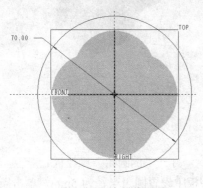

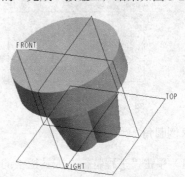

图3-19　绘制截面　　　　　　　　　图3-20　拉伸实体

6. 拔模2

（1）单击"工程特征"工具栏中的"拔模"按钮，打开"拔模"操控板。

（2）选取如图3-21所示的圆柱面为要拔模的面，选取圆柱体底面为方向平面，如图3-21所示。

（3）选取圆柱体的底面作为方向平面和拔模枢轴，输入拔模角度为12°，单击"完成"按钮✔完成拔模，结果如图3-22所示。

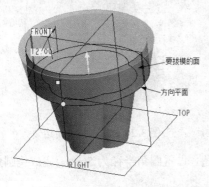

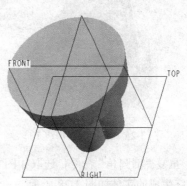

图3-21　拔模示意图　　　　　　　　图3-22　拔模结果

7. 创建杯体上沿

（1）单击"基础特征"工具栏中的"拉伸"按钮，在打开的"拉伸"操控板中依次单击"放置"→"定义"按钮，系统打开"草绘"对话框。选取实体顶面作为草绘面，RIGHT 面作为参考，参考方向向右，单击"草绘"按钮，进入草绘环境。

（2）单击"草绘器"工具栏中的"圆"按钮○，绘制如图 3-23 所示的截面并修改尺寸。单击"确定"按钮✔，退出草图绘制环境。

（3）在操控板中输入拉伸深度为 0.5mm，单击操控板中的"完成"按钮✔，完成插座口特征的切除，结果如图 3-24 所示。

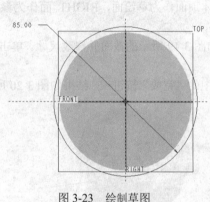

图 3-23　绘制草图

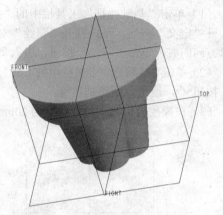

图 3-24　拉伸实体

8. 倒圆角

（1）单击"工程特征"工具栏中的"倒圆角"按钮，打开"倒圆角"操控板。

（2）按住 Ctrl 键，选取如图 3-25 所示的边。在操控板中设置圆角半径为 5mm，单击操控板中的"完成"按钮✔。

（3）重复"倒圆角"命令，选取如图 3-26 所示的边，设置圆角半径为 5mm。

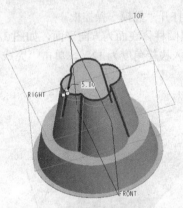

图 3-25　选取倒圆角边 1

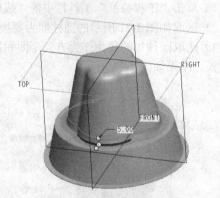

图 3-26　选取倒圆角边 2

（4）重复"倒圆角"命令，选取如图 3-27 所示的边，设置圆角半径为 5mm。完成倒圆角特征的创建，最终生成的实体如图 3-28 所示。

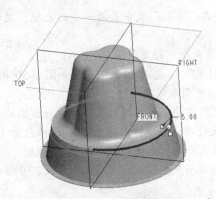

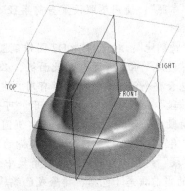

图 3-27 选取倒圆角边 3　　　　　　　　图 3-28 倒圆角

☆ 知识点——倒圆角

倒圆角是一种边处理特征，通过向一条或多条边、边链或在曲面之间添加半径形成。

"倒圆角"操控板显示以下选项。

1. 公共选项

☑ "集"模式图标 ：可用来处理倒圆角集。系统默认选取此选项。默认设置用于具有"圆形"截面形状倒圆角的选项。

☑ "过渡"模式图标 ：可以定义倒圆角特征的所有过渡。"过渡"类型对话框可设置显示当前过渡的默认过渡类型，并包含基于几何环境的有效过渡类型的列表。此框可用来改变当前过渡的类型。

2. 下滑面板

（1）"集"面板。

☑ "截面形状"下拉列表框：控制活动倒圆角集的截面形状。

☑ "圆锥参数"文本框：控制当前"圆锥"倒圆角的锐度。可输入新值，或从列表中选取最近使用的值。默认值为 0.50。仅当选取了"圆锥"或"D1×D2 圆锥"截面形状时，此框才可用。

☑ "创建方法"下拉列表框：控制活动的倒圆角集的创建方法。

☑ "完全倒圆角"按钮：将活动倒圆角集切换为完全倒圆角，或允许使用第三个曲面来驱动曲面到曲面完全倒圆角。再次单击此按钮可将倒圆角恢复为先前状态。

　　"通过曲线"按钮：允许由选定曲线驱动活动的倒圆角半径，以创建由曲线驱动的倒圆角。这会激活"驱动曲线"列表框。再次单击此按钮可将倒圆角恢复为先前状态。

☑ "参照"列表框：包含为倒圆角集所选取的有效参照。可在该列表框中选择或使用"参照"快捷菜单命令将其激活。

☑ 骨架－包含用于"垂直于骨架"或"滚动"曲面至曲面倒圆角集的可选骨架参照。可在该列表框中选择或使用"可选骨架"快捷菜单命令将其激活。

☑ "细节"按钮：打开"链"对话框以便能修改链属性，如图 3-29 所示。

☑ "半径"列表框：控制活动的倒圆角集的半径的距离和位置。对于"完全倒圆角"或由曲线驱动的倒圆角，该表不可用。

☑ "距离"框：指定倒圆角集中圆角半径特征。

☑ "值"：使用数字指定当前半径。此距离值在"半径"表中显示。

☑ "参照"：使用参照设置当前半径。此选项会在"半径"表中激活一个列表框，显示相应参照信息。

☑ "特别地"：对于 D1×D2 圆锥倒圆角，会显示两个"距离"框。

（2）"过渡"面板：要使用此面板，必须激活"过渡"模式。"过渡"面板如图 3-30 所示，"过渡"列表包含整个倒圆角特征的所有用户定义的过渡，可用来修改过渡。

（3）"段"面板：如图 3-31 所示。可查看倒圆角特征的全部倒圆角集，查看当前倒圆角集中的全部倒圆角段，修剪、延伸或排除这些倒圆角段，以及处理放置模糊问题。"段"面板包含下列选项。

☑ "集"列表：列出包含放置模糊的所有倒圆角集。此列表针对整个倒圆角特征。

☑ "段"列表：列出当前倒圆角集中放置不明确从而产生模糊的所有倒圆角段，并指示这些段的当前状态（包括、排除或已编辑）。

（4）"选项"面板：如图 3-32 所示，包含下列 3 个选项。

图 3-29 "链"对话框

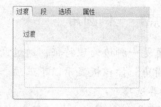

图 3-30 "过渡"面板

图 3-31 "段"面板

图 3-32 "选项"面板

☑ "实体"单选按钮：以与现有几何相交的实体形式创建倒圆角特征。仅当选取实体作为倒圆角集参照时，此连接类型才可用。如果选取实体作为倒圆角集参照，则系统自动默认选中此单选按钮。

☑ "曲面"单选按钮：以与现有几何不相交的曲面形式创建倒圆角特征。仅当选取实体作为倒圆角集参照时，此连接类型才可用。系统自动默认不选中此单选按钮。

☑ "创建结束曲面"复选框：创建结束曲面，以封闭倒圆角特征的倒圆角段端点。仅当选取了有效几何以及"曲面"或"新面组"连接类型时，此复选框才可用。系统自动默认不选中此复选框。

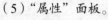 注意：要进行延伸，必须存在侧面，并使用这些侧面作为封闭曲面。如果不存在侧面，则不能封闭倒圆角段端点。

（5）"属性"面板。

☑ "名称"框：显示当前倒圆角特征名称，可将其重命名。

☑ 🛈按钮：在系统浏览器中提供详细的倒圆角特征信息。

9. 抽壳

（1）单击"工程特征"工具栏中的"抽壳"按钮⬜，打开如图 3-33 所示的"壳"操控板。

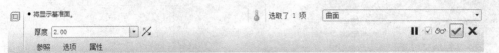

图 3-33 "壳"操控板

（2）选取如图 3-34 所示上表面为要移除的面。

（3）在操控板中输入壁厚为 2mm，单击操控板中的"完成"按钮✓，结果如图 3-35 所示。

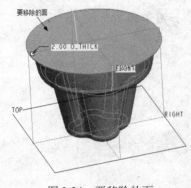

图 3-34 要移除的面

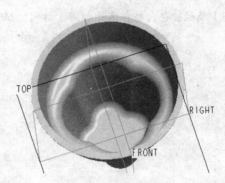

图 3-35 抽壳结果

✪知识点——抽壳

"壳工具"命令可将实体内部掏空，只留一个特定壁厚的壳。

"抽壳"操控板显示以下选项。

1. 公共选项

☑ "厚度"文本框：可用来更改默认壳厚度值。可输入新值，或从下拉列表中选取一个最近使用的值。

☑ 按钮：可用于反向壳的创建侧。

2. 下滑面板

（1）参照：包含用于"壳"特征中的参照列表框，如图 3-36 所示。

☑ "移除的曲面"列表框：可用来选取要移除的曲面。如果未选取任何曲面，则会创建一个"封闭"壳，将零件的整个内部都掏空，且空心部分没有入口。

☑ "非缺省厚度"列表框：可用于选取要在其中指定不同厚度的曲面。可为包括在此列表框中的每个曲面指定单独的厚度值。

（2）选项：包含用于从"壳"特征中排除曲面的选项，如图 3-37 所示。

☑ "排除的曲面"列表框：可用于选取一个或多个要从壳中排除的曲面。如果未选取任何要排除的曲面，则将壳化整个零件。

☑ "细节"按钮：打开用来添加或移除曲面的"曲面集"对话框，如图 3-38 所示。

🔊 **注意**：通过"壳"用户界面访问"曲面集"对话框时，不能选取面组曲面。

☑ "延伸内部曲面"单选按钮：在壳特征的内部曲面上形成一个盖。

☑ "延伸排除的曲面"单选按钮：在壳特征的排除曲面上形成一个盖。

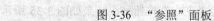

图 3-36 "参照"面板　　　　　　　图 3-37 "选项"面板

（3）属性：包含特征名称和用于访问特征信息的图标，如图 3-39 所示。

图 3-38 "曲面集"对话框　　　　图 3-39 "属性"面板

3.1.2　打印模型

Cura 软件拥有良好 Windows 操作界面，可适用于不同的快速成型机，Cura 软件可以接受 STL、OBJ 和 AMF 3 种 3D 模型格式，其中以 STL 为最常用的模型格式，Cura 可根据所导入的 STL 模型格式文件，对模型进行切片，从而生成整个三维模型的 GCode 代码，方便脱机打印，导出的文件扩展名为".gcode"。所生成的代码文件适用于打印方式为 FDM（Fused Deposition Modeling）丝状材料选择性熔覆，打印材料为工程塑料。

1. 将模型导出为快速成型*.STL 文件

（1）若需要将创建的模型输出为*.stl 文件，选择"文件"→"保存副本"命令，如图 3-40 所示。

（2）打开"保存副本"对话框，如图 3-41 所示。在保存类型下选择 STL（*.stl）模式进行保存，单击"确定"按钮。

（3）打开如图 3-42 所示的"导出 STL"对话框，可根据实际模型输出要求进行设置，如无特殊要求，单击"确定"按钮即完成输出设置。

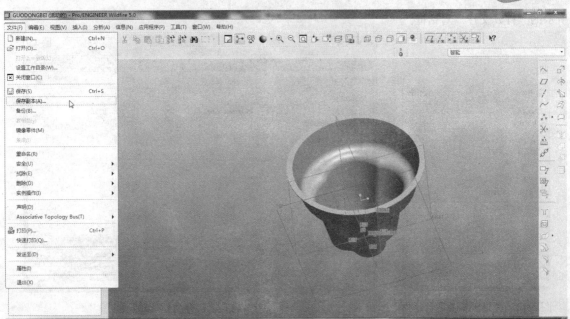

图 3-40　保存副本

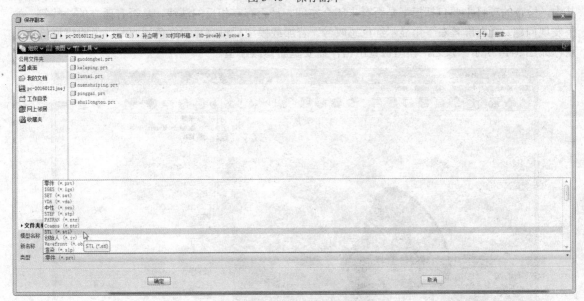

图 3-41　"保存副本"对话框

📢 **注意：**

（1）所保存的文件名应为英文或数字。

（2）可根据模型实际打印的需求，改变偏差控制中弦高和角度控制的数值。

2. 检查*.STL 文件

对于 STL 文件，有很多 3D 软件内部自带检查程序，同时还有一些专业检查软件，本节以 Netfabb Studio 软件为例进行介绍。

（1）打开 Netfabb Studio 软件，选择"项目"→"打开"命令或"添加新零件"命令，弹出如图 3-43

所示的"打开文件"对话框。

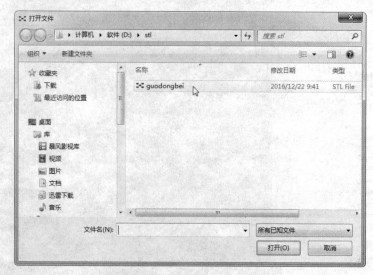

图 3-42　"导出 STL"对话框　　　　　图 3-43　"打开文件"对话框

（2）在对话框中选择 guodongbei 文件，单击"打开"按钮，软件自动对模型进行一系列检查。其中，检查的项目主要包括模型是否有未闭合空间，是否存在相反的法线，是否有孤立的边线等。如果发现问题，会在屏幕右下角显示红色感叹号。若加载模型后没有显示红色感叹号，说明模型检查无误，如图 3-44 所示。反之，模型检查出错，需要重新修改模型。

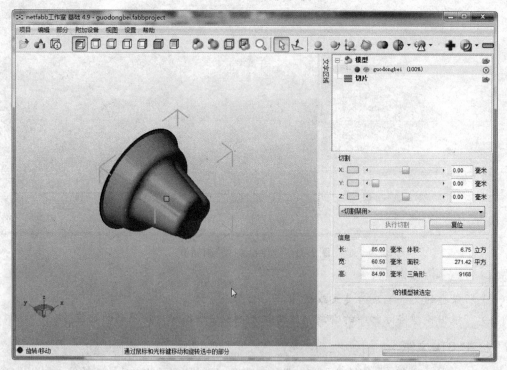

图 3-44　装载模型

（3）选择"部分"→"输出零件"→"为 STL（ASCII）"命令，如图 3-45 所示，输出 STL 文件，保存零件。

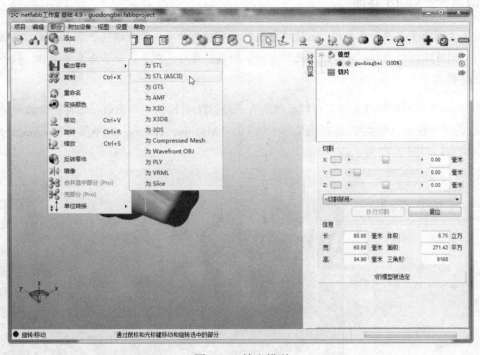

图 3-45 输出模型

注意：检查的目的是为了查看所建模型是否有破面、共有边和共有面等错误，如果用户对所
建立模型有疑问，则可进行检查，否则可略过此步操作。

3. 打印软件具体操作步骤

（1）双击桌面的 Cura 图标，打开 Cura 软件，如图 3-46 所示。

图 3-46 Cura 软件界面

☆知识点——Cura 界面

此软件左侧为主菜单和参数栏，主菜单中包含所有操作命令，参数栏包含基本设置、高级设置及插件等，右侧是三维视图栏，可对模型进行移动、缩放、旋转、对齐、分层查看等操作，软件右上角为模型查看模式。

（2）在导入模型前，首先需要根据模型的大小及 3D 打印机的参数进行软件的参数设定。根据 3D 打印机的型号设置机器类型，选择主菜单中的 File→Machine settings...命令或者 Machine→Machine settings...命令，如图 3-47 所示。

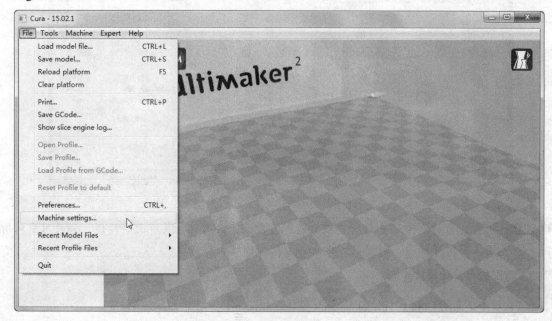

图 3-47　选择机器设置

弹出 Machine settings（机器设置）对话框，对机器所能打印模型的尺寸进行设置，以市面上常见的机器为例进行设置，具体参数如图 3-48 所示，设定结束后单击 OK 按钮。

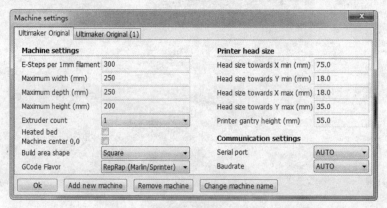

图 3-48　机器具体参数设置

🔊 注意：

（1）E-Steps per 1mm filament 为送丝的速度，一般设置为 280～315。

（2）Maximum width 为 X 轴即宽度的打印范围，可根据机器的实际尺寸设定 X 轴的打印范围，本书以机器型号为 250 的机器为例，设置为 250，Maximum depth 为 Y 轴即长度的打印范围，250 的机器请改为 250，Maximum height 为 Z 轴即高度的打印范围，250 的机器请改为 250。

（3）其他参数可用系统默认即可。

（3）导入 STL 模型。选择 File→Load model file…命令或单击软件三维视图栏左上角的"载入模型"按钮 📥，在弹出的 Open 3D model 对话框中选择要打开的模型 guodongbei，如图 3-49 所示。单击"打开"按钮，打开模型文件，如图 3-50 所示。

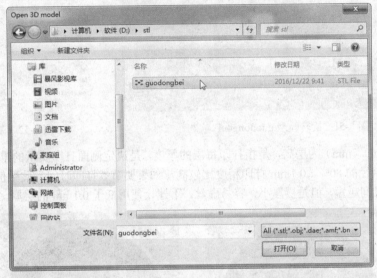

图 3-49　Open 3D model 对话框

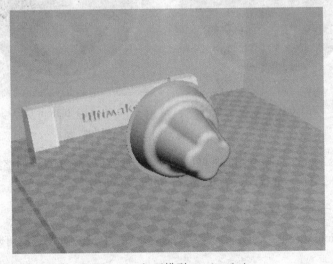

图 3-50　打开模型 guodongbei

（4）合理放置模型。为减少打印时所产生的内部支撑，单击模型，在三维视图的左下角将会出现"旋转"按钮 🔄，单击该按钮，模型周围将出现相应的旋转轴，鼠标左键选中相应旋转轴，该旋转轴高亮显示，同时按住鼠标左键即可旋转模型，旋转幅度为 15°，按下鼠标左键+Shift 键进行旋转，旋转幅度为 15°，为方便打印，可将模型旋转 90°，使果冻杯口向上放置，如图 3-51 所示。

（5）基本设置。下面对打印模型进行基本设置，如图 3-52 所示。

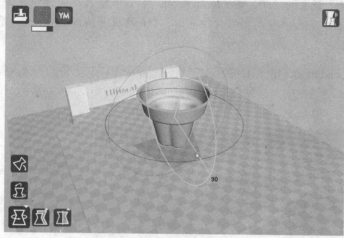
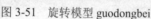

图 3-51　旋转模型 guodongbei

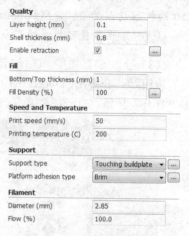

图 3-52　基本设置

① Layer height（mm）为层高，是指打印每层的厚度，是决定侧面打印质量的重要参数，最大厚高不得超过喷头直径的 80%。0.1mm 打印精度比较高，如果要节省打印时间，此数值可选的大一些，层厚越大，打印时间越短，但是层厚小，容易虚丝，不建议使用低于 0.1mm 的层厚，如图 3-53 所示。

 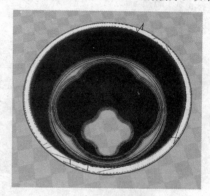

（a）0.1mm 层厚　　　　　　（b）0.3mm 层厚

图 3-53　模型的层厚设置

② Shell thickness（mm）为模型侧面外壁的厚度，一般设置为喷头直径的整数倍。0.4mm 的壁太薄，1.2mm 的壁打印时间长，建议参数为 0.8mm，如图 3-54 所示。

📢 注意：图中绿色代表壁厚设置变化量。

③ Enable retraction 复选框：为喷头快速移动时是否漏丝，选中此复选框可防止漏丝，否则会影响外观。

④ Bottom/Top thickness（mm）指模型顶/底面的厚度，一般为层高的整数倍。如果填充密度较小（≤20%）的模型，使用较小厚度值容易造成模型的顶/底面有空洞，建议参数为 1mm，对于填充密度较大的模型，可根据模型需要调整。

（a）0.4mm 壁厚　　　　　　　　　　（b）0.8mm 壁厚

图 3-54　模型的外壁厚度设置

⑤ Fill Density 指模型内部的填充密度，默认参数为 20%，可调范围为 0%～100%。0%为全部空心，100%为全部实心，用户可根据打印模型的强度需要自行调整，一般为 20%就可以达到一定的强度。如果是较小且侧壁较薄的模型可以设置较大的填充密度，例如烟缸模型设置 20%的填充密度即可达到所要求的强度，设置过高的填充密度将会使打印时间增加，如图 3-55 所示。

（a）填充密度 20%　　　　　　　　　　（b）填充密度 100%

图 3-55　模型的填充密度设置

⑥ Print speed（mm/s）为打印时喷嘴的移动速度，也就是吐丝时运动的速度。打印复杂模型使用低速，简单模型使用高速，建议速度为 50.0mm/s，超过 90.0mm/s 时容易出现质量问题。

⑦ Printing temperature（C）为喷头熔化耗材的温度，不同厂家的耗材熔化温度不同，使用 PLA 材料时，190℃开始熔融，但是材料的粘度较大，建议温度为 200℃以上，特别是打印速度快、层厚比较大时，可以把温度设置高一点。

⑧ Support type 为模型的支撑类型，包含 3 个可选项，第一个为 None，所建立的模型与平台接触处不设立支撑；第二个是 Touching buildplate，所建立的模型与平台接触处设立支撑，但是模型内部不设立支撑；第三个是 Everywhere，不仅模型与平台接触处设立支撑，模型内部悬空部分也设立支撑，对于模型 wan 可选择 Touching buildplate 支撑类型，如图 3-56 所示。

图 3-56　Touching buildplate 支撑类型

Note

⑨ Platform adhesion type 为模型与平台附着方式，即使用什么样的方式使模型固定在平台上，包含 3 个可选项，第一个为 None，所建立的模型与平台无任何附着方式；第二个为 Brim，是指在所建立的模型底层边缘处由内向外创建一个单层的宽边界，且边界圈数可调；第三个为 Raft，是指在所建立的模型底部和工作台之间建立一个网格形状的底盘，网格有厚度可调。为防止模型在打印过程中产生翘边现象，可选择 Brim 或 Raft 方式，Brim 附着方式较 Raft 易于清除，打印一般选择 Brim 附着方式，如图 3-57 所示。

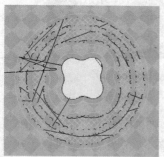
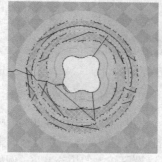
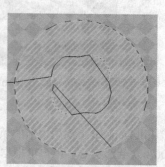

（a）None 附着方式　　　　（b）Brim 附着方式　　　　（c）Raft 附着方式

图 3-57　模型的附着方式

⑩ Diameter（mm）为打印材料的直径，选择小的直径会出丝增多，不易虚丝，但是出丝过多，会让模型变"胖"，建议值为 2.85。

⑪ Flow 是出丝比例，增加出丝比例和减少丝直径的效果是一样的，建议值为 100%。

注意：所给出各项参数的建议值为一般情况下的通常值，新用户可按建议值设定，高级用户可根据自己所需要打印的模型具体设置。

（6）模型加载完毕后，软件会自行进行分层及计算加工时间，可在三维视图栏左上角观察所需要的时间，如图 3-58 红色线框中所示。

图 3-58　所需要打印时间

（7）准备生成机器码*.gcode。参数设定完毕，模型位置、大小等也调整完毕后，选择 File→Save Gcode 命令，弹出如图 3-59 所示的 Save toolpath 对话框，选择要保存的目录，单击"保存"按钮保存文件，也可以单击三维视图栏上的"保存"按钮进行保存。所生成的*.gcode 就是打印的模型文档，将*.gcode 文件复制进 SD 卡，然后把 SD 卡插入相应机器即可实现脱机打印。

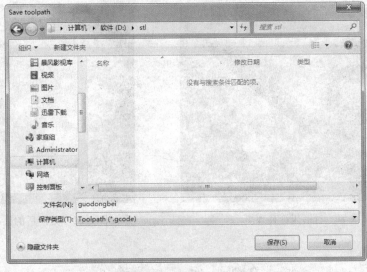

图 3-59　生成机器代码

📢 **注意**：保存模型文件的路径中不要包含中文路径，且模型文件也不能有中文，否者将导致输出*.gcode 文件失败。

（8）将 SD 卡放入到 3D 打印机中，打开电源，旋转按钮，选择 print from SD，选中模型 guodongbei，即可开始打印。

3.1.3　处理打印模型

使用 Cura 软件对模型进行分层处理，并使用相应打印机进行打印，打印完毕后需要将模型从打印平台中取下，并对模型进行去除支撑处理，模型与支撑接触的部分还需要进行打磨处理等，才能得到理想的打印模型。处理打印模型有以下 3 个步骤：

（1）取出模型。打印完毕后，将打印平台降至零位，用刀片等工具将模型底部与平台底部撬开，以便于取出模型。取出后的果冻杯模型如图 3-60 所示。

📢 **注意**：

（1）如果平台的温度过高，为避免烫伤，需要等温度下降到室温后再进行操作。

（2）取出模型时，请注意不要损坏模型比较薄弱的地方，如果不方便撬动模型，可适当除去部分支撑，以便于模型的顺利取出。

（2）去除支撑。如图 3-61 所示，取出后的果冻杯模型底部

图 3-60　打印完毕的果冻杯模型

存在一些打印过程中生成的支撑，使用刀片、钢丝钳、尖嘴钳等工具，将果冻杯模型底部的支撑去除。

（3）打磨模型。根据去除支撑后的模型粗糙程度，可先用锉刀、粗砂纸等工具对支撑与模型接触的部位进行粗磨，如图 3-61 所示，然后用较细粒度的砂纸对模型进一步打磨。处理后的果冻杯模型如图 3-62 所示。

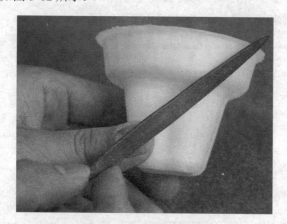

图 3-61　打磨果冻杯模型　　　　　　　图 3-62　处理后的果冻杯模型

3.2　瓶　　盖

扫码看视频

3.2　瓶盖

首先利用 Pro/ENGINEER 软件创建瓶盖模型，再利用 Cura 软件打印瓶盖的 3D 模型，最后对打印出来的瓶盖模型进行去除支撑和毛刺处理，流程图如图 3-63 所示。

图 3-63　瓶盖模型创建流程

3.2.1　创建模型

首先绘制拉伸实体作为瓶盖主体，然后倒圆角并抽壳；再采用变截面扫描切割实体切出凹槽形，然后将凹槽形切割特征进行阵列；最后采用螺旋扫描切割绘制内螺纹。

1. 新建文件

启动 Pro/ENGINEER 5.0，选择菜单栏中的"文件"→"新建"命令，或者单击"标准"工具栏中的"新建"按钮□，弹出"新建"对话框，在"类型"选项组中选中"零件"单选按钮，在"子类型"选项组中选中"实体"单选按钮,在"名称"文本框中输入文件名 pinggai.prt,其他选项接受系统提供的默认设置,单击"确定"按钮,创建一个新的零件文件。

2. 创建瓶盖主体

(1)单击"基础特征"工具栏中的"拉伸"按钮 ,在打开的"拉伸"操控板中依次单击"放置"→"定义"按钮,系统打开"草绘"对话框。选取 TOP 面作为草绘面,RIGHT 面作为参考,参考方向向右,单击"草绘"按钮,进入草绘环境。

(2)单击"草绘器"工具栏中的"圆"按钮 ○,绘制如图 3-64 所示的截面并修改尺寸。单击"确定"按钮 ✔,退出草图绘制环境。

(3)在操控板中输入拉伸深度为 10mm,单击操控板中的"完成"按钮 ✔,结果如图 3-65 所示。

3. 倒圆角 1

(1)单击"工程特征"工具栏中的"倒圆角"按钮 ,打开"倒圆角"操控板。

(2)选取如图 3-66 所示的边。在操控板中设置圆角半径为 3mm,单击操控板中的"完成"按钮 ✔,完成倒圆角特征的创建,结果如图 3-67 所示。

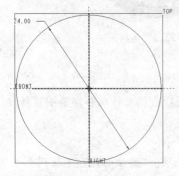

图 3-64 绘制草图

图 3-65 拉伸实体

图 3-66 选取倒圆角边

4. 抽壳

(1)单击"工程特征"工具栏中的"抽壳"按钮 ,弹出"壳"操控板。

(2)选取如图 3-68 所示的面为要移除的面。

(3)在操控板中输入壁厚为 1.5mm,单击操控板中的"完成"按钮 ✔,结果如图 3-69 所示。

图 3-67 倒圆角结果

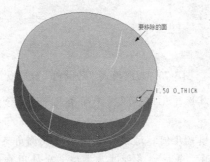

图 3-68 要移除的面

图 3-69 抽壳结果

5. 倒角

(1)单击"工程特征"工具栏中的"倒角"按钮 ,打开如图 3-70 所示的"倒角"操控板。

图 3-70　"倒角"操控板

（2）选取如图 3-71 所示要倒角的边，在操控板中选择 D×D 倒角类型，输入倒角距离为 0.5mm，单击"完成"按钮☑，结果如图 3-72 所示。

图 3-71　要倒角的边

图 3-72　倒角结果

☆知识点——倒角

倒角特征是对边或拐角进行斜切削。系统可以生成两种倒角类型：边倒角特征和拐角倒角特征。

"边倒角"操控板显示以下选项。

1. 公共选项

（1）"集"模式按钮：用来处理倒角集。系统会默认选取此选项。"标注形式"下拉列表框显示倒角集的当前标注形式，并包含基于几何环境的有效标注形式的列表，系统包含的标注方式有 D×D、D1×D2、角度×D、45×D 这 4 种。

（2）"过渡"模式按钮：当在绘图区中选取倒角几何时，图 3-70 所示的图标被激活，单击倒角模式转变为过渡。相应的操控板如图 3-73 所示，可以定义倒角特征的所有过渡。其中"过渡类型"下拉列表框显示当前过渡的默认过渡类型，并包含基于几何环境的有效过渡类型的列表。此框可用来改变当前过渡的类型。

图 3-73　过渡模式"边倒角"操控板

☑　集：倒角段。由唯一属性、几何参照、平面角及一个或多个倒角距离组成（由倒角和相邻曲面所形成的三角边）。

☑　过渡：连接倒角段的填充几何。过渡位于倒角段或倒角集端点会合或终止处。在最初创建倒角时，使用默认过渡，并提供多种过渡类型，允许用户创建和修改过渡。

提供下列几种倒角方式。

☑　D×D：在各曲面上与边相距（D）处创建倒角。Creo Parametric 默认选取此选项。

☑　D1×D2：在一个曲面距选定边（D1）、在另一个曲面距选定边（D2）处创建倒角。

☑　角度×D：创建一个倒角，它距相邻曲面的选定边距离为（D），与该曲面的夹角为指定角度。

注意： 只有符合下列条件时，前面 3 个方案才可使用"偏移曲面"创建方法对边"倒角"，边链的所有成员必须正好由两个 90°平面或两个 90°曲面（如圆柱的端面）形成。对"曲面到曲面"倒角，必须选取恒定角度平面或恒定 90°曲面。

☑ 45×D：创建一个倒角，它与两个曲面都成 45°角，且与各曲面上的边的距离为（D）。

注意： 此方案仅适用于使用 90°曲面和"相切距离"方法创建的倒角。

☑ O×O：在沿各曲面上的边偏移（O）处创建倒角。仅当 D×D 不适用时，系统才会默认选取此选项。

注意： 仅当使用"偏移曲面"方法创建时，此方案才可用。

☑ O1×O2：在一个曲面距选定边的偏移距离（O1）、在另一个曲面距选定边的偏移距离（O2）处创建倒角。

注意： 仅当使用"偏移曲面"方法创建时，此方案才可用。

2. 下滑面板

"倒角"操控板的下滑面板和前面介绍的"倒圆角"操控板的下滑面板类似，故不再重复叙述。

6. 倒圆角 2

（1）单击"工程特征"工具栏中的"倒圆角"按钮，打开"倒圆角"操控板。

（2）选取如图 3-74 所示的边，在操控板中设置圆角半径为 0.5mm，单击操控板中的"完成"按钮，完成倒圆角特征的创建，结果如图 3-75 所示。

7. 绘制草图

（1）单击"基准"工具栏中的"草绘"按钮，打开"草绘"对话框，选取 FRONT 面作为草绘面，RIGHT 面作为参考，参考方向向右。单击"草绘"按钮，进入草绘环境。

（2）单击"草绘器"工具栏中的"圆弧"按钮和"直线"按钮，绘制草图如图 3-76 所示。单击"确定"按钮，完成草图绘制。

图 3-74 要倒圆角的边

图 3-75 倒圆角结果

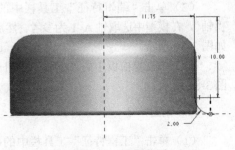

图 3-76 绘制草图

8. 绘制可变截面扫描切割实体

（1）单击"基础特征"工具栏中的"可变截面扫描"按钮，打开如图 3-77 所示的"可变截面扫描"操控板。

图3-77 "可变截面扫描"操控板

（2）选取刚绘制的草图作为轨迹线，再在操控板中单击"绘制截面"按钮◢，用来绘制扫描截面，单击"草绘器"工具栏中的"圆"按钮〇，绘制草图如图3-78所示。单击"确定"按钮✔，完成草图绘制。

（3）在操控板中单击"实体"按钮◻和"去除材料"按钮◿，单击"完成"按钮✔，完成结果如图3-79所示。

图3-78 绘制扫描截面

图3-79 可变截面扫描切割

知识点——可变截面扫描

在生成可变截面扫描特征时，可以选取一条扫描轨迹线，通过trajpar参数设置的剖面关系来生成可变截面扫描特征，其中trajpar是[0,1]线性变化的；或者拾取多个轨迹线将扫描剖面约束到这些轨迹，生成可变截面扫描特征。

当扫描轨迹为开放（轨迹首尾不相接）时，实体扫描特征的端点可以分为"合并端点"和"自由端点"两种类型，其中"合并端点"是把扫描的端点合并到相邻实体，因此扫描端点必须连接到相邻实体上；"自由端点"则不将扫描端点连接到相邻几何。

9. 阵列

（1）在"模型树"选项卡中选择前面创建的可变截面扫描切割特征。

（2）单击"编辑特征"工具栏中的"阵列"按钮▦，打开"阵列"操控板，设置阵列类型为"轴"，在模型中选取轴A_1为参考。然后在操控板中设置阵列个数为30，阵列成员间的角度为12°，如图3-80所示。

（3）单击操控板中的"完成"按钮✔，完成阵列，结果如图3-81所示。

10. 倒圆角3

（1）单击"工程特征"工具栏中的"倒圆角"按钮，打开"倒圆角"操控板。

（2）选取如图3-82所示的边。在操控板中设置圆角半径为0.5mm，单击操控板中的"完成"按钮✔，完成倒圆角特征的创建，结果如图3-83所示。

图3-80 阵列预览

图 3-81　阵列结果

图 3-82　要倒圆角的边

图 3-83　倒圆角结果

11. 参照阵列

（1）在"模型树"选项卡中选择前面创建的倒圆角特征。

（2）单击"编辑特征"工具栏中的"阵列"按钮▦，打开"阵列"操控板，设置阵列类型为"参照"，如图 3-84 所示。

（3）在操控板中单击"完成"按钮✔，完成阵列，结果如图 3-85 所示。

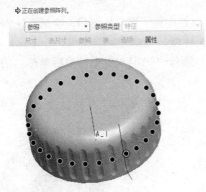

图 3-84　阵列预览

图 3-85　阵列结果

12. 绘制螺旋扫描切割实体

（1）选择菜单栏中的"插入"→"螺旋扫描"→"切口"命令，系统打开"切剪：螺旋扫描"对话框和"属性"菜单管理器，如图 3-86 所示。

（2）选择"常数"→"穿过轴"→"右手定则"→"完成"命令，打开如图 3-87 所示的"设置平面"菜单管理器，选取 FRONT 面作为草绘平面，其他采用默认设置，进入草绘环境。

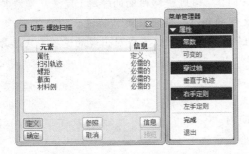

图 3-86　"切剪：螺旋扫描"对话框和"属性"菜单管理器　　图 3-87　"设置平面"菜单管理器

（3）单击"草绘器"工具栏中的"中心线"按钮，绘制一条竖直中心线。单击"草绘器"工具栏中的"圆弧"按钮↘和"直线"按钮↘，绘制草图如图 3-88 所示。单击"确定"按钮✔，完成草图绘制。

（4）打开"消息"窗口，输入节距值为 1.5，如图 3-89 所示，单击"接受值"按钮✔，接受节距值。

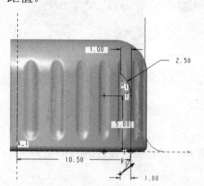

图 3-88　扫引轨迹

图 3-89　"消息"窗口

（5）系统进入扫描截面环境，单击"草绘器"工具栏中的"圆"按钮○，绘制直径为 1mm 的圆，如图 3-90 所示，单击"确定"按钮✔，退出草图绘制环境。

（6）打开如图 3-91 所示的"方向"菜单管理器，选择"确定"命令，然后单击"切剪：螺旋扫描"对话框中的"确定"按钮，结果如图 3-92 所示。

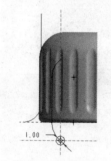

图 3-90　绘制截面圆

图 3-91　"方向"菜单管理器

图 3-92　扫描切割结果

☆知识点——螺旋扫描

螺旋扫描特征通过沿着螺旋轨迹扫描截面来创建。通过旋转曲面的轮廓（定义从螺旋特征的截面原点到其旋转轴之间的距离）和螺距（螺旋线之间的距离）两者来定义轨迹。

螺旋扫描对于实体和曲面均可用。在"属性"菜单中，对以下成对出现的选项（只选其一）进行选择，来定义螺旋扫描特征。

☑　常数：螺距是常量。
☑　可变的：螺距是可变的并由某图形定义。
☑　穿过轴：横截面位于穿过旋转轴的平面内。
☑　垂直于轨迹：确定横截面方向，使之垂直于轨迹（或旋转面）。
☑　右手定则：使用右手规则定义轨迹。
☑　左手定则：使用左手规则定义轨迹。

3.2.2 打印模型

为得到较好的打印效果，可将模型放大至合理尺寸。单击模型 pinggai，在三维视图的左下角将会出现"缩放"按钮，单击该按钮，弹出"缩放"对话框，可根据实际打印需要，输入沿 X、Y、Z 方向的缩放比例 3，将模型放大至原来的 3 倍，如图 3-93 所示。

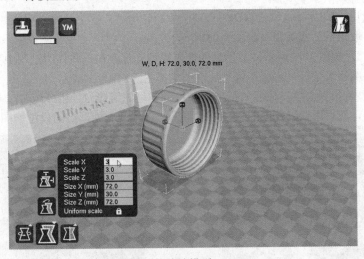

图 3-93 缩放模型 pinggai

注意：Uniform scale 所对应的图标为"🔓"，是指模型在放大和缩小时，整体沿 X、Y、Z 方向同时进行缩放，如果所对应图标为"🔒"，缩放模型时 X、Y、Z 方向无相互关联，可沿指定的方向对模型进行缩放，可以通过鼠标单击此图标进行切换。

为减少打印时所产生的支撑，使所打印的模型外表面更加光滑，单击"旋转"按钮，模型周围将出现相应的旋转轴，鼠标左键选中相应旋转轴，该旋转轴高亮显示，将模型旋转90°，使 pinggai 口竖直向上放置，如图 3-94 所示，其余步骤按"3.1.2 打印模型"一节中步骤 3 中的（5）～（8）操作即可。

图 3-94 正确放置模型 pinggai

注意：按住鼠标左键即可旋转模型，旋转幅度为 15°，按下鼠标左键+Shift 键进行旋转，旋转幅度为 1°。

3.2.3 处理打印模型

处理打印模型有以下 3 个步骤：

（1）取出模型。打印完毕后，将打印平台降至零位，用刀片等工具将模型底部与平台底部撬开，以便于取出模型。取出后的瓶盖模型如图 3-95 所示。

（2）去除支撑。如图 3-95 所示，取出后的瓶盖模型底部存在一些打印过程中生成的支撑，使用刀片、钢丝钳、尖嘴钳等工具，将瓶盖模型底部的支撑去除。

（3）打磨模型。根据去除支撑后的模型粗糙程度，可先用锉刀、粗砂纸等工具对支撑与模型接触的部位进行粗磨，然后用较细粒度的砂纸对模型进一步打磨。处理后的模型如图 3-96 所示。

图 3-95 打印完毕的瓶盖模型

图 3-96 去除瓶盖模型的支撑

3.3 可 乐 瓶

扫码看视频

3.3 可乐瓶

首先利用 Pro/ENGINEER 软件创建可乐瓶模型，再利用 Cura 软件打印可乐瓶的 3D 模型，最后对打印出来的可乐瓶模型进行去除支撑和毛刺处理，流程图如图 3-97 所示。

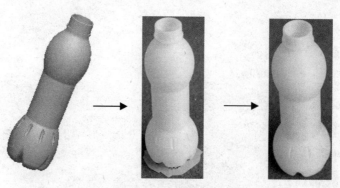
图 3-97 可乐瓶模型创建流程

3.3.1　创建模型

首先绘制瓶体草图，旋转创建瓶体；然后创建扫描切口，再阵列扫描切口；最后抽壳，倒角完成可乐瓶的绘制。

1. 新建文件

启动 Pro/ENGINEER 5.0，选择菜单栏中的"文件"→"新建"命令，或者单击"标准"工具栏中的"新建"按钮，弹出"新建"对话框，在"类型"选项组中选中"零件"单选按钮，在"子类型"选项组中选中"实体"单选按钮，在"名称"文本框中输入文件名 keleping.prt，其他选项接受系统提供的默认设置，单击"确定"按钮，创建一个新的零件文件。

2. 创建基本瓶体

（1）单击"基础特征"工具栏中的"旋转"按钮，打开如图 3-98 所示的"旋转"操控板。

图 3-98　"旋转"操控板

（2）依次单击"放置"→"定义"按钮，系统打开"草绘"对话框。选取 FRONT 基准平面作为草绘平面，单击"草绘"按钮，进入草绘环境。

（3）单击"草绘器"工具栏中的"线"按钮和"圆弧"按钮，绘制如图 3-99 所示的截面并修改尺寸。单击"确定"按钮，退出草图绘制环境。

（4）在操控板中设置旋转方式为"变量"，给定旋转角度值为 360°，单击操控板中的"完成"按钮，完成瓶体特征的旋转，如图 3-100 所示。

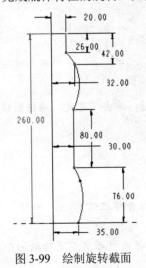

图 3-99　绘制旋转截面

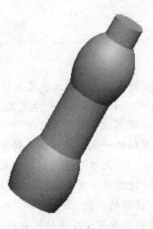

图 3-100　完成旋转特征

知识点——旋转

旋转特征：指定的 2D 截面绕指定的中心线按指定的角度旋转生成的三维实体。

1. 公共"旋转"选项

☑ ▢：创建实体特征。

☑ ◠：创建曲面特征。

☑ 角度选项：列出约束特征的旋转角度选项，包括⊥（变量）、ᗺ（对称）或⊥（到选定项）。

☑ ⊥：自草绘平面以指定角度值旋转截面。在文本框中输入角度值，或选取一个预定义的角度（90°、180°、270°、510°）。如果选取一个预定义角度，则系统会创建角度尺寸。

☑ ᗺ：在草绘平面的每一侧上以指定角度值的一半旋转截面。

☑ ⊥：旋转截面直至选定基准点、顶点、平面或曲面。

☑ 角度文本框：指定旋转特征的角度值。

☑ %：相对于草绘平面反转特征创建方向。

（1）用于创建切口的选项。

☑ ◿：使用旋转特征体积块创建切口。

☑ %：创建切口时改变要移除的侧。

（2）"加厚草绘"选项使用的选项。

☑ ⊏：通过为截面轮廓指定厚度创建特征。

☑ %：改变添加厚度的一侧，或向两侧添加厚度。

☑ 厚度文本框：指定应用于截面轮廓的厚度值。

（3）用于创建旋转曲面修剪的选项。

☑ ◿：使用旋转截面修剪曲面。

☑ %：改变要被移除的面组侧，或保留两侧。

2. 下滑面板

"旋转"工具提供下列下滑面板，如图3-101所示。

图3-101 "旋转"特征下滑面板

（1）放置：使用此下滑面板重定义草绘截面并指定旋转轴。单击"定义"按钮创建或更改截面。在"轴"列表框中选择并按系统提示定义旋转轴。

（2）选项：使用该下滑面板可进行下列操作。

① 重定义草绘的一侧或两侧的旋转角度及孔的性质。

② 通过选取"封闭端"选项用封闭端创建曲面特征。

（3）属性：使用该下滑面板编辑特征名，并在浏览器中打开特征信息。

3. "旋转"特征的截面

创建旋转特征需要定义要旋转的截面和旋转轴。该轴可以是线性参照或草绘截面中心线。

◀》 注意：

（1）可使用开放或闭合截面创建旋转曲面。

（2）必须只在旋转轴的一侧草绘几何。

4. 旋转轴

（1）定义旋转特征的旋转轴，可使用以下方法之一。

① 外部参照：使用现有的有效类型的零件几何。

② 内部中心线：使用草绘界面中创建的中心线。

③ 定义旋转特征时，可更改旋转轴，如选取外部轴代替中心线。

（2）使用模型几何作为旋转轴。可选取现有线性几何作为旋转轴。可将基准轴、直边、直曲线、坐标系的轴作为旋转轴。

（3）使用草绘器中心线作为旋转轴。在草绘界面中，可绘制中心线用作旋转轴。

注意：

（1）如果截面包含一条中心线，则自动将其用作旋转轴。

（2）如果截面包含一条以上的中心线，则默认情况下将第一条中心线用作旋转轴。用户可声明将任一条中心线用作旋转轴。

5. 将草绘基准曲线用作特征截面

可将现有的草绘基准曲线用作旋转特征的截面。默认特征类型由选定几何决定：如果选取的是一条开放草绘基准曲线，则"旋转"工具在默认情况下创建一个曲面。如果选取的是一条闭合草绘基准曲线，则"旋转"工具在默认情况下创建一个实体伸出项。随后可将实体几何改为曲面几何。

注意：

在将现有草绘基准曲线用作特征截面时，要注意下列相应规则。

（1）不能选取复制的草绘基准曲线。

（2）如果选取了一条以上的有效草绘基准曲线，或所选几何无效，则"旋转"工具在打开时不带有任何收集的几何。系统显示一条出错消息，并提示用户选取新的参照。

（3）终止平面或曲面必须包含旋转轴。

6. 使用捕捉改变角度选项的提示

采用捕捉至最近参照的方法可将角度选项由"可变"改变为"到选定项"。按住 Shift 键拖动图柄至要使用的参照以终止特征。同理，按住 Shift 键并拖动图柄可将角度选项改回到"可变"。拖动图柄时，显示角度尺寸。

7. "加厚草绘"选项

使用"加厚草绘"命令可将指定厚度应用到截面轮廓来创建薄实体。"加厚草绘"命令在以相同厚度创建简化特征时是很有用的。添加厚度的规则如下。

（1）可将厚度值应用到草绘的任一侧或应用到两侧。

（2）对于厚度尺寸，只可指定正值。

注意： 截面草绘中不能包括文本。

8. 创建旋转切口

使用"旋转"工具，通过绕中心线旋转草绘截面可去除材料。

要创建切口，可使用与用于伸出项的选项相同的角度选项。对于实体切口，可使用闭合截面。对于用"加厚草绘"创建的切口，闭合截面和开放截面均可使用。定义切口时，可在下列特征属性之间进行切换。

（1）对于切口和伸出项，可单击⬜按钮去除材料。

Note

（2）对于去除材料的一侧，可单击 ↗️ 按钮切换去除材料侧。

（3）对于实体切口和薄壁切口，可单击 ☐ 按钮加厚草绘。

3．创建倒圆角特征1

（1）单击"工程特征"工具栏中的"倒圆角"按钮 🔧，打开"倒圆角"操控板。

（2）选取如图 3-102 所示的边。在操控板中设置圆角半径为 10mm，单击操控板中的"完成"按钮 ✅，完成倒圆角特征的创建，结果如图 3-103 所示。

（3）重复"圆角"命令，按住 Ctrl 键，在模型上选择如图 3-104 所示的加粗的边线，圆角的半径值为 6mm。单击"完成"按钮 ✅ 可以完成倒圆角特征的创建。

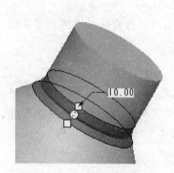

图 3-102　选择需要倒圆角的边

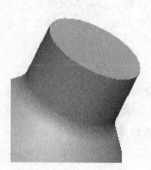

图 3-103　完成倒圆角特征

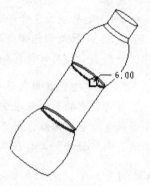

图 3-104　选择倒圆角边

（4）重复"圆角"命令，在模型上选择如图 3-105 所示的加粗的边线，圆角的半径值为 15mm。单击"完成"按钮 ✅ 可以完成倒圆角特征的创建。

4．创建扫描切削特征

（1）选择菜单栏中的"插入"→"扫描"→"切口"命令，弹出如图 3-106 所示的"切剪：扫描"对话框和"扫描轨迹"菜单管理器。

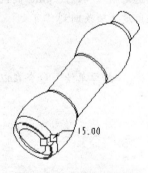

图 3-105　选择倒圆角边

图 3-106　"切剪：扫描"对话框和"扫描轨迹"菜单管理器

（2）在菜单管理器中选择"草绘轨迹"命令，选择 FRONT 基准面为草绘平面，选择"确定"→"缺省"命令，进入草绘器。

（3）绘制如图 3-107 所示的轨迹草图，单击"确定"按钮 ✅，完成草绘。

（4）绘制如图 3-108 所示的扫描截面草图，单击"确定"按钮 ✅，完成草绘。

（5）单击"切剪：扫描"对话框中的"确定"按钮，完成扫描特征的创建，如图 3-109 所示。

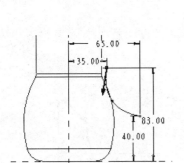

图 3-107　绘制扫描轨迹

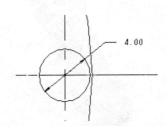

图 3-108　绘制扫描截面草图

图 3-109　创建扫描切削特征

5. 创建倒圆角特征 2

（1）单击"工程特征"工具栏中的"倒圆角"按钮 ，打开"倒圆角"操控板。

（2）选取如图 3-110 所示的边。在操控板中设置圆角半径为 2mm，单击操控板中的"完成"按钮 ，完成倒圆角特征的创建，结果如图 3-111 所示。

6. 阵列扫描特征

（1）在"模型树"选项卡中按住 Ctrl 键选择扫描切口特征和倒圆角特征，单击鼠标右键，在弹出的快捷菜单中选择"组"命令，如图 3-112 所示。则此时模型树中显示如图 3-113 所示。

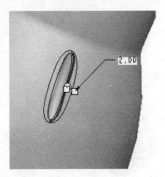

图 3-110　选取边

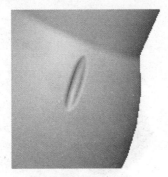

图 3-111　倒圆角特征

图 3-112　快捷菜单

（2）选择"组 LOCAL_GROUP"，单击"编辑特征"工具栏中的"阵列"按钮 。打开"阵列"操控板，设置阵列类型为"轴"，在模型中选取轴 A_1 为参考。然后在操控板中给定阵列个数为 9，尺寸为 40。

（3）单击操控板中的"完成"按钮 ，完成阵列，如图 3-114 所示。

7. 创建扫描特征

（1）选择菜单栏中的"插入"→"扫描"→"切口"命令，弹出"切剪：扫描"对话框和"扫描轨迹"菜单管理器。

（2）在菜单管理器中选择"草绘轨迹"命令，选择 FRONT 基准面为草绘平面，选择"确定"→"缺省"命令，进入草绘器。

（3）绘制如图 3-115 所示的轨迹草图，单击"确定"按钮 ✔，完成草绘。

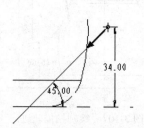

图 3-113　创建组　　　　　图 3-114　创建阵列特征　　　　　图 3-115　绘制扫描轨迹

（4）绘制如图 3-116 所示的扫描截面草图，单击"确定"按钮 ✔，完成草绘。

（5）单击"切剪：扫描"对话框中的"确定"按钮，完成扫描特征的创建。

8．创建圆角

（1）单击"工程特征"工具栏中的"倒圆角"按钮 ，打开"倒圆角"操控板。

（2）按住 Ctrl 键，选取如图 3-117 所示的 3 条边。在操控板中设置圆角半径为 5mm，单击操控板中的"完成"按钮 ✔，完成倒圆角特征的创建，结果如图 3-118 所示。

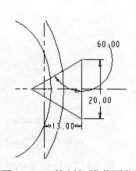

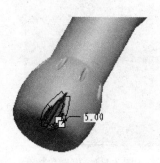

图 3-116　绘制扫描截面草图　　　　图 3-117　选取圆角边　　　　图 3-118　倒圆角

9．阵列扫描切口

（1）在"模型树"选项卡中按住 Ctrl 键选择扫描切口特征和倒圆角特征，单击鼠标右键，在弹出的快捷菜单中选择"组"命令，如图 3-119 所示，则此时模型树中显示如图 3-120 所示。

（2）选择"组 LOCAL_GROUP_9"，单击"编辑特征"工具栏中的"阵列"按钮 。打开"阵列"操控板，设置阵列类型为"轴"，在模型中选取轴 A_2 为参考。然后在操控板中给定阵列个数为 5，尺寸为 72。

（3）单击操控板中的"完成"按钮 ✔，完成阵列，如图 3-121 所示。

10．创建抽壳特征

（1）单击"工程特征"工具栏中的"抽壳"按钮 ，弹出"壳"操控板。

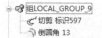

Note

图 3-119　快捷菜单　　　　图 3-120　创建组　　　　图 3-121　完成阵列特征

（2）选取如图 3-122 所示瓶嘴的上表面为要移除的面。

（3）在操控板中输入壁厚为 2.0mm，单击操控板中的"完成"按钮☑，结果如图 3-123 所示。

11．创建旋转特征

（1）单击"基础特征"工具栏中的"旋转"按钮❋，在打开的"旋转"操控板中依次单击"放置"→"定义"按钮，系统打开"草绘"对话框。选取 FRONT 基准平面作为草绘平面，单击"草绘"按钮，进入草绘环境。

（2）单击"草绘器"工具栏中的"矩形"按钮☐，绘制如图 3-124 所示的截面并修改尺寸。单击"确定"按钮✔，退出草图绘制环境。

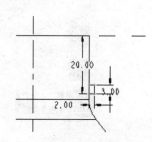

图 3-122　选取面　　　　　图 3-123　创建壳特征　　　　图 3-124　绘制旋转截面

（3）在操控板中设置旋转方式为"变量"⊥，给定旋转角度值为 360°，单击操控板中的"完成"按钮☑，结果如图 3-125 所示。

12．创建倒角特征

（1）单击"工程特征"工具栏中的"倒角"按钮，打开"倒角"操控板，设置倒角类型为 D×D，输入倒角距离为 0.5mm。

（2）选择如图 3-126 所示瓶口处的边。

（3）单击操控板中的"完成"按钮☑，完成倒角特征的创建，结果如图 3-127 所示。

图 3-125　完成旋转特征　　　　图 3-126　选择倒角边　　　　图 3-127　创建倒角特征

3.3.2　打印模型

根据 3.1.2 节步骤 3 中（1）～（3）相应的步骤进行参数设置，为减少打印时所产生的支撑，使所打印的模型外表面更加光滑，单击"旋转"按钮，模型周围将出现相应的旋转轴，鼠标左键选中相应旋转轴，该旋转轴高亮显示，选中竖直轴将模型旋转 90°，使可乐瓶竖直放置，如图 3-128 所示，其余步骤按 3.1.2 节中步骤 3 中的（5）～（8）操作即可。

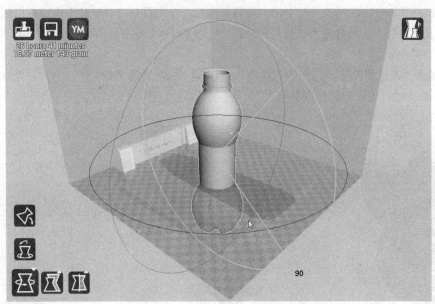

图 3-128　正确放置模型可乐瓶

3.3.3　处理打印模型

处理打印模型有以下 3 个步骤：

（1）取出模型。打印完毕后，将打印平台降至零位，用刀片等工具将模型底部与平台底部撬开，以便于取出模型。取出后的可乐瓶模型如图 3-129 所示。

（2）去除支撑。如图 3-129 所示，取出后的可乐瓶模型底部存在一些打印过程中生成的支撑，使用刀片、钢丝钳、尖嘴钳等工具，将可乐瓶模型底部的支撑去除。

（3）打磨模型。根据去除支撑后的模型粗糙程度，可先用锉刀、粗砂纸等工具对支撑与模型接触的部位进行粗磨，然后用较细粒度的砂纸对模型进一步打磨。处理后的模型如图 3-130 所示。

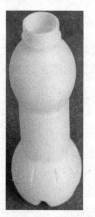

图 3-129　打印完毕的可乐瓶模型　　　　　图 3-130　去除可乐瓶模型的支撑

3.4　水　龙　头

扫码看视频

3.4　水龙头

首先利用 Pro/ENGINEER 软件创建水龙头模型，再利用 Cura 软件打印水龙头的 3D 模型，最后对打印出来的水龙头模型进行去除支撑和毛刺处理，流程图如图 3-131 所示。

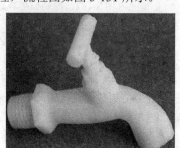

图 3-131　水龙头模型创建流程

3.4.1　创建模型

首先绘制旋转水龙头的扫描主体部分，然后拉伸生成旋转水龙头的止水阀部分；再绘制水龙头尾部的螺纹等；最后倒圆角修饰水龙头。

1. 新建文件

启动 Pro/ENGINEER 5.0，选择菜单栏中的"文件"→"新建"命令，或者单击"标准"工具栏中的"新建"按钮，弹出"新建"对话框，在"类型"选项组中选中"零件"单选按钮，在"子类型"选项组中选中"实体"单选按钮，在"名称"文本框中输入文件名 shuilongtou.prt，其他选项接受系统提供的默认设置，单击"确定"按钮，创建一个新的零件文件。

2. 绘制扫描轨迹线 1

单击"基准"工具栏中的"草绘"按钮，选取 FRONT 面作为草绘面，RIGHT 面作为参考，参考方向向右。绘制草图如图 3-132 所示。

3. 绘制扫描原点轨迹线

单击"基准"工具栏中的"草绘"按钮，选取 FRONT 面作为草绘面，RIGHT 面作为参考，参考方向向右。绘制草图如图 3-133 所示。

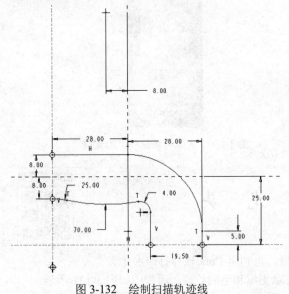

图 3-132　绘制扫描轨迹线

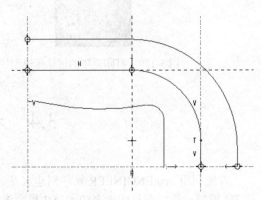

图 3-133　绘制扫描原点轨迹线

4. 绘制变截面扫描实体

（1）单击"基础特征"工具栏中的"可变截面扫描"按钮，打开"可变截面扫描"操控板。

（2）选取中间轨迹线为原点轨迹线，按住 Ctrl 键选取另两条轨迹线为参照轨迹线，再在操控板中单击"绘制截面"按钮，用来绘制扫描截面，单击"草绘器"工具栏中的"圆"按钮，绘制草图如图 3-134 所示。单击"确定"按钮，完成草图绘制。

（3）在操控板中单击"实体"按钮，单击"完成"按钮，完成结果如图 3-135 所示。

5. 创建拉伸实体 1

（1）单击"基础特征"工具栏中的"拉伸"按钮，在打开的"拉伸"操控板中依次单击"放置"→"定义"按钮，系统打开"草绘"对话框。选取 TOP 面作为草绘面，RIGHT 面作为参考，参考方向向右，单击"草绘"按钮，进入草绘环境。

（2）单击"草绘器"工具栏中的"圆"按钮，绘制如图 3-136 所示的截面并修改尺寸。单击"确定"按钮，退出草图绘制环境。

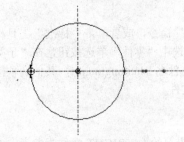

图 3-134　绘制扫描截面

图 3-135　扫描主体

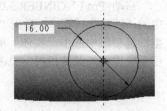

图 3-136　绘制拉伸截面

（3）在操控板中输入拉伸深度为 15mm，单击操控板中的"完成"按钮☑，结果如图 3-137 所示。

6. 倒圆角 1

（1）单击"工程特征"工具栏中的"倒圆角"按钮，打开"倒圆角"操控板。

（2）选取拉伸体与扫描实体的连接处，如图 3-138 所示。在操控板中设置圆角半径为 4mm，单击操控板中的"完成"按钮☑，完成倒圆角特征的创建，结果如图 3-139 所示。

图 3-137 拉伸实体

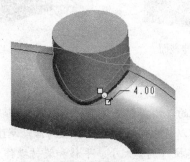
图 3-138 选取圆角边

图 3-139 实体倒圆角

7. 创建拉伸实体 2

（1）单击"基础特征"工具栏中的"拉伸"按钮，在打开的"拉伸"操控板中依次单击"放置"→"定义"按钮，系统打开"草绘"对话框。选取拉伸体顶面作为草绘面，RIGHT 面作为参考，参考方向向右，单击"草绘"按钮，进入草绘环境。

（2）单击"草绘器"工具栏中的"调色板"按钮，打开如图 3-140 所示的"草绘器调色板"对话框，双击六边形将其放置到原点处，打开如图 3-141 所示的"移动和调整大小"对话框，单击"确定"按钮，关闭对话框。

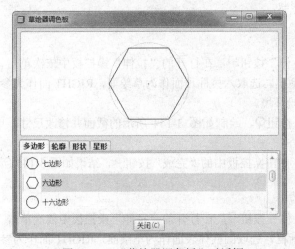
图 3-140 "草绘器调色板"对话框

图 3-141 "移动和调整大小"对话框

（3）绘制如图 3-142 所示的截面并修改尺寸。单击"确定"按钮☑，退出草图绘制环境。

（4）在操控板中输入拉伸深度为 5mm，单击操控板中的"完成"按钮☑，结果如图 3-143 所示。

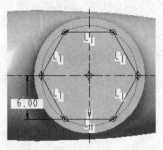

图 3-142　绘制拉伸截面　　　　　　　　　图 3-143　　拉伸实体

知识点——草绘器调色板

在 Pro/ENGINEER Wildfire 5.0 的草绘器中提供了一个预定义形状的定制库，包括常用的草绘截面，如工字、L 型、T 型截面等。可以将它们很方便地输入到活动草绘中，这些形状位于调色板中。在活动草绘中使用形状时，可以对其执行调整大小、平移和旋转操作。

使用调色板中的形状类似于在活动截面中输入相应的截面。调色板中的所有形状均以缩略图的形式出现，并带有定义截面文件的名称。这些缩略图以草绘器几何的默认线型和颜色进行显示。可以使用在独立"草绘器"模式下创建的现有截面来表示用户定义的形状，也可以使用在"零件"或"组件"模式下创建的截面来表示用户定义的形状。

草绘器调色板中具有表示截面类别的选项卡。每个选项卡都具有唯一的名称，且至少包含某个类别的一种截面。有以下 5 种含有预定义形状的预定义选项卡。

- ☑ "多边形"选项卡：包含常规多边形。
- ☑ "轮廓"选项卡：包含常见的轮廓。
- ☑ "形状"选项卡：包含其他常见形状。
- ☑ "星形"选项卡：包含常规的星形形状。

8. 创建拉伸实体 3

（1）单击"基础特征"工具栏中的"拉伸"按钮，在打开的"拉伸"操控板中依次单击"放置"→"定义"按钮，系统打开"草绘"对话框。选取六棱柱顶面作为草绘面，RIGHT 面作为参考，参考方向向右，单击"草绘"按钮，进入草绘环境。

（2）单击"草绘器"工具栏中的"圆"按钮〇，绘制如图 3-144 所示的截面并修改尺寸。单击"确定"按钮✔，退出草图绘制环境。

（3）在操控板中输入拉伸深度为 5mm，单击操控板中的"完成"按钮✔，结果如图 3-145 所示。

9. 创建拉伸实体 4

（1）单击"基础特征"工具栏中的"拉伸"按钮，在打开的"拉伸"操控板中依次单击"放置"→"定义"按钮，系统打开"草绘"对话框。选取圆柱体表面作为草绘面，RIGHT 面作为参考，参考方向向右，单击"草绘"按钮，进入草绘环境。

（2）单击"草绘器"工具栏中的"调色板"按钮，打开"草绘器调色板"对话框，绘制如图 3-146 所示的截面并修改尺寸。单击"确定"按钮✔，退出草图绘制环境。

（3）在操控板中输入拉伸深度为 2mm，单击操控板中的"完成"按钮✔，结果如图 3-147 所示。

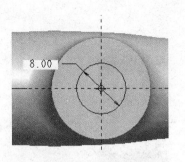

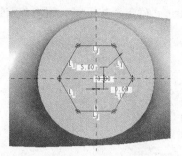

图 3-144 绘制拉伸截面　　　　图 3-145 绘制拉伸实体　　　　图 3-146 绘制拉伸截面

10. 创建拉伸实体 5

（1）单击"基础特征"工具栏中的"拉伸"按钮，在打开的"拉伸"操控板中依次单击"放置"→"定义"按钮，系统打开"草绘"对话框。选取六棱柱顶面作为草绘面，RIGHT 面作为参考，参考方向向右，单击"草绘"按钮，进入草绘环境。

（2）单击"草绘器"工具栏中的"圆"按钮O，绘制如图 3-148 所示的截面并修改尺寸。单击"确定"按钮✔，退出草图绘制环境。

（3）在操控板中输入拉伸深度为 10mm，单击操控板中的"完成"按钮✔，结果如图 3-149 所示。

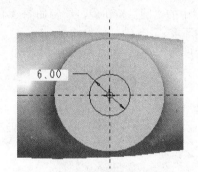

图 3-147 绘制拉伸实体　　　　图 3-148 绘制拉伸截面　　　　图 3-149 绘制拉伸实体

11. 创建手柄

（1）单击"基础特征"工具栏中的"拉伸"按钮，在打开的"拉伸"操控板中依次单击"放置"→"定义"按钮，系统打开"草绘"对话框。选取 FRONT 面作为草绘面，RIGHT 面作为参考，参考方向向右，单击"草绘"按钮，进入草绘环境。

（2）单击"草绘器"工具栏中的"圆"按钮O，绘制如图 3-150 所示的截面并修改尺寸。单击"确定"按钮✔，退出草图绘制环境。

（3）在操控板中单击"对称"按钮，输入拉伸深度为 30mm，单击操控板中的"完成"按钮✔，结果如图 3-151 所示。

12. 创建拉伸实体 6

（1）单击"基础特征"工具栏中的"拉伸"按钮，在打开的"拉伸"操控板中依次单击"放置"→"定义"按钮，系统打开"草绘"对话框。选取变截面实体的左侧端面作为草绘面，TOP 面作为参考，参考方向向右，单击"草绘"按钮，进入草绘环境。

（2）单击"草绘器"工具栏中的"调色板"按钮，绘制如图 3-152 所示的截面并修改尺寸。

单击"确定"按钮 ✔，退出草图绘制环境。

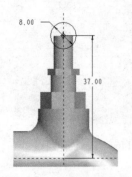

图 3-150　绘制手柄草绘

图 3-151　绘制手柄

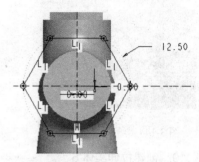

图 3-152　绘制六边形

（3）在操控板中输入拉伸深度为 8mm，单击操控板中的"完成"按钮 ✔，结果如图 3-153 所示。

13. 创建拉伸实体 7

（1）单击"基础特征"工具栏中的"拉伸"按钮 ⬚，在打开的"拉伸"操控板中依次单击"放置"→"定义"按钮，系统打开"草绘"对话框。选取六棱柱顶面作为草绘面，TOP 面作为参考，参考方向向右，单击"草绘"按钮，进入草绘环境。

（2）单击"草绘器"工具栏中的"圆"按钮 ○，绘制如图 3-154 所示的截面并修改尺寸。单击"确定"按钮 ✔，退出草图绘制环境。

（3）在操控板中输入拉伸深度为 15mm，单击操控板中的"完成"按钮 ✔，结果如图 3-155 所示。

图 3-153　绘制拉伸实体

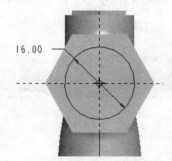

图 3-154　绘制圆

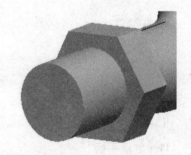

图 3-155　绘制拉伸实体

14. 绘制扫描轨迹线 2

单击"基准"工具栏中的"草绘"按钮 ✎，打开"草绘"对话框，选取 FRONT 面作为草绘平面，TOP 面作为参考，参考方向向上。绘制草图如图 3-156 所示。

15. 绘制扫描切割实体 1

（1）单击"基础特征"工具栏中的"可变截面扫描"按钮 ⬚，打开"可变截面扫描"操控板。

（2）选取刚绘制的草图作为轨迹线，再在操控板中单击"绘制截面"按钮 ⬚，用来绘制扫描截面，单击"草绘器"工具栏中的"圆"按钮 ○，绘制草图如图 3-157 所示。单击"确定"按钮 ✔，完成草图绘制。

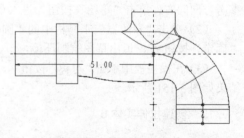

图 3-156　绘制扫描轨迹线

（3）在操控板中单击"实体"按钮□和"去除材料"按钮◿，单击"完成"按钮✓，完成结果如图 3-158 所示。

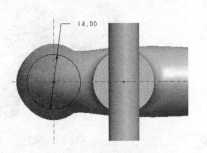

图 3-157　绘制扫描截面

图 3-158　扫描切割特征

16. 绘制螺旋扫描轨迹

（1）选择菜单栏中的"插入"→"螺旋扫描"→"伸出项"命令，系统弹出"伸出项：螺旋扫描"对话框和"属性"菜单管理器，如图 3-159 所示。

（2）选择"常数"→"穿过轴"→"右手定则"→"完成"命令，打开"设置平面"菜单管理器，选取 FRONT 面作为草绘平面，进入草绘环境。

（3）单击"草绘器"工具栏中的"中心线"按钮┆，绘制一条水平中心线。单击"草绘器"工具栏中的"圆弧"按钮◝，绘制扫引轨迹如图 3-160 所示。单击"确定"按钮✓，完成草图绘制。

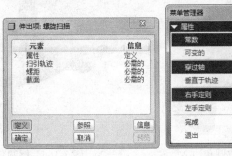

图 3-159　"伸出项：螺旋扫描"对话框和"属性"菜单管理器

图 3-160　绘制螺旋扫描轨迹

（4）打开"消息"窗口，输入节距值为 2，单击"接受值"按钮✓，接受节距值。

（5）系统进入扫描截面环境，单击"草绘器"工具栏中的"线"按钮◟，绘制边长为 1 的正三角形，单击"确定"按钮✓，退出草图绘制环境。

（6）在"伸出项：螺旋扫描"对话框中单击"确定"按钮，结果如图 3-161 所示。

17. 绘制扫描切割实体 2

（1）单击"基础特征"工具栏中的"可变截面扫描"按钮▨，打开"可变截面扫描"操控板。

（2）选取实体边缘的圆作为轨迹线，再在操控板中单击"绘制截面"按钮☑，用来绘制扫描截面，单击"草绘器"工具栏中的"线"按钮◟，绘制草图如图 3-162 所示。单击"确定"按钮✓，完成草图绘制。

（3）在操控板中单击"实体"按钮□和"去除材料"按钮◿，单击"完成"按钮✓，绘制结果如图 3-163 所示。

图 3-161　绘制螺纹

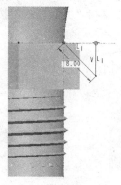

图 3-162　绘制截面

图 3-163　变截面扫描

18. 倒圆角 2

（1）单击"工程特征"工具栏中的"倒圆角"按钮，打开"倒圆角"操控板。

（2）按住 Ctrl 键，选取如图 3-164 所示的边。在操控板中设置圆角半径为 0.5mm，单击操控板中的"完成"按钮。

（3）重复"倒圆角"命令，设置圆角半径为 5mm，选取如图 3-165 所示的边，完成倒圆角特征的创建，结果如图 3-166 所示。

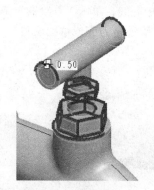

图 3-164　选取圆角边 1

图 3-165　选取圆角边 2

图 3-166　倒圆角

> **注意：** 在绘制可变截面扫描时，可变截面扫描的原点轨迹线一般需要相切，不能有折角，否则容易出现错误，在绘制水龙头的主体部分采用 3 条轨迹线来控制水龙头的截面变化，此处截面没有使用尺寸控制，如果用尺寸控制，则受尺寸控制的部分一般不变化，如果不采用尺寸控制，则截面会依比例进行变化，用户要理解透才可以方便地使用此功能。
>
> 另外，在绘制螺旋扫描轨迹时，采用圆弧和两端插入实体内部作为螺纹收尾，简化了步骤，难度也降低了。

3.4.2　打印模型

根据 3.1.2 节步骤 3 中（1）～（3）相应的步骤进行参数设置，为了减少后期对水龙头模型的支撑去除工作，单击"旋转"按钮，模型周围将出现相应的旋转轴，鼠标左键选中相应旋转轴，该旋转轴高亮显示，将模型旋转 90°，使模型 shuilongtou 竖直放置，如图 3-167 所示，其余按 3.1.2 节步骤 3 中（5）～（8）操作即可。

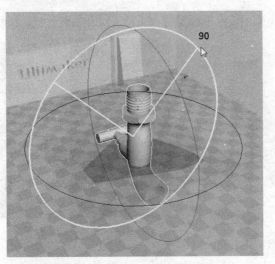

图 3-167　正确放置模型 shuilongtou

3.4.3　处理打印模型

处理打印模型有以下 3 个步骤：

（1）取出模型。打印完毕后，将打印平台降至零位，用刀片等工具将模型底部与平台底部撬开，以便于取出模型。取出后的水龙头模型如图 3-168 所示。

（2）去除支撑。如图 3-168 所示，取出后的水龙头模型底部存在一些打印过程中生成的支撑，使用刀片、钢丝钳、尖嘴钳等工具，将水龙头模型底部的支撑去除。

（3）打磨模型。根据去除支撑后的模型粗糙程度，可先用锉刀、粗砂纸等工具对支撑与模型接触的部位进行粗磨，然后用较细粒度的砂纸对模型进一步打磨。处理后的模型如图 3-169 所示。

图 3-168　打印完毕的水龙头模型

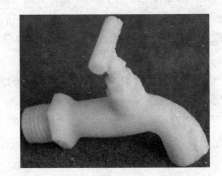

图 3-169　去除水龙头模型的支撑

3.5　暖　水　瓶

扫码看视频

3.5　暖水瓶

首先利用 Pro/ENGINEER 软件创建暖水瓶模型，再利用 Cura 软件打印暖水瓶的 3D 模型，最后对打印出来的暖水瓶模型进行去除支撑和毛刺处理，流程图如图 3-170 所示。

图 3-170   暖水瓶模型创建过程

3.5.1   创建模型

首先利用"旋转"命令创建暖水瓶主体，然后利用"拉伸"命令创建细节，再利用"混合"命令创建暖水瓶嘴，最后利用"扫描"命令创建暖水瓶把。

1. 创建新文件

启动 Pro/ENGINEER 5.0，选择菜单栏中的"文件"→"新建"命令，或者单击"标准"工具栏中的"新建"按钮，弹出"新建"对话框，在"类型"选项组中选中"零件"单选按钮，在"子类型"选项组中选中"实体"单选按钮，在"名称"文本框中输入文件名 nuanshuiping.prt，其他选项接受系统提供的默认设置，单击"确定"按钮，创建一个新的零件文件。

2. 绘制主体

（1）单击"基础特征"工具栏中的"旋转"按钮，在打开的"旋转"操控板中依次单击"放置"→"定义"按钮，系统打开"草绘"对话框。选取 TOP 基准平面作为草绘平面，单击"草绘"按钮，进入草绘环境。

（2）单击"草绘器"工具栏中的"线"按钮，绘制如图 3-171 所示的图形。

（3）单击"草绘器"工具栏中的"圆形"按钮，对图中拐角处进行倒圆角过渡，结果如图 3-172 所示，其中右图为左图的局部放大效果。

（4）单击"草绘器"工具栏中的"中心线"按钮，绘制一条与原始参考线重合的竖直中心线，然后单击"确定"按钮，退出草图绘制环境。

（5）在操控板中设置旋转方式为"变量"，给定旋转角度值为 360°，单击操控板中的"完成"按钮，完成旋转特征的创建，结果如图 3-173 所示。

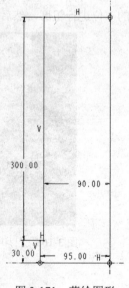

图 3-171   草绘图形

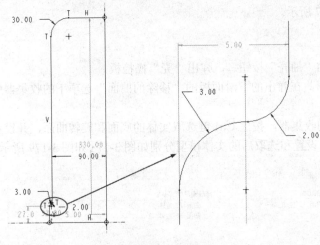

图 3-172 草图编辑　　　　　　　　图 3-173 旋转特征

3. 创建拉伸体 1

（1）单击"基础特征"工具栏中的"拉伸"按钮，在打开的"拉伸"操控板中依次单击"放置"→"定义"按钮，系统打开"草绘"对话框。选取旋转底面作为草绘面，RIGHT 面作为参考，参考方向向右，单击"草绘"按钮，进入草绘环境。

（2）单击"草绘器"工具栏中的"圆"按钮○，绘制如图 3-174 所示的截面并修改尺寸。单击"确定"按钮✔，退出草图绘制环境。

（3）在操控板中输入拉伸深度为 5mm，单击"去除材料"按钮，去除多余材料。单击操控板中的"完成"按钮✔，结果如图 3-175 所示。

4. 创建拉伸体 2

（1）单击"基础特征"工具栏中的"拉伸"按钮，在打开的"拉伸"操控板中依次单击"放置"→"定义"按钮，系统打开"草绘"对话框。选取旋转体顶面作为草绘面，RIGHT 面作为参考，参考方向向右，单击"草绘"按钮，进入草绘环境。

（2）单击"草绘器"工具栏中的"圆"按钮○，绘制如图 3-176 所示的截面并修改尺寸。单击"确定"按钮✔，退出草图绘制环境。

图 3-174 拉伸 1 截面　　　　图 3-175 拉伸 1 去除材料　　　　图 3-176 拉伸 2 截面

（3）在操控板中输入拉伸深度为 10mm，单击"去除材料"按钮，去除多余材料。单击操控板中的"完成"按钮☑，结果如图 3-177 所示。

5. 抽壳

（1）单击"工程特征"工具栏中的"抽壳"按钮▣，弹出"壳"操控板。

（2）单击操控板上的"参照"按钮，在弹出的下滑面板的"移除的曲面"选项下的收集器中单击，选取曲面"拉伸 2"为移除的曲面。

（3）单击"非缺省厚度"选项下的收集器，按住 Ctrl 键选取实体的底面和旋转曲面，并设置其厚度分别为 10mm 和 5mm，下滑面板的设置和选取后的实体模型分别如图 3-178 和图 3-179 所示。

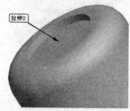

图 3-177　拉伸 2 去除材料

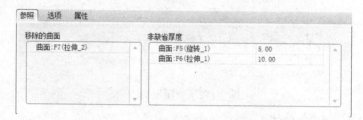

图 3-178　下滑面板的设置

（4）单击操控板中的"完成"按钮☑，完成壳的创建，结果如图 3-180 所示。

6. 倒圆角 1

（1）单击"工程特征"工具栏中的"倒圆角"按钮▷，打开"倒圆角"操控板。

（2）选取底面与旋转体间的过渡线，在操控板中设置圆角半径为 5mm，单击操控板中的"完成"按钮☑，完成倒圆角特征的创建，结果如图 3-181 所示。

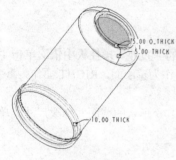

图 3-179　选取后的实体模型

图 3-180　抽壳

图 3-181　倒圆角

7. 创建混合特征 1

（1）选择菜单栏中的"插入"→"混合"→"薄板伸出项"命令，弹出"混合选项"菜单管理器，选择"平行"→"规则截面"→"完成"命令，如图 3-182 所示。

（2）弹出"伸出项：混合"对话框和"属性"菜单管理器，选择"光滑"→"完成"命令，如图 3-183 所示。

（3）"截面"选项的设置如图 3-184 所示。其中选取旋转特征的上表面作为草绘平面。系统进入截面草绘，以参考线的交点为圆心绘制一个直径为 100mm 的圆。

（4）在背景上按住鼠标右键几秒钟，在弹出的快捷菜单中选择"切换截面"命令，或者在下拉菜单中选择"草绘"→"特征工具"→"切换截面"命令，第一个截面图元变为灰色。绘制一个直径为 80mm 的同心圆。

Note

图 3-182 "混合选项"菜单管理器　　　图 3-183 "伸出项：混合"对话框和"属性"菜单管理器

（5）重复上述步骤（4），绘制第三个截面，即一个直径为 70mm 的圆，结果如图 3-185 所示，然后单击"确定"按钮✔，退出草绘器。

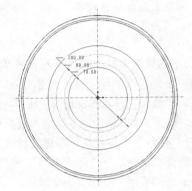

图 3-184 "截面"菜单的设置　　　　　　图 3-185 混合截面

（6）选择向内添加材料为正向，如图 3-186 所示。输入薄壁特征的厚度为 5mm。

（7）在弹出的"深度"菜单管理器中选择"盲孔"→"完成"命令，如图 3-187 所示。输入第一、第二截面间的距离为 20mm，输入第二、第三截面间距离为 5mm。

（8）单击"伸出项"对话框的"确定"按钮或鼠标中键完成混合特征的创建，结果如图 3-188 所示。

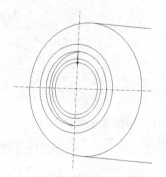

图 3-186 添加材料方向　　　图 3-187 "深度"菜单管理器　　　图 3-188 混合特征 1

✿知识点——混合特征

　　扫描特征是由截面沿轨迹扫描而成，但截面形状单一，而混合特征是由两个或两个以上的平面截面组成，通过将这些平面截面在其边处用过渡曲面连接形成的一个连续特征。混合特征可以满足用户实现在一个实体中出现多个不同的截面的要求。

Note

混合特征有平行、旋转和一般3种类型，其各自的含义如下。

（1）平行：所有混合截面都位于截面草绘中的多个平行平面上。

☑ 规则截面：使用草绘截面或实体表面作为混合截面。

☑ 投影截面：使用选定曲面上的截面投影为混合截面。该选项只用于平行混合，而且只适用于在实体表面投影。

☑ 选取截面：用于选取截面图元。该选项对平行混合无效。

☑ 草绘截面：选择一个草绘平面创建草绘截面作为混合截面。

（2）旋转：混合截面绕Y轴旋转，最大角度可达120°。每个截面都单独草绘并与截面坐标系对齐。

（3）一般：一般混合截面可绕X轴、Y轴和Z轴旋转，也可沿这3个轴平移。每个截面都单独草绘，并与截面坐标系对齐。

8. 创建混合特征2

（1）选择菜单栏中的"插入"→"混合"→"薄板伸出项"命令，在弹出的菜单管理器中"属性"选项设置为"平行"→"直光滑"。

（2）"截面"选项的设置同步骤7操作。其中选取混合特征的上表面作为草绘平面，并以向上为正方向，如图3-189所示。系统进入截面草绘后，以参考线的交点为圆心绘制一个直径为60mm的圆。

（3）在背景上按住鼠标右键几秒钟，在弹出的快捷菜单中选择"切换截面"命令，或者在下拉菜单中选择"草绘"→"特征工具"→"切换截面"命令，第一个截面图元变为灰色。绘制一个直径为80mm的同心圆，如图3-190所示。

（4）单击"草绘器"工具栏中的"线"按钮＼，绘制一条如图3-191所示的切线。

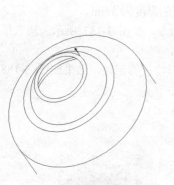

图3-189 截面设置

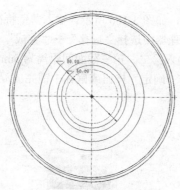

图3-190 绘制圆形截面

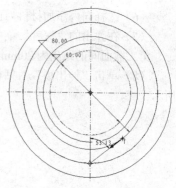

图3-191 绘制切线

（5）单击"草绘器"工具栏中的"中心线"按钮，绘制一条与原始参考线重合的竖直中心线。选取刚才绘制的切线，然后单击"草绘器"工具栏中的"镜像"按钮，选取中心线为镜像对称轴，镜像该直线。

（6）单击"草绘器"工具栏中的"圆形"按钮，对图中拐角处进行倒圆角过渡，圆角半径为5mm。

（7）单击"草绘器"工具栏中的"删除段"按钮，修剪掉切线包含的圆弧段，结果如图3-192所示。

（8）在背景上按住鼠标右键几秒钟，在弹出的快捷菜单中选择"切换截面"命令，将剖面切换到截面1。由于两截面的图元数不等，先需要将截面1分解。

（9）单击"草绘器"工具栏中的"中心线"按钮，过参考线交点和截面 2 切点绘制中心线，如图 3-193 所示。

（10）单击"草绘器"工具栏中的"分割"按钮，在图元与中心线的交点处单击，将图元分割为四部分，如图 3-194 所示。

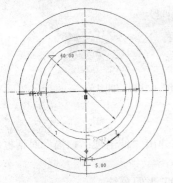

图 3-192　第二截面

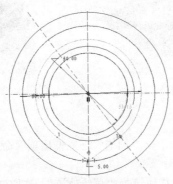

图 3-193　绘制中心线

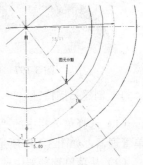

图 3-194　图元分割

（11）重复上述步骤，在另外 3 个切点对应处也将图元分解。单击"确定"按钮，退出草绘器。选择向外添加材料为正，材料厚度为 5mm。

（12）在菜单管理器"深度"选项设置为"盲孔"→"完成"。输入量截面间的距离为 20mm。

（13）单击"伸出项"对话框中的"确定"按钮或鼠标中键完成混合特征的创建，结果如图 3-195 所示。

9. 创建拉伸切除材料

（1）单击"基础特征"工具栏中的"拉伸"按钮，在打开的"拉伸"操控板中依次单击"放置"→"定义"按钮，打开"草绘"对话框。选取 RIGHT 面作为草绘面，其他采用默认设置，单击"草绘"按钮，进入草绘环境。

（2）单击"草绘器"工具栏中的"线"按钮，绘制如图 3-196 所示的截面并修改尺寸。单击"确定"按钮，退出草图绘制环境。

图 3-195　混合特征 2

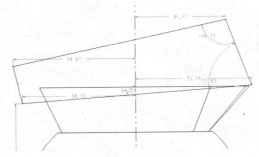

图 3-196　拉伸截面

（3）在操控板中单击"对称"按钮，输入拉伸深度为 100mm，单击"去除材料"按钮，去除多余材料。单击操控板中的"完成"按钮，结果如图 3-197 所示。

10. 倒圆角 2

（1）单击"工程特征"工具栏中的"倒圆角"按钮，打开"倒圆角"操控板。

（2）选取两次混合实体的内外过渡线，设置圆角半径为3mm，单击操控板中的"完成"按钮✓，结果如图3-198所示。

图3-197 剪切材料 　　　　　　　　　　　　　　　　图3-198 倒圆角

11. 创建扫描特征

（1）选择菜单栏中的"插入"→"扫描"→"伸出项"命令，弹出"伸出项：扫描"对话框和菜单管理器，如图3-199所示。

（2）从菜单管理器中选择扫描轨迹为"草绘轨迹"，选取RIGHT平面草绘。

（3）系统进入草绘界面，单击□按钮，然后选取旋转部分的内壁，选取该直线作为草绘的边界，如图3-200所示。

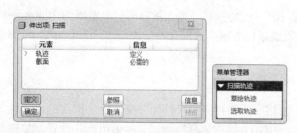

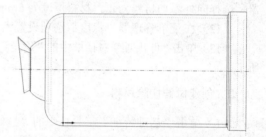

图3-199 "伸出项：扫描"对话框和菜单管理器 　　　　　　图3-200 通过边创建图元

（4）绘制如图3-201所示的轨迹。对图中拐角处进行倒圆角过渡，结果如图3-202所示。

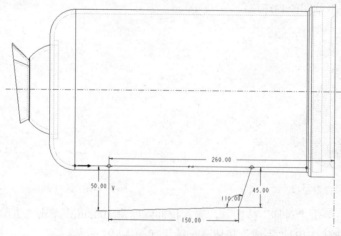

图3-201 初步草绘

（5）单击"草绘器"工具栏中的"删除段"按钮，修剪掉图3-201中选取的直线。单击"确定"按钮✓，退出草绘器。

Note

（6）弹出的菜单管理器"属性"选项设置如图 3-203 所示。系统进入扫面截面草绘，单击"草绘器"工具栏中的"调色板"按钮 ，在弹出的"草绘器调色板"对话框中选择"I 形轮廓"，如图 3-204 所示。

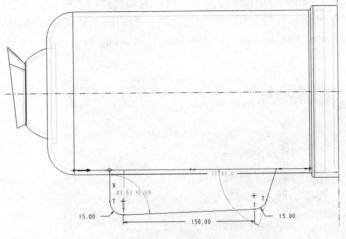

图 3-202　编辑草绘　　　　　　　　　　　　图 3-203　"属性"选项设置

（7）双击该选项，然后移动鼠标至绘图平面两参考线交点，并在该点单击，将轮廓放置在该处。

（8）通过如图 3-205 所示的"移动和调整大小"对话框调整轮廓的大小和方向。调整好截面后，单击"确定"按钮 ✓，退出草绘器。

（9）单击"伸出项：扫描"对话框中的"确定"按钮，完成扫描特征的创建，结果如图 3-206 所示。

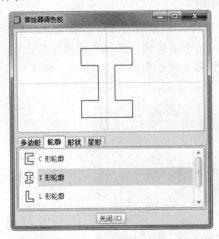

图 3-204　"草绘器调色板"对话框　　图 3-205　"移动和调整大小"对话框　　图 3-206　扫描特征

知识点——扫描

　　扫描特征是通过草绘或选取轨迹，然后沿该轨迹对草绘截面进行扫描来创建实体。常规截面扫描可使用特征创建时的草绘轨迹，也可使用由选定基准曲线或边组成的轨迹。作为一般规则，该轨迹必须有相邻的参照曲面，或是平面的。在定义扫描时，系统检查指定轨迹的有效性，并创建法向曲面。法向曲面是指一个曲面，其法向用来创建该轨迹的 Y 轴。存在模糊时，系统会提示选择一个法向曲面。

3.5.2　打印模型

　　根据 3.1.2 节步骤 3 中（1）～（3）相应的步骤进行参数设置，为顺利打印该模型，需要对模型 nuanshuiping 进行缩放和旋转。单击"旋转"按钮，模型周围将出现相应的旋转轴，鼠标左键选中相应旋转轴，该旋转轴高亮显示，将模型旋转 180°，使模型 nuanshuiping 竖直放置，如图 3-207 所示。

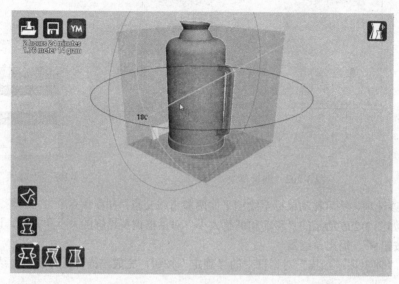

图 3-207　正确放置模型 nuanshuiping

　　模型 nuanshuiping 的尺寸已超出所能打印范围，需要将其缩放至合理尺寸。单击模型 nuanshuiping，在三维视图的左下角将会出现"缩放"按钮，单击该按钮，弹出"缩放"对话框，可根据实际打印需要，输入沿 X、Y、Z 方向的缩放比例为 0.4，将模型缩小至原来的 0.4 倍，如图 3-208 所示，其余按 3.1.2 节步骤 3 中（5）～（8）操作即可。

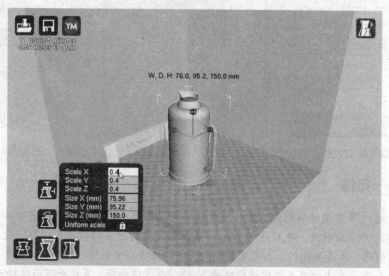

图 3-208　缩放模型 nuanshuiping

3.5.3　处理打印模型

处理打印模型有以下 3 个步骤：

（1）取出模型。打印完毕后，将打印平台降至零位，用刀片等工具将模型底部与平台底部撬开，以便于取出模型。取出后的暖水瓶模型如图 3-209 所示。

（2）去除支撑。如图 3-209 所示，取出后的暖水瓶模型底部存在一些打印过程中生成的支撑，使用刀片、钢丝钳、尖嘴钳等工具，将暖水瓶模型底部的支撑去除。

（3）打磨模型。根据去除支撑后的模型粗糙程度，可先用锉刀、粗砂纸等工具对支撑与模型接触的部位进行粗磨，然后用较细粒度的砂纸对模型进一步打磨。处理后的模型如图 3-210 所示。

图 3-209　打印完毕的暖水瓶模型　　　　图 3-210　去除暖水瓶模型的支撑

扫码看视频

3.6　轮胎

3.6　轮　　胎

首先利用 Pro/ENGINEER 软件创建轮胎模型，再利用 Cura 软件打印轮胎的 3D 模型，最后对打印出来的轮胎模型进行去除支撑和毛刺处理，流程图如图 3-211 所示。

图 3-211　轮胎模型创建流程

3.6.1　创建模型

轮胎的创建首先使用"拉伸"命令创建矩形实体，在矩形表面利用剪切命令进行轮胎表面纹理的

修饰，修饰特征可使用阵列的方法进行；完成修饰特征后进行环形折弯形成轮胎的基本外形，最后镜像上面的特征，完成轮胎的实体

1. 创建新文件

启动 Pro/ENGINEER 5.0，选择菜单栏中的"文件"→"新建"命令，或者单击"标准"工具栏中的"新建"按钮□，弹出"新建"对话框，在"类型"选项组中选中"零件"单选按钮，在"子类型"选项组中选中"实体"单选按钮，在"名称"文本框中输入文件名 luntai.prt，其他选项接受系统提供的默认设置，单击"确定"按钮，创建一个新的零件文件。

2. 创建实体拉伸特征

（1）单击"基础特征"工具栏中的"拉伸"按钮，在打开的"拉伸"操控板中依次单击"放置"→"定义"按钮，系统打开"草绘"对话框。选取 FRONT 面作为草绘面，RIGHT 面作为参考，参考方向向右，单击"草绘"按钮，进入草绘环境。

（2）单击"草绘器"工具栏中的"矩形"按钮□，绘制如图 3-212 所示的截面并修改尺寸。单击"确定"按钮✔，退出草图绘制环境。

（3）在操控板中输入拉伸深度为 600mm，单击操控板中的"完成"按钮✔，结果如图 3-213 所示。

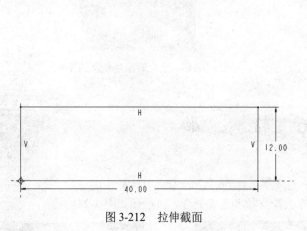

图 3-212　拉伸截面　　　　　　图 3-213　拉伸实体

3. 创建剪切特征

（1）单击"基础特征"工具栏中的"拉伸"按钮，在打开的"拉伸"操控板中依次单击"放置"→"定义"按钮，系统打开"草绘"对话框。选取实体顶面作为草绘面，RIGHT 面作为参考，参考方向向右，单击"草绘"按钮，进入草绘环境。

（2）单击"草绘器"工具栏中的"直线"按钮，绘制如图 3-214 所示的截面并修改尺寸。单击"确定"按钮✔，退出草图绘制环境。

（3）在操控板中输入拉伸深度为 3mm，单击"去除材料"按钮，去除多余材料。单击操控板中的"完成"按钮✔，完成的剪切特征如图 3-215 所示。

4. 创建基准平面

（1）单击"基准"工具栏中的"基准平面"按钮□，弹出"基准平面"对话框。

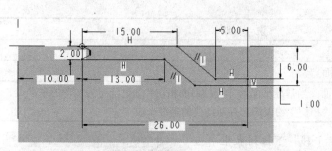

图 3-214 剪切截面草图

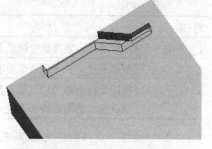

图 3-215 剪切实体图

（2）选择如图 3-216 所示的平面作为参考平面，关系如图 3-217 所示，单击"确定"按钮，完成基准平面 DTM1 的创建。

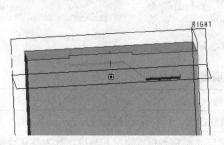

图 3-216 参考面位置

图 3-217 "基准平面"对话框

知识点——基准平面

在"基准平面"对话框中包含"放置"、"显示"和"属性" 3 个选项卡，分别介绍如下。

1. "放置"选项卡

"放置"选项卡中包含下列各选项。

（1）"参照"列表框：允许通过参考现有平面、曲面、边、点、坐标系、轴、顶点、基于草绘的特征、平面小平面、边小平面、顶点小平面、曲线、草绘基准曲线和导槽来放置新基准平面，也可选取基准坐标系或非圆柱曲面作为创建基准平面的放置参考。此外，可为每个选定参考设置一个约束，约束类型如表 3-1 所示。

表 3-1 约束类型

约束类型	说 明
穿过	通过选定参考放置新基准平面。当选取基准坐标系作为放置参考时，对话框下方会显示"平面…"下拉列表 XY：通过 XY 平面放置基准平面 YZ：通过 YZ 平面放置基准平面，此为默认情况 ZX：通过 ZX 平面放置基准平面
偏移	按照选定参考的位置偏移放置新基准平面。它是选取基准坐标系作为放置参考时的默认约束类型。依据所选取的参考，可使用"平移"列表框输入新基准平面的平移偏移值或旋转偏移值

约束类型	说　　明
平行	平行于选定参考放置新基准平面
法向	垂直于选定参考放置新基准平面
相切	相切于选定参考放置新基准平面。当基准平面与非圆柱曲面相切并通过选定为参考的基准点、顶点或边的端点时，系统会将"相切"约束添加到新创建的基准平面

（2）"偏移"选项组：可在其下的"平移"下拉列表框中选择或输入相应的约束数据。

2．"显示"选项卡

"显示"选项卡如图 3-218 所示，该选项卡中包含下列各选项。

（1）"法向"选项组：单击其后的"反向"按钮可反转基准平面的方向。

（2）"调整轮廓"复选框：用于确定是否调整基准平面轮廓的大小。选中该复选框后，将激活"轮廓类型选项"下拉列表以及"宽度"和"高度"文本框，其各选项含义如表 3-2 所示。

图 3-218　"显示"选项卡

表 3-2　选项含义

选　　项	含　　义
参照	允许根据选定参考（如零件、特征、边、轴或曲面）调整基准平面的大小
大小	允许调整基准平面的大小，或将其轮廓显示尺寸调整到指定宽度和高度，此为默认设置。选择该选项后，可使用"宽度"和"高度"选项
宽度	允许指定一个值作为基准平面轮廓显示的宽度。仅在选中"调整轮廓"复选框和选择"大小"选项时可用
高度	允许指定一个值作为基准平面轮廓显示的高度。仅在选中"调整轮廓"复选框和选择"大小"选项时可用

技巧荟萃

在对使用半径作为轮廓尺寸的继承基准平面进行重定义时，系统会将半径值更改为继承基准平面显示轮廓的高度和宽度值。当选中"显示"选项卡中的"调整轮廓"复选框，并在"轮廓类型选项"下拉列表框中选择"尺寸"选项时，这些值将显示在"宽度"和"高度"文本框中。

（3）"锁定长宽比"复选框：用于确定是否允许保持基准平面轮廓显示的高度和宽度比例。仅在选中"调整轮廓"复选框和选择"尺寸"选项时可用。

3．"属性"选项卡

该选项卡可以显示当前基准特征的信息，也可对基准平面进行重命名，还可以通过浏览器查看关于当前基准平面特征的信息。

5．镜像剪切特征

（1）在"模型树"选项卡中选择前面创建的剪切特征。

（2）单击"编辑特征"工具栏中的"镜像"按钮，打开如图 3-219 所示的"镜像"操控板。

图 3-219 "镜像"操控板

（3）选择 DTM1 作为镜像平面，单击操控板中的"完成"按钮✅，完成镜像，如图 3-220 所示。

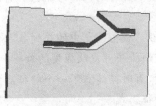

图 3-220 镜像特征

知识点——镜像

"镜像"命令不仅能够镜像实体上的某一些特征，还能够镜像整个实体。"镜像"工具允许复制镜像平面周围的曲面、曲线、阵列和基准特征。可用以下方法创建镜像。

- ☑ 特征镜像：可复制特征并创建包含模型所有特征几何的合并特征和选定的特征。
- ☑ 几何镜像：允许镜像诸如基准、面组和曲面等几何项目。也可通过在"模型树"中选取相应节点来镜像整个零件。

6. 平移剪切特征

（1）选择菜单栏中的"编辑"→"特征操作"命令，在弹出的"特征"菜单管理器中选择"复制"命令；然后在"复制"命令的下拉菜单中依次选择"移动"→"选取"→"独立"→"完成"命令，如图 3-221 所示，在弹出的下一级对话框的提示中选择上面步骤 3 和步骤 5 创建的特征，选择"完成"命令。

（2）在弹出的"移动特征"菜单管理器中选择"平移"→"平面"命令，如图 3-222 所示。选择 FRONT 平面作为参考平面，在提示区中输入移动量为 12，完成移动特征的创建，完成的实体图如图 3-223 所示。

图 3-221 "特征"菜单管理器　　图 3-222 "移动特征"菜单管理器　　图 3-223 移动特征

知识点——特征操作

在 Pro/ENGINEER 中有一组命令是专门针对特征进行操作的，这一组命令在"特征"菜单下，包括"复制"、"重新排序"和"插入模式"。

（1）在"特征"菜单中特征的复制操作有两种形式：一种是通过移动方式来进行特征复制，另一种是通过镜像的方式来复制特征。

（2）特征的顺序是指特征出现在"模型树"中的序列。在排序的过程中不能将子项特征排在父项特征的前面。同时，对现有特征重新排序可更改模型的外观。

（3）在进行零件设计的过程中，有时候建立了一个特征后需要在该特征或者几个特征之前先建立其他特征，这时就需要启用插入特征模式。

7. 阵列特征

（1）在"模型树"选项卡中选择前面创建的移动特征。

（2）单击"编辑特征"工具栏中的"阵列"按钮▦，打开"阵列"操控板。

（3）单击步骤 6 的移动尺寸 12，如图 3-224 所示，修改阵列个数为 49，操控板如图 3-225 所示，单击"完成"按钮✔，完成阵列。

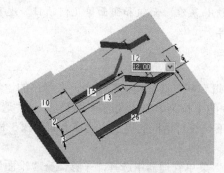

图 3-224　阵列尺寸

图 3-225　"阵列"操控板

8. 创建环形折弯特征

（1）选择主菜单中的"插入"→"高级"→"环形折弯"命令，弹出如图 3-226 所示的"环形折弯"操控板。在"参照"下滑面板中选中"实体几何"复选框。

图 3-226　"环形折弯"操控板

（2）选择 FRONT 平面作草绘平面，绘制如图 3-227 所示的轮廓截面草图（注意：绘制草图时坐标系的添加用几何坐标系）。

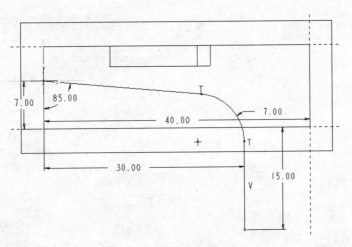

图 3-227　截面草绘

（3）选择"360 度折弯"类型，分别选取刚才的草绘平面以及另一端的平行平面，完成折弯定义。

9. 镜像折弯特征

（1）选择主菜单中的"编辑"→"特征操作"命令，在弹出的菜单管理器中选择"复制"命令，在下一级对话框中依次选择"镜像"→"所有特征"→"独立"→"完成"命令，如图 3-228 所示。

（2）在弹出的菜单管理器中选择"平面"命令，以侧平面作为镜像中心平面，选择"完成"命令，如图 3-229 所示。

图 3-228　"复制"菜单管理器

图 3-229　镜像特征

3.6.2　打印模型

为减少打印时产生的支撑，需要旋转模型。单击"旋转"按钮，模型周围将出现相应的旋转轴，鼠标左键选中相应旋转轴，该旋转轴高亮显示，将模型旋转 90°，使模型 luntai 水平放置，如图 3-230 所示。

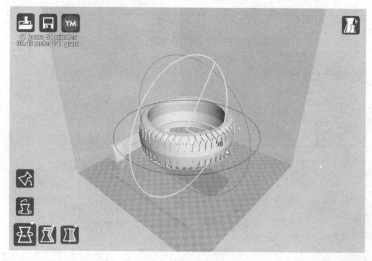

图 3-230 正确放置模型 luntai

3.6.3 处理打印模型

处理打印模型有以下 3 个步骤：

（1）取出模型。打印完毕后，将打印平台降至零位，用刀片等工具将模型底部与平台底部撬开，以便于取出模型。取出后的轮胎模型如图 3-231 所示。

（2）去除支撑。如图 3-231 所示，取出后的轮胎模型底部存在一些打印过程中生成的支撑，使用刀片、钢丝钳、尖嘴钳等工具，将轮胎模型底部的支撑去除。

（3）打磨模型。根据去除支撑后的模型粗糙程度，可先用锉刀、粗砂纸等工具对支撑与模型接触的部位进行粗磨，然后用较细粒度的砂纸对模型进一步打磨。处理后的模型如图 3-232 所示。

图 3-231 打印完毕的轮胎模型

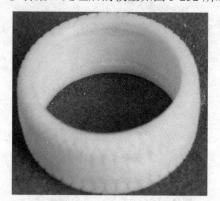

图 3-232 去除轮胎模型的支撑

第 **4** 章

电子产品设计与 3D 打印实例

　　3D 打印的研发者们已经开发出了以挤压、喷雾，或者其他方式来在打印物品中添加导电材料的方法，这些导电材料会在打印过程中被加到物品的夹层当中。这一技术使 3D 打印得以首次被商业利用于半导体及电子元器件的打印。3D 打印可以制作电子元件的技术会缩短制造新设备所花费的时间，同时还可以使得设计师们所能够采用的工具更加广泛。

　　本章主要介绍常见的几款电子产品，如通讯零件、BP 机外壳、耳麦听筒、耳麦、话筒插头、电话机等模型的建立及 3D 打印过程。通过本章的学习主要使读者掌握如何从 Pro/ENGINEER 中创建模型并导入到 Cura 软件打印出模型。

任务驱动&项目案例

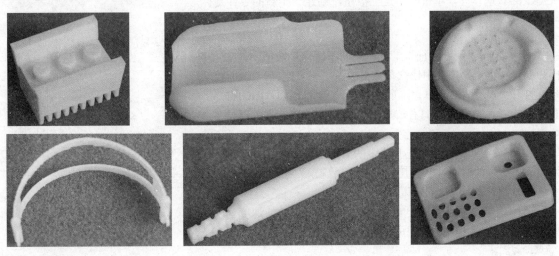

4.1 通讯零件

Note

首先利用 Pro/ENGINEER 软件创建通讯零件模型，再利用 Cura 软件打印通讯零件的 3D 模型，最后对打印出来的通讯零件模型进行去除支撑和毛刺处理，流程图如图 4-1 所示。

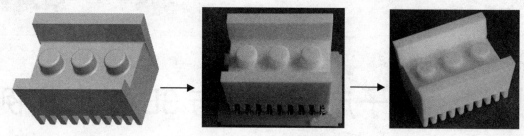

图 4-1 通讯零件模型创建流程

4.1.1 创建模型

首先绘制立方体作为主体，然后拔模，再进行拉伸切割实体并阵列，再绘制拉伸实体形成 3 个凸缘并倒圆角，最后在两边拉伸切割实体并倒圆角。

1. 新建文件

启动 Pro/ENGINEER 5.0，选择菜单栏中的"文件"→"新建"命令，或者单击"标准"工具栏中的"新建"按钮 □，弹出"新建"对话框，在"类型"选项组中选中"零件"单选按钮，在"子类型"选项组中选中"实体"单选按钮，在"名称"文本框中输入文件名 tongxun.prt，其他选项接受系统提供的默认设置，单击"确定"按钮，创建一个新的零件文件。

2. 创建拉伸体 1

（1）单击"基础特征"工具栏中的"拉伸"按钮 □，在打开的"拉伸"操控板中依次单击"放置"→"定义"按钮，系统打开"草绘"对话框。选取 TOP 面作为草绘面，RIGHT 面作为参考，参考方向向右，单击"草绘"按钮，进入草绘环境。

（2）单击"草绘器"工具栏中的"矩形"按钮 □，绘制如图 4-2 所示的截面并修改尺寸。单击"确定"按钮 ✓，退出草图绘制环境。

（3）在操控板中单击"对称"按钮 ⊟，输入拉伸深度为 60mm，单击操控板中的"完成"按钮 ✓，结果如图 4-3 所示。

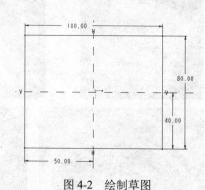

图 4-2 绘制草图

3. 拔模 1

（1）单击"工程特征"工具栏中的"拔模"按钮 □，打开"拔模"操控板。

（2）选取如图4-4所示实体前后面要拔模的面。

（3）选取顶面作为方向平面，输入拔模角度为10°，单击"确定"按钮☑，完成拔模，结果如图4-5所示。

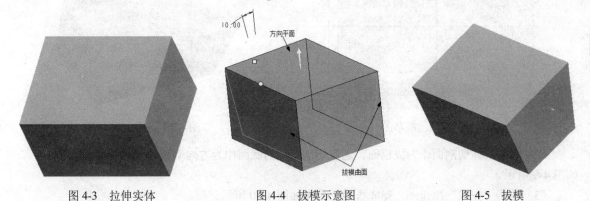

图4-3 拉伸实体 　　　　图4-4 拔模示意图 　　　　图4-5 拔模

4. 创建基准平面

（1）单击"基准"工具栏中的"基准平面"按钮▱，打开"基准平面"对话框。

（2）选取TOP面作为偏移参照，输入偏移距离为10mm，如图4-6所示。单击"确定"按钮，完成基准平面的创建。

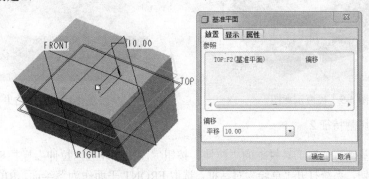

图4-6 创建基准平面

5. 创建拉伸切割特征1

（1）单击"基础特征"工具栏中的"拉伸"按钮▱，在打开的"拉伸"操控板中依次单击"放置"→"定义"按钮，系统打开"草绘"对话框。选取DTM1平面作为草绘面，RIGHT面作为参考，参考方向向右，单击"草绘"按钮，进入草绘环境。

（2）单击"草绘器"工具栏中的"矩形"按钮▱，绘制如图4-7所示的截面并修改尺寸。单击"确定"按钮☑，退出草图绘制环境。

（3）在操控板中将深度设置为"全部贯穿"▯▮，单击"去除材料"按钮▱，去除多余材料。单击操控板中的"完成"按钮☑，结果如图4-8所示。

6. 拔模2

（1）单击"工程特征"工具栏中的"拔模"按钮▱，打开"拔模"操控板。

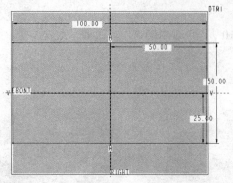

图4-7 绘制草图

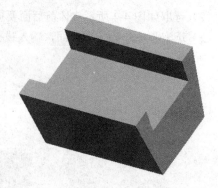

图4-8 拉伸切割特征

（2）选取实体切割面作为拔模面。选取切割特征的底面作为方向平面，输入拔模角度为10°，如图4-9所示。

（3）单击"完成"按钮☑，完成拔模，结果如图4-10所示。

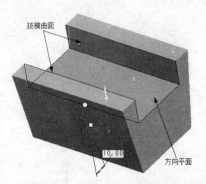

图4-9 拔模示意图

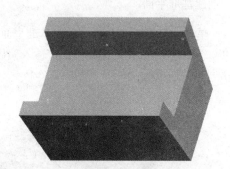

图4-10 拔模结果

7. 创建拉伸切割特征2

（1）单击"基础特征"工具栏中的"拉伸"按钮🗗，在打开的"拉伸"操控板中依次单击"放置"→"定义"按钮，系统打开"草绘"对话框。选取FRONT平面作为草绘面，RIGHT面作为参考，参考方向向右，单击"草绘"按钮，进入草绘环境。

（2）单击"草绘器"工具栏中的"矩形"按钮▢，绘制如图4-11所示的截面并修改尺寸。单击"确定"按钮☑，退出草图绘制环境。

（3）在操控板的"选项"下滑面板中将侧1和侧2的深度设置为穿透，单击"去除材料"按钮◿，去除多余材料。单击操控板中的"完成"按钮☑，结果如图4-12所示。

8. 阵列

（1）在"模型树"选项卡中选择前面创建的拉伸切割特征。

（2）单击"编辑特征"工具栏中的"阵列"按钮▦，打开"阵列"操控板，设置阵列类型为"方向"。

（3）选取底部边线作为阵列方向参照，设置阵列个数为9，阵列距离为10mm，如图4-13所示。在操控板中单击"完成"按钮☑，完成阵列，结果如图4-14所示。

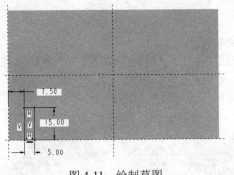

图 4-11 绘制草图

图 4-13 阵列参数

图 4-12 绘制拉伸切割特征

9. 创建拉伸体 2

（1）单击"基础特征"工具栏中的"拉伸"按钮，在打开的"拉伸"操控板中依次单击"放置"→"定义"按钮，系统打开"草绘"对话框。选取凹槽底面作为草绘面，RIGHT 面作为参考，参考方向向右，单击"草绘"按钮，进入草绘环境。

（2）单击"草绘器"工具栏中的"圆"按钮，绘制如图 4-15 所示的截面并修改尺寸。单击"确定"按钮，退出草图绘制环境。

（3）在操控板中输入拉伸深度为 12mm，单击操控板中的"完成"按钮，结果如图 4-16 所示。

图 4-14 阵列切割特征

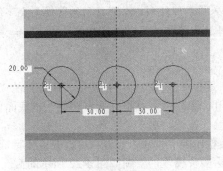

图 4-15 绘制草绘

图 4-16 绘制拉伸实体

10. 倒圆角 1

（1）单击"工程特征"工具栏中的"倒圆角"按钮，打开"倒圆角"操控板。

（2）按住 Ctrl 键，选取如图 4-17 所示的边。在操控板中设置圆角半径为 2mm，单击操控板中的"完成"按钮，完成倒圆角特征的创建。

11. 倒角

（1）单击"工程特征"工具栏中的"倒角"按钮，打开"倒圆角"操控板。

（2）按住 Ctrl 键，选取如图 4-18 所示的要倒角的边，设置倒角类型为 D×D，输入倒角距离为 1mm，单击操控板中的"完成"按钮，完成倒角特征的创建。

12. 参照阵列

（1）在"模型树"选项卡中选择前面创建的倒角特征。

（2）单击"编辑特征"工具栏中的"阵列"按钮▦，打开"阵列"操控板，设置阵列类型为"参照"，即以上一阵列为参考进行相同的阵列。

（3）在操控板中单击"完成"按钮☑，完成阵列，结果如图 4-19 所示。

图 4-17　选取圆角边　　　　图 4-18　选取倒角边　　　　图 4-19　阵列倒角

13. 拔模 3

（1）单击"工程特征"工具栏中的"拔模"按钮▨，打开"拔模"操控板。

（2）选取实体两侧面作为拔模面，顶面作为方向平面，则两平面交线即为拔模轴，输入拔模角度为 3°，如图 4-20 所示。

（3）在操控板中单击"完成"按钮☑，完成拔模。结果如图 4-21 所示。

> **注意**：在绘制图 4-19 时，采用参照阵列，参照阵列的前提是要阵列的特征必须是完全建立在某个已有的阵列之上，并且此特征必须要以上一个阵列的原始特征作为参照，才不会产生失败。

14. 创建拉伸体 3

（1）单击"基础特征"工具栏中的"拉伸"按钮⬚，在打开的"拉伸"操控板中依次单击"放置"→"定义"按钮，系统打开"草绘"对话框。选取切割凹槽底面作为草绘面，RIGHT 面作为参考，参考方向向右，单击"草绘"按钮，进入草绘环境。

（2）单击"草绘器"工具栏中的"使用"按钮◻，提取拔模特征的边线，单击"草绘器"工具栏中的"删除段"按钮⫫，删除多余线段，绘制如图 4-22 所示的截面。单击"确定"按钮✔，退出草图绘制环境。

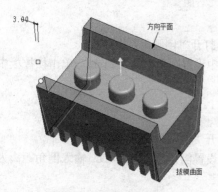

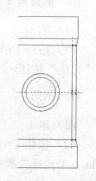

图 4-20　拔模示意图　　　　图 4-21　拔模　　　　图 4-22　绘制草图

（3）在操控板中将深度设置为"全部贯穿"，单击"去除材料"按钮，去除多余材料。单击操控板中的"完成"按钮，结果如图 4-23 所示。

15．镜像切割特征

（1）在"模型树"选项卡中选择前面创建的拉伸切割特征。

（2）单击"编辑特征"工具栏中的"镜像"按钮，打开"镜像"操控板。

（3）选取 RIGHT 面作为镜像平面，单击操控板中的"完成"按钮完成镜像，如图 4-24 所示。

图 4-23　绘制拉伸切割特征

图 4-24　镜像切割特征

16．倒圆角 2

（1）单击"工程特征"工具栏中的"倒圆角"按钮，打开"倒圆角"操控板。

（2）按住 Ctrl 键，选取如图 4-25 所示的边。在操控板中设置圆角半径为 2mm，单击操控板中的"完成"按钮，完成倒圆角特征的创建。

（3）重复"倒圆角"命令，选取如图 4-26 所示的边，设置圆角半径为 2mm，单击操控板中的"完成"按钮，完成倒圆角特征的创建。

图 4-25　选择倒圆角边 1

图 4-26　选择倒圆角边 2

4.1.2　打印模型

为减少打印过程中产生的支撑，需要旋转模型。单击"旋转"按钮，模型周围将出现相应的旋转轴，鼠标左键选中相应旋转轴，该旋转轴高亮显示，将模型旋转 90°，如图 4-27 所示，其余按 3.1.2 节中步骤 3 的（5）～（8）操作即可。

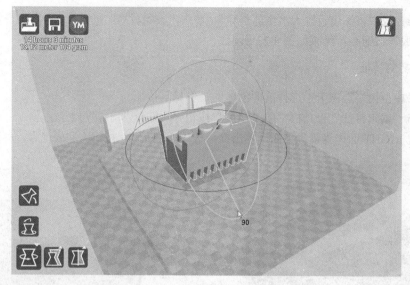

图 4-27　旋转模型 tongxun

4.1.3　处理打印模型

处理打印模型有以下 3 个步骤：

（1）取出模型。打印完毕后，将打印平台降至零位，用刀片等工具将模型底部与平台底部撬开，以便于取出模型。取出后的通讯零件模型如图 4-28 所示。

（2）去除支撑。如图 4-28 所示，取出后的通讯零件模型底部存在一些打印过程中生成的支撑，使用刀片、钢丝钳、尖嘴钳等工具，将通讯零件模型底部的支撑去除。

（3）打磨模型。根据去除支撑后的模型粗糙程度，可先用锉刀、粗砂纸等工具对支撑与模型接触的部位进行粗磨，然后用较细粒度的砂纸对模型进一步打磨。处理后的模型如图 4-29 所示。

图 4-28　打印完毕的通讯零件模型

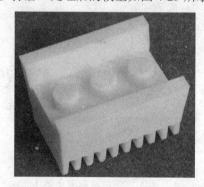

图 4-29　去除通讯零件模型的支撑

4.2　BP 机外壳

扫码看视频

4.2　BP 机外壳

首先利用 Pro/ENGINEER 软件创建 BP 机外壳模型，再利用 Cura 软件打印

BP 机外壳的 3D 模型，最后对打印出来的 BP 机外壳模型进行去除支撑和毛刺处理，流程图如图 4-30 所示。

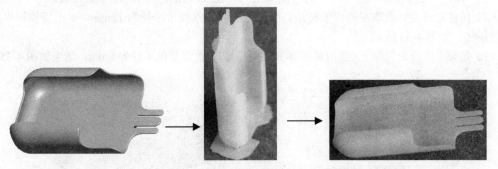

图 4-30　BP 机外壳模型创建流程

4.2.1　创建模型

首先绘制立方体作为 BP 机外壳主体部分，进行倒圆角，再进行抽壳操作；然后做 6 次切割实体特征，再进行倒圆角操作；最后采用拉伸绘制外壳连接部分。

1．新建文件

启动 Pro/ENGINEER 5.0，选择菜单栏中的"文件"→"新建"命令，或者单击"标准"工具栏中的"新建"按钮，弹出"新建"对话框，在"类型"选项组中选中"零件"单选按钮，在"子类型"选项组中选中"实体"单选按钮，在"名称"文本框中输入文件名 BPjiwaike.prt，其他选项接受系统提供的默认设置，单击"确定"按钮，创建一个新的零件文件。

2．创建拉伸体

（1）单击"基础特征"工具栏中的"拉伸"按钮，在打开的"拉伸"操控板中依次单击"放置"→"定义"按钮，系统打开"草绘"对话框。选取 TOP 面作为草绘面，RIGHT 面作为参考，参考方向向右，单击"草绘"按钮，进入草绘环境。

（2）单击"草绘器"工具栏中的"矩形"按钮，绘制如图 4-31 所示的截面并修改尺寸。单击"确定"按钮，退出草图绘制环境。

（3）在操控板中单击"对称"按钮，输入拉伸深度为 20mm，单击操控板中的"完成"按钮，结果如图 4-32 所示。

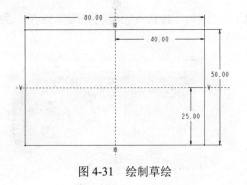

图 4-31　绘制草绘

图 4-32　绘制拉伸实体

3. 倒圆角 1

（1）单击"工程特征"工具栏中的"倒圆角"按钮 ，打开"倒圆角"操控板。

（2）按住 Ctrl 键，选取左侧两条棱边。在操控板中设置圆角半径为 12mm，单击操控板中的"完成"按钮 ，如图 4-33 所示。

（3）重复"倒圆角"命令，选取如图 4-34 所示的边，设置圆角半径为 8mm，结果如图 4-35 所示。

图 4-33 绘制倒圆角

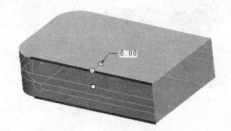
图 4-34 选取圆角边

4. 抽壳

（1）单击"工程特征"工具栏中的"抽壳"按钮 ，弹出"壳"操控板。

（2）选取右端面作为要移除的面，如图 4-36 所示。

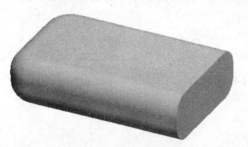
图 4-35 绘制倒圆角

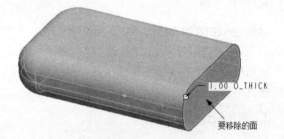
图 4-36 选取移除面

（3）在操控板中输入壁厚为 1mm，单击操控板中的"完成"按钮 ，结果如图 4-37 所示。

5. 创建拉伸切除特征 1

（1）单击"基础特征"工具栏中的"拉伸"按钮 ，在打开的"拉伸"操控板中依次单击"放置"→"定义"按钮，系统打开"草绘"对话框。选取实体右端面作为草绘面，RIGHT 面作为参考，参考方向向右，单击"草绘"按钮，进入草绘环境。

（2）单击"草绘器"工具栏中的"矩形"按钮 和"圆角"按钮 ，绘制如图 4-38 所示的截面并修改尺寸。单击"确定"按钮 ，退出草图绘制环境。

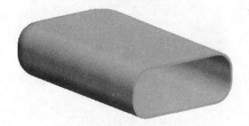
图 4-37 抽壳

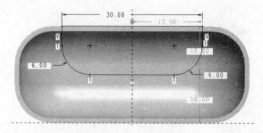
图 4-38 绘制草图

（3）在操控板中将深度设置为"全部贯穿" ，单击"去除材料"按钮 ，去除多余材料。单击操控板中的"完成"按钮 ，结果如图4-39所示。

> **注意：** 在生成图4-39所示的拉伸切割时，先在草绘中进行倒圆角，在一般情况下，倒圆角放在三维实体中进行要方便一些，但是此处很特别，在三维中倒圆角会出现问题，因此，此处采用二维倒圆角。

6. 创建拉伸切除特征2

（1）单击"基础特征"工具栏中的"拉伸"按钮 ，在打开的"拉伸"操控板中依次单击"放置"→"定义"按钮，系统打开"草绘"对话框。选取FRONT面作为草绘面，TOP面作为参考，参考方向向顶，单击"草绘"按钮，进入草绘环境。

（2）单击"草绘器"工具栏中的"矩形"按钮 ，绘制如图4-40所示的截面并修改尺寸。单击"确定"按钮 ，退出草图绘制环境。

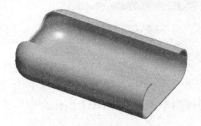

图4-39 绘制拉伸切割实体

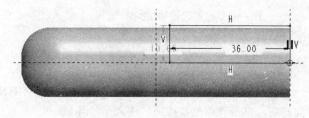

图4-40 绘制草图

（3）在操控板的"选项"下滑面板中深度侧1和侧2设置为"穿透" ，单击"去除材料"按钮 ，去除多余材料。单击操控板中的"完成"按钮 ，结果如图4-41所示。

7. 创建拉伸切除特征3

（1）单击"基础特征"工具栏中的"拉伸"按钮 ，在打开的"拉伸"操控板中依次单击"放置"→"定义"按钮，系统打开"草绘"对话框。选取TOP面作为草绘面，RIGHT面作为参考，参考方向向右，单击"草绘"按钮，进入草绘环境。

（2）单击"草绘器"工具栏中的"矩形"按钮 ，绘制如图4-42所示的截面并修改尺寸。单击"确定"按钮 ，退出草图绘制环境。

图4-41 绘制拉伸切割

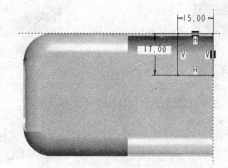

图4-42 绘制草图

（3）在操控板中将深度设置为"全部贯穿" ，单击"去除材料"按钮 ，去除多余材料。单

击操控板中的"完成"按钮☑，结果如图 4-43 所示。

8. 镜像切割特征 1

（1）在"模型树"选项卡中选择前面创建的拉伸切割特征。

（2）单击"编辑特征"工具栏中的"镜像"按钮💢，打开"镜像"操控板。

（3）选取 FRONT 面作为镜像平面。单击操控板中的"完成"按钮☑，完成镜像，如图 4-44 所示。

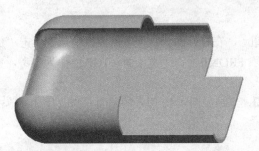

图 4-43　绘制拉伸切割实体　　　　　　　图 4-44　镜像切割特征

9. 创建拉伸切除特征 4

（1）单击"基础特征"工具栏中的"拉伸"按钮▱，在打开的"拉伸"操控板中依次单击"放置"→"定义"按钮，系统打开"草绘"对话框。选取 TOP 面作为草绘面，RIGHT 面作为参考，参考方向向右，单击"草绘"按钮，进入草绘环境。

（2）单击"草绘器"工具栏中的"矩形"按钮▭，绘制如图 4-45 所示的截面并修改尺寸。单击"确定"按钮✔，退出草图绘制环境。

（3）在操控板中将深度设置为"贯穿"╪，单击"去除材料"按钮◿，去除多余材料。单击操控板中的"完成"按钮☑，结果如图 4-46 所示。

10. 镜像切割特征 2

（1）在"模型树"选项卡中选择前面创建的拉伸切割特征。

（2）单击"编辑特征"工具栏中的"镜像"按钮💢，打开"镜像"操控板。

（3）选取 FRONT 面作为镜像平面。单击操控板中的"完成"按钮☑，完成镜像，如图 4-47 所示。

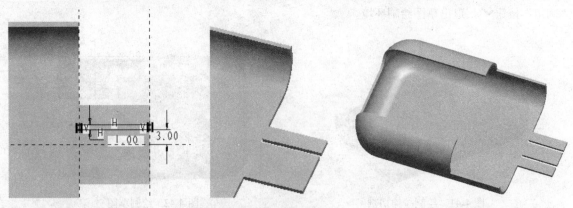

图 4-45　绘制草图　　　　图 4-46　绘制拉伸切割实体　　　　图 4-47　镜像切割特征

11. 倒圆角2

（1）单击"工程特征"工具栏中的"倒圆角"按钮，打开"倒圆角"操控板。

（2）按住 Ctrl 键，选取如图 4-48 所示的要倒圆角的边。在操控板中设置圆角半径为 6mm，单击操控板中的"完成"按钮，完成倒圆角特征的创建，结果如图 4-49 所示。

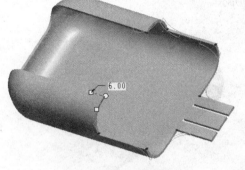

图 4-48　选取圆角边

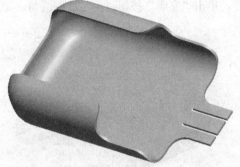

图 4-49　绘制倒圆角

12. 完全倒圆角1

（1）单击"工程特征"工具栏中的"倒圆角"按钮，打开"倒圆角"操控板。

（2）选取要倒圆角的两条相邻的边，并单击鼠标右键，在弹出的快捷菜单中选择"完全倒圆角"命令，如图 4-50 所示。

（3）再按同样的步骤选取两相邻的需要倒圆角的边，单击鼠标右键，在弹出的快捷菜单中选择"完全倒圆角"命令。单击"完成"按钮，完成完全倒圆角，结果如图 4-51 所示。

13. 创建拉伸特征

（1）单击"基础特征"工具栏中的"拉伸"按钮，在打开的"拉伸"操控板中依次单击"放置"→"定义"按钮，系统打开"草绘"对话框。选取 FRONT 面作为草绘面，RIGHT 面作为参考，参考方向向右，单击"草绘"按钮，进入草绘环境。

（2）利用"草绘器"工具栏中的命令，绘制如图 4-52 所示的截面并修改尺寸。单击"确定"按钮，退出草图绘制环境。

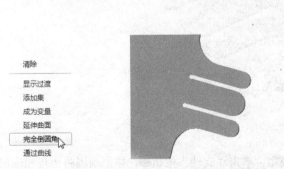

图 4-50　快捷菜单　　　图 4-51　绘制完全倒圆角

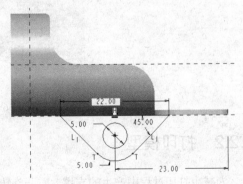

图 4-52　绘制草图

（3）在操控板中将深度设置为"对称"，输入拉伸深度为 2mm，单击操控板中的"完成"按钮☑，结果如图 4-53 所示。

14. 完全倒圆角 2

（1）单击"工程特征"工具栏中的"倒圆角"按钮◻️，打开"倒圆角"操控板。

（2）选取要倒圆角的两条相邻的边，并单击鼠标右键，在弹出的快捷菜单中选择"完全倒圆角"命令，单击"完成"按钮☑，完成倒圆角，如图 4-54 所示。

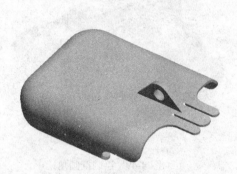
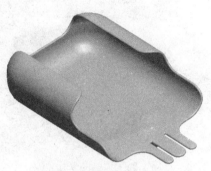

图 4-53　绘制拉伸实体　　　　　　　　　　图 4-54　绘制完全倒圆角

15. 自动倒圆角

（1）选择菜单栏中的"插入"→"自动倒圆角"命令，打开"自动倒圆角"操控板，如图 4-55 所示。

图 4-55　"自动倒圆角"操控板

（2）在操控板中输入倒圆角半径为 0.3mm，单击"完成"按钮☑，完成倒圆角，如图 4-56 所示。

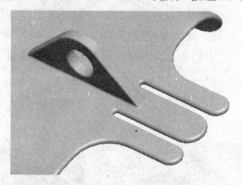

图 4-56　绘制自动倒圆角

4.2.2　打印模型

为减少打印过程中产生的支撑，需要旋转模型。单击"旋转"按钮▣，模型周围将出现相应的旋转轴，鼠标左键选中相应旋转轴，该旋转轴高亮显示，将模型旋转 90°，如图 4-57 所示，其余按 3.1.2 节中步骤 3 的（5）～（8）操作即可。

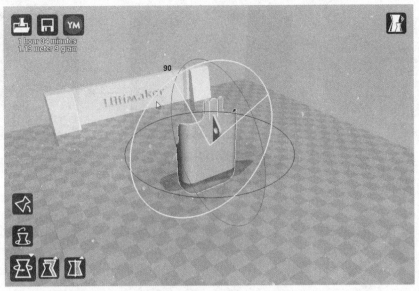

图 4-57 旋转模型 bpjiwaike

4.2.3 处理打印模型

处理打印模型有以下 3 个步骤：
（1）取出模型。取出后的 BP 机外壳模型如图 4-58 所示。
（2）去除支撑。
（3）打磨模型。打磨处理后的模型如图 4-59 所示。

图 4-58 打印完毕的 BP 机外壳模型

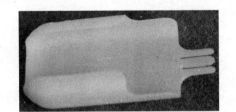

图 4-59 去除 BP 机外壳模型的支撑

4.3 耳麦听筒

扫码看视频

4.3 耳麦听筒

首先利用 Pro/ENGINEER 软件创建耳麦听筒模型，再利用 Cura 软件打印耳麦
听筒的 3D 模型，最后对打印出来的耳麦听筒模型进行去除支撑和毛刺处理，流程图如图 4-60 所示。

Note

图 4-60   耳麦听筒模型创建过程

4.3.1   创建模型

首先采用拉伸实体绘制圆柱体作为粗坯，然后采用薄壁拉伸切割；再采用旋转成长出实体，将旋转实体切割出槽柄阵列；最后采用旋转切割出球面凸起柄进行倒圆角。

1. 新建文件

启动 Pro/ENGINEER 5.0，选择菜单栏中的"文件"→"新建"命令，或者单击"标准"工具栏中的"新建"按钮□，弹出"新建"对话框，在"类型"选项组中选中"零件"单选按钮，在"子类型"选项组中选中"实体"单选按钮，在"名称"文本框中输入文件名 ermaitingtong.prt，其他选项接受系统提供的默认设置，单击"确定"按钮，创建一个新的零件文件。

2. 创建拉伸体 1

（1）单击"基础特征"工具栏中的"拉伸"按钮□，在打开的"拉伸"操控板中依次单击"放置"→"定义"按钮，系统打开"草绘"对话框。选取 FRONT 面作为草绘面，RIGHT 面作为参考，参考方向向右，单击"草绘"按钮，进入草绘环境。

（2）单击"草绘器"工具栏中的"圆"按钮○，绘制如图 4-61 所示的截面并修改尺寸。单击"确定"按钮✔，退出草图绘制环境。

（3）在操控板中输入拉伸深度为 10mm，单击操控板中的"完成"按钮✔，结果如图 4-62 所示。

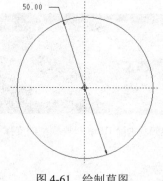

图 4-61   绘制草图

图 4-62   拉伸结果

3. 创建拉伸体 2

（1）单击"基础特征"工具栏中的"拉伸"按钮□，在打开的"拉伸"操控板中依次单击"放置"→"定义"按钮，系统打开"草绘"对话框。选取实体顶面作为草绘面，RIGHT 面作为参考，参考方向向右，单击"草绘"按钮，进入草绘环境。

（2）单击"草绘器"工具栏中的"使用"按钮□、"偏移"按钮□和"线"按钮╲，绘制如图 4-63 所示的截面并修改尺寸。单击"确定"按钮✓，退出草图绘制环境。

（3）在操控板中输入拉伸深度为 5mm，单击"去除材料"按钮◿，去除多余材料。单击操控板中的"完成"按钮✓，结果如图 4-64 所示。

4．倒圆角

（1）单击"工程特征"工具栏中的"倒圆角"按钮⟍，打开"倒圆角"操控板。

（2）选取如图 4-65 所示的边，在操控板中设置圆角半径为 3mm，单击操控板中的"完成"按钮✓，完成倒圆角特征的创建，结果如图 4-66 所示。

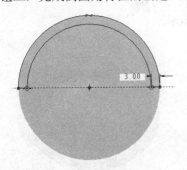

图 4-63　草绘

图 4-64　拉伸切割结果

图 4-65　要倒圆角的边

5．绘制旋转实体

（1）单击"基础特征"工具栏中的"旋转"按钮❖，在打开的"旋转"操控板中依次单击"放置"→"定义"按钮，系统打开"草绘"对话框。选取 TOP 基准平面作为草绘平面，单击"草绘"按钮，进入草绘环境。

（2）单击"草绘器"工具栏中的"几何中心线"按钮┊，绘制一条竖直中心线；单击"草绘器工具"工具栏中的"圆"按钮○，绘制如图 4-67 所示的截面并修改尺寸。单击"确定"按钮✓，退出草图绘制环境。

（3）在操控板中设置旋转方式为"变量"⊥，给定旋转角度值为 360°，单击操控板中的"完成"按钮✓，结果如图 4-68 所示。

图 4-66　倒圆角结果

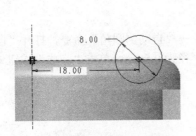

图 4-67　草绘

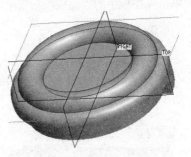

图 4-68　旋转结果

6．创建拉伸切割特征

（1）单击"基础特征"工具栏中的"拉伸"按钮◻，在打开的"拉伸"操控板中依次单击"放置"→"定义"按钮，系统打开"草绘"对话框。选取 TOP 平面作为草绘面，RIGHT 面作为参考，参考方向向右，单击"草绘"按钮，进入草绘环境。

（2）单击"草绘器"工具栏中的"圆"按钮○，绘制如图4-69所示的截面并修改尺寸。单击"确定"按钮✔，退出草图绘制环境。

（3）在操控板中"选项"下滑面板中将侧1和侧2的深度设置为"贯穿"彗，单击"去除材料"按钮△，去除多余材料。单击操控板中的"完成"按钮✔，结果如图4-70所示。

7. 阵列切割特征

（1）在"模型树"选项卡中选择前面创建的拉伸切割特征。

（2）单击"编辑特征"工具栏中的"阵列"按钮▦，打开"阵列"操控板，设置阵列类型为轴，在模型中选取轴A_1为参考。然后在操控板中给定阵列个数为3，尺寸为60。

（3）单击操控板中的"完成"按钮✔，完成阵列，如图4-71所示。

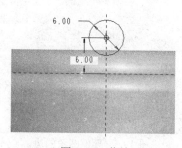

图4-69　草绘

图4-70　拉伸切割结果

图4-71　阵列结果

8. 旋转切割特征

（1）单击"基础特征"工具栏中的"旋转"按钮◈，在打开的"旋转"操控板中依次单击"放置"→"定义"按钮，系统打开"草绘"对话框。选取TOP基准平面作为草绘平面，单击"草绘"按钮，进入草绘环境。

（2）单击"草绘器"工具栏中的"几何中心线"按钮┊，绘制一条竖直中心线；单击"草绘器工具"工具栏中的"圆弧"按钮⌒，绘制如图4-72所示的截面并修改尺寸。单击"确定"按钮✔，退出草图绘制环境。

（3）在操控板中设置旋转方式为"变量"↟，给定旋转角度值为360°，单击"切割"按钮△，单击操控板中的"完成"按钮✔，结果如图4-73所示。

9. 自动倒圆角

（1）选择菜单栏中的"插入"→"自动倒圆角"命令，打开"自动倒圆角"操控板。

（2）在操控板中输入倒圆角半径为0.5mm，单击"完成"按钮✔，完成倒圆角，结果如图4-74所示。

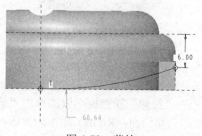

图4-72　草绘

图4-73　旋转切割结果

图4-74　自动倒圆角结果

4.3.2 打印模型

为减少打印过程中产生的支撑，单击"旋转"按钮，模型周围将出现相应的旋转轴，鼠标左键选中相应旋转轴，该旋转轴高亮显示，将模型旋转180°，使模型 ermaitingtong 的听筒位置向上放置，如图 4-75 所示，其余按 3.1.2 节中步骤 3 的（5）～（8）操作即可。

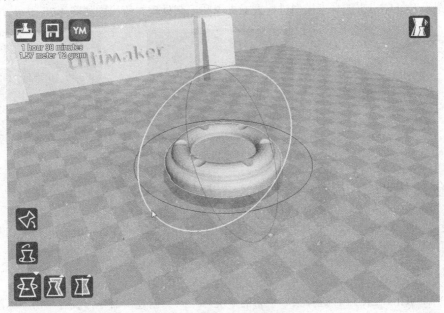

图 4-75　旋转模型 ermaitingtong

4.3.3 处理打印模型

处理打印模型有以下 3 个步骤：

（1）取出模型。取出后的耳麦听筒模型如图 4-76 所示。

（2）去除支撑。

（3）打磨模型。打磨处理后的模型如图 4-77 所示。

图 4-76　打印完毕的耳麦听筒模型

图 4-77　去除耳麦听筒模型的支撑

扫码看视频

4.4 耳　麦

4.4　耳麦

首先利用 Pro/ENGINEER 软件创建耳麦模型，再利用 Cura 软件打印耳麦的
3D 模型，最后对打印出来的耳麦模型进行去除支撑和毛刺处理，流程图如图 4-78 所示。

图 4-78　耳麦模型创建流程

4.4.1　创建模型

首先采用拉伸薄壁实体绘制主体特征，然后采用拉伸切割将两边切除；再采用拉伸切割将内部切除，再拉伸绘制出凸台特征并镜像；最后绘制出安装柄并完全倒圆角。

1. 新建文件

启动 Pro/ENGINEER 5.0，选择菜单栏中的"文件"→"新建"命令，或者单击"标准"工具栏中的"新建"按钮□，弹出"新建"对话框，在"类型"选项组中选中"零件"单选按钮，在"子类型"选项组中选中"实体"单选按钮，在"名称"文本框中输入文件名 ermai.prt，其他选项接受系统提供的默认设置，单击"确定"按钮，创建一个新的零件文件。

2. 创建拉伸体 1

（1）单击"基础特征"工具栏中的"拉伸"按钮，在打开的"拉伸"操控板中单击"薄壁"按钮□，然后依次单击"放置"→"定义"按钮，系统打开"草绘"对话框。选取 FRONT 面作为草绘面，RIGHT 面作为参考，参考方向向右，单击"草绘"按钮，进入草绘环境。

（2）单击"草绘器"工具栏中的"圆心和端点"按钮，绘制如图 4-79 所示的截面并修改尺寸。单击"确定"按钮✔，退出草图绘制环境。

（3）在操控板中输入拉伸深度为 3mm，厚度为 0.1mm，将深度设置为"对称"□，单击操控板中的"完成"按钮☑，结果如图 4-80 所示。

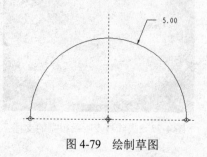

图 4-79　绘制草图

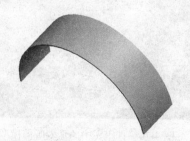

图 4-80　薄壁拉伸

3．创建拉伸切割特征 1

（1）单击"基础特征"工具栏中的"拉伸"按钮 □，在打开的"拉伸"操控板中依次单击"放置"→"定义"按钮，系统打开"草绘"对话框。选取 TOP 面作为草绘面，RIGHT 面作为参考，参考方向向右，单击"草绘"按钮，进入草绘环境。

（2）单击"草绘器"工具栏中的"圆弧"按钮 ⌒，绘制如图 4-81 所示的截面并修改尺寸。单击"确定"按钮 ✓，退出草图绘制环境。

（3）在操控板中将深度设置为"贯穿" ⬌ ，单击"去除材料"按钮 ◿，去除多余材料。单击操控板中的"完成"按钮 ✓，结果如图 4-82 所示。

4．镜像切割特征

（1）在"模型树"选项卡中选择前面创建的拉伸切割特征。

（2）单击"编辑特征"工具栏中的"镜像"按钮 ⅅⅉ，打开"镜像"操控板，选取 FRONT 面作为镜像平面，单击"完成"按钮 ✓，完成镜像。结果如图 4-83 所示。

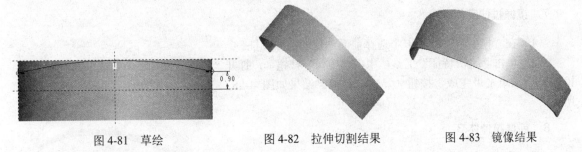

图 4-81　草绘　　　　　　　　图 4-82　拉伸切割结果　　　　　　图 4-83　镜像结果

5．创建拉伸切割特征 2

（1）单击"基础特征"工具栏中的"拉伸"按钮 □，在打开的"拉伸"操控板中依次单击"放置"→"定义"按钮，系统打开"草绘"对话框。选取 TOP 面作为草绘面，RIGHT 面作为参考，参考方向向右，单击"草绘"按钮，进入草绘环境。

（2）单击"草绘器"工具栏中的"偏移"按钮 ⬒，绘制如图 4-84 所示的截面并修改尺寸。单击"确定"按钮 ✓，退出草图绘制环境。

（3）在操控板中将深度设置为"贯穿" ⬌ ，单击"去除材料"按钮 ◿，去除多余材料。单击操控板中的"完成"按钮 ✓，结果如图 4-85 所示。

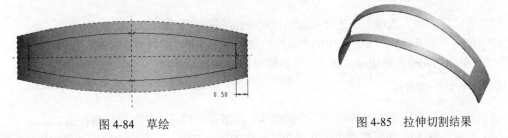

图 4-84　草绘　　　　　　　　　　　图 4-85　拉伸切割结果

6．创建拉伸体 2

（1）单击"基础特征"工具栏中的"拉伸"按钮 □，在打开的"拉伸"操控板中依次单击"放置"→"定义"按钮，系统打开"草绘"对话框。选取 TOP 面作为草绘面，RIGHT 面作为参考，参考方向向右，单击"草绘"按钮，进入草绘环境。

（2）单击"草绘器"工具栏中的"圆"按钮 ◯、"线"按钮 ＼ 和"删除段"按钮 ，绘制如图 4-86 所示的截面并修改尺寸。单击"确定"按钮 ✓，退出草图绘制环境。

（3）在操控板中输入拉伸深度为 0.3mm，单击"反向"按钮 ，调整拉伸方向，单击操控板中的"完成"按钮 ，结果如图 4-87 所示。

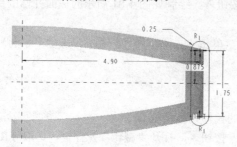

图 4-86　草绘

图 4-87　拉伸结果

7. 镜像拉伸实体 1

（1）在"模型树"选项卡中选择前面创建的拉伸特征。

（2）单击"编辑特征"工具栏中的"镜像"按钮 ，打开"镜像"操控板，选取 RIGHT 面作为镜像平面，单击"完成"按钮 ，完成镜像。结果如图 4-88 所示。

8. 创建拉伸体 3

（1）单击"基础特征"工具栏中的"拉伸"按钮 ，在打开的"拉伸"操控板中依次单击"放置"→"定义"按钮，系统打开"草绘"对话框。选取图 4-88 中的面 1 作为草绘面，RIGHT 面作为参考，参考方向向右，单击"草绘"按钮，进入草绘环境。

图 4-88　镜像结果

（2）单击"草绘器"工具栏中的"矩形"按钮 ▢，绘制如图 4-89 所示的截面并修改尺寸。单击"确定"按钮 ✓，退出草图绘制环境。

（3）在操控板中输入拉伸深度为 1mm，单击操控板中的"完成"按钮 ，结果如图 4-90 所示。

9. 镜像拉伸实体 2

（1）在"模型树"选项卡中选择前面创建的拉伸特征。

（2）单击"编辑特征"工具栏中的"镜像"按钮 ，打开"镜像"操控板，选取 RIGHT 面作为镜像平面，单击"完成"按钮 ，完成镜像。结果如图 4-91 所示。

10. 绘制完全倒圆角

（1）单击"工程特征"工具栏中的"倒圆角"按钮 ，打开"倒圆角"操控板。

（2）选取如图 4-92 所示的要倒圆角的边，再单击鼠标右键，在弹出的快捷菜单中选择"完全倒圆角"命令。

（3）采用相同的方法，在另一侧选取要倒圆角的边，单击"完成"按钮 ，完成倒圆角，如图 4-93 所示。

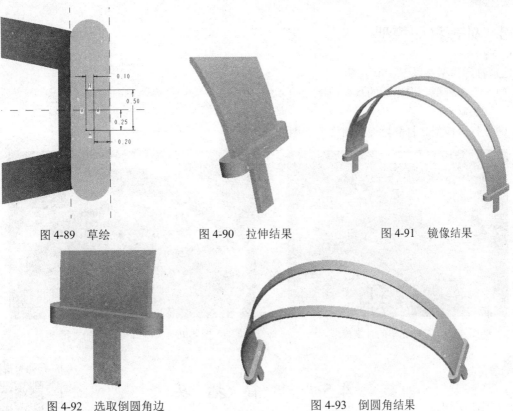

图 4-89　草绘　　　　　　　图 4-90　拉伸结果　　　　　　图 4-91　镜像结果

图 4-92　选取倒圆角边　　　　　　　　图 4-93　倒圆角结果

4.4.2　打印模型

此模型过小，打印前应将其缩放至合理尺寸。单击模型 ermai，在三维视图的左下角将会出现"缩放"按钮，单击该按钮，将弹出"缩放"对话框，可根据实际打印需要，输入沿 X、Y、Z 方向的缩放比例为 15，将模型放大至原来的 15 倍，如图 4-94 所示，其余按 3.1.2 节中步骤 3 的（5）～（8）操作即可。

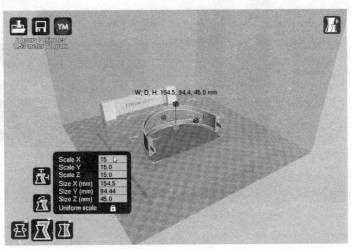

图 4-94　缩放模型 ermai

4.4.3 处理打印模型

处理打印模型有以下 3 个步骤：

（1）取出模型。取出后的耳麦模型如图 4-95 所示。

（2）去除支撑。

（3）打磨模型。打磨处理后的模型如图 4-96 所示。

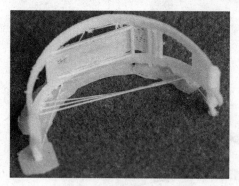

图 4-95　打印完毕的耳麦模型

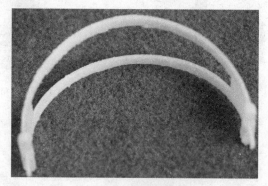

图 4-96　去除耳麦模型的支撑

4.5　话　筒　插　头

扫码看视频

4.5　话筒插头

首先利用 Pro/ENGINEER 软件创建话筒插头模型，再利用 Cura 软件打印话筒插头的 3D 模型，最后对打印出来的话筒插头模型进行去除支撑和毛刺处理，流程图如图 4-97 所示。

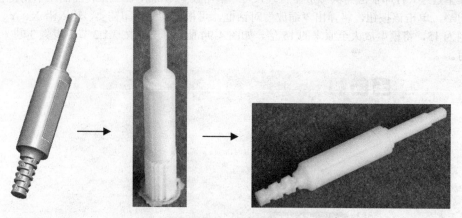

图 4-97　话筒插头模型创建流程

4.5.1　创建模型

首先采用旋转实体绘制粗坯，然后拉伸圆柱体；再绘制两次拉伸实体，最后拉伸切割出槽形。

1. 新建文件

启动 Pro/ENGINEER 5.0，选择菜单栏中的"文件"→"新建"命令，或者单击"标准"工具栏中的"新建"按钮，弹出"新建"对话框，在"类型"选项组中选中"零件"单选按钮，在"子类型"选项组中选中"实体"单选按钮，在"名称"文本框中输入文件名 huatongchatou.prt，其他选项接受系统提供的默认设置，单击"确定"按钮，创建一个新的零件文件。

2. 绘制旋转实体

（1）单击"基础特征"工具栏中的"旋转"按钮，在打开的"旋转"操控板中依次单击"放置"→"定义"按钮，系统打开"草绘"对话框。选取 FRONT 基准平面作为草绘平面，单击"草绘"按钮，进入草绘环境。

（2）单击"草绘器"工具栏中的"几何中心线"按钮，绘制一条竖直中心线。单击"草绘器"工具栏中的"线"按钮，绘制如图 4-98 所示的截面并修改尺寸。单击"确定"按钮，退出草图绘制环境。

（3）在操控板中设置旋转方式为"变量"，给定旋转角度值为 360°，单击操控板中的"完成"按钮，结果如图 4-99 所示。

3. 创建拉伸体 1

（1）单击"基础特征"工具栏中的"拉伸"按钮，在打开的"拉伸"操控板中依次单击"放置"→"定义"按钮，系统打开"草绘"对话框。选取 TOP 面作为草绘面，RIGHT 面作为参考，参考方向向右，单击"草绘"按钮，进入草绘环境。

（2）单击"草绘器"工具栏中的"圆"按钮，绘制如图 4-100 所示的截面并修改尺寸。单击"确定"按钮，退出草图绘制环境。

图 4-98　绘制草图　　　　图 4-99　旋转结果　　　　图 4-100　草绘

（3）在操控板中输入拉伸深度为 1mm，单击"反向"按钮，调整拉伸方向，单击操控板中的"完成"按钮，结果如图 4-101 所示。

4. 创建拉伸体 2

（1）单击"基础特征"工具栏中的"拉伸"按钮，在打开的"拉伸"操控板中依次单击"放

置"→"定义"按钮，系统打开"草绘"对话框。选取创建的拉伸体底面作为草绘面，RIGHT 面作为参考，参考方向向右，单击"草绘"按钮，进入草绘环境。

（2）单击"草绘器"工具栏中的"圆"按钮 O，绘制如图 4-102 所示的截面并修改尺寸。单击"确定"按钮 ✔，退出草图绘制环境。

（3）在操控板中输入拉伸深度为 20mm，单击操控板中的"完成"按钮 ✓，结果如图 4-103 所示。

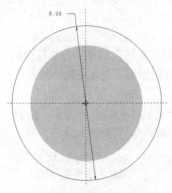

图 4-101　拉伸实体　　　　　　图 4-102　草绘　　　　　　图 4-103　拉伸实体

5. 创建拉伸体 3

（1）单击"基础特征"工具栏中的"拉伸"按钮 ，在打开的"拉伸"操控板中依次单击"放置"→"定义"按钮，系统打开"草绘"对话框。选取创建的拉伸体底面作为草绘面，RIGHT 面作为参考，参考方向向右，单击"草绘"按钮，进入草绘环境。

（2）单击"草绘器"工具栏中的"圆"按钮 O，绘制如图 4-104 所示的截面并修改尺寸。单击"确定"按钮 ✔，退出草图绘制环境。

（3）在操控板中输入拉伸深度为 11mm，单击操控板中的"完成"按钮 ✓，结果如图 4-105 所示。

6. 拔模

（1）单击"工程特征"工具栏中的"拔模"按钮 ，打开"拔模"操控板。

（2）选取圆柱面作为要拔模的面，选取较大圆柱体的上端面作为方向平面，输入拔模角度为 3°，如图 4-106 所示。

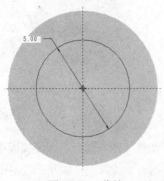

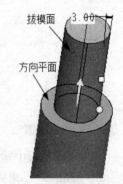

图 4-104　草绘　　　　　图 4-105　拉伸实体　　　　　图 4-106　设置拔模参数

（3）单击"完成"按钮 ，完成拔模，结果如图 4-107 所示。

7. 倒圆角

（1）单击"工程特征"工具栏中的"倒圆角"按钮，打开"倒圆角"操控板。

（2）选取如图 4-108 所示的边作为要倒圆角的边，输入圆角半径为 2mm，单击"完成"按钮，完成倒圆角，结果如图 4-109 所示。

图 4-107 拔模结果

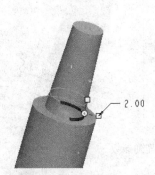

图 4-108 选取倒圆角的边

图 4-109 倒圆角结果

8. 创建拉伸切割特征 1

（1）单击"基础特征"工具栏中的"拉伸"按钮，在打开的"拉伸"操控板中依次单击"放置"→"定义"按钮，系统打开"草绘"对话框。选取 FRONT 面作为草绘面，RIGHT 面作为参考，参考方向向右，单击"草绘"按钮，进入草绘环境。

（2）单击"草绘器"工具栏中的"矩形"按钮，绘制如图 4-110 所示的截面并修改尺寸。单击"确定"按钮，退出草图绘制环境。

（3）在操控板中输入拉伸深度为 10mm，将深度设置为"对称"，单击"去除材料"按钮，去除多余材料。单击操控板中的"完成"按钮，结果如图 4-111 所示。

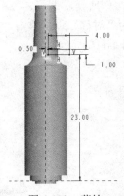

图 4-110 草绘

图 4-111 拉伸切割结果

9. 阵列 1

（1）在"模型树"选项卡中选择步骤 8 创建的拉伸切割特征。

（2）单击"编辑特征"工具栏中的"阵列"按钮，打开"阵列"操控板，设置阵列类型为"尺寸"，在模型中选取 23 作为驱动尺寸，输入增量为 3，将数量设置为 3，如图 4-112 所示。

（3）单击操控板中的"完成"按钮，完成阵列，结果如图 4-113 所示。

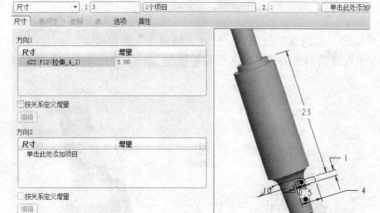

图 4-112 阵列参数

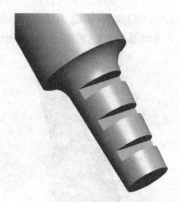

图 4-113 阵列结果

10. 镜像特征 1

（1）在"模型树"选项卡中选择步骤 9 创建的阵列特征。

（2）单击"编辑特征"工具栏中的"镜像"按钮，打开"镜像"操控板。

（3）选取 RIGHT 面作为镜像平面，单击"完成"按钮，完成镜像，结果如图 4-114 所示。

11. 创建拉伸切割特征 2

（1）单击"基础特征"工具栏中的"拉伸"按钮，在打开的"拉伸"操控板中依次单击"放置"→"定义"按钮，系统打开"草绘"对话框。选取 RIGHT 面作为草绘面，TOP 面作为参考，参考方向向顶，单击"草绘"按钮，进入草绘环境。

（2）单击"草绘器"工具栏中的"矩形"按钮，绘制如图 4-115 所示的截面并修改尺寸。单击"确定"按钮，退出草图绘制环境。

（3）在操控板中输入拉伸深度为 10mm，将深度设置为"对称"，单击"去除材料"按钮，去除多余材料。单击操控板中的"完成"按钮，结果如图 4-116 所示。

图 4-114 镜像结果

图 4-115 草绘

图 4-116 拉伸切割结果

12. 阵列 2

（1）在"模型树"选项卡中选择步骤 11 创建的拉伸切割特征。

（2）单击"编辑特征"工具栏中的"阵列"按钮▦，打开"阵列"操控板，设置阵列类型为"尺寸"，在模型中选取 24.5 作为驱动尺寸，输入增量为 3，将数量设置为 3。

（3）单击操控板中的"完成"按钮☑，完成阵列，结果如图 4-117 所示。

13. 镜像特征 2

（1）在"模型树"选项卡中选择步骤 12 创建的阵列特征。

（2）单击"编辑特征"工具栏中的"镜像"按钮▷◁，打开"镜像"操控板。

（3）选取 FRONT 面作为镜像平面，单击"完成"按钮☑，完成镜像，结果如图 4-118 所示。

14. 创建拉伸体 4

（1）单击"基础特征"工具栏中的"拉伸"按钮⬚，在打开的"拉伸"操控板中依次单击"放置"→"定义"按钮，打开"草绘"对话框。选取图 4-118 所示的面 1 作为草绘面，RIGHT 面作为参考，参考方向向右，单击"草绘"按钮，进入草绘环境。

（2）单击"草绘器"工具栏中的"圆"按钮〇，绘制如图 4-119 所示的截面并修改尺寸。单击"确定"按钮✔，退出草图绘制环境。

图 4-117　阵列结果

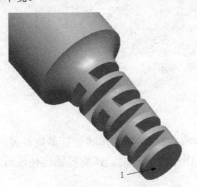
图 4-118　镜像结果

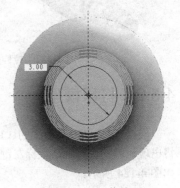
图 4-119　草绘

（3）在操控板中输入拉伸深度为 12mm，单击"反向"按钮⤴，调整拉伸方向，如图 4-120 所示。单击操控板中的"完成"按钮☑。

15. 创建拉伸体 5

（1）单击"基础特征"工具栏中的"拉伸"按钮⬚，在打开的"拉伸"操控板中依次单击"放置"→"定义"按钮，打开"草绘"对话框。选取 FRONT 面作为草绘面，RIGHT 面作为参考，参考方向向右，单击"草绘"按钮，进入草绘环境。

（2）单击"草绘器"工具栏中的"矩形"按钮▭，绘制如图 4-121 所示的截面并修改尺寸。单击"确定"按钮✔，退出草图绘制环境。

（3）在操控板中输入拉伸深度为 8.2mm，设置深度为"对称"⊟，单击操控板中的"完成"按钮☑，结果如图 4-122 所示。

16. 自动倒圆角

（1）选择菜单栏中的"插入"→"自动倒圆角"命令，打开"自动倒圆角"操控板。

图 4-120 拉伸示意图

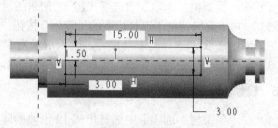

图 4-121 草绘

（2）输入倒圆角半径为 0.1mm，单击"完成"按钮☑，完成倒圆角，结果如图 4-123 所示。

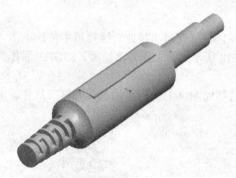

图 4-122 拉伸结果

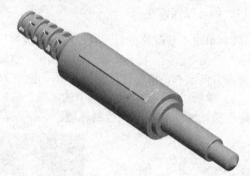

图 4-123 自动倒圆角

4.5.2 打印模型

根据 3.1.2 节中步骤 3 的（1）～（3）相应的步骤进行参数设置，单击"旋转"按钮▣，模型周围将出现相应的旋转轴，鼠标左键选中相应旋转轴，该旋转轴高亮显示，选中竖直轴将模型旋转 90°，如图 4-124 所示。

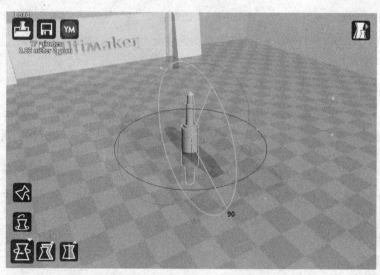

图 4-124 旋转模型 huatongchatou

为得到良好的打印效果，可将模型缩放至合理尺寸。单击模型 huatongchatou，在三维视图的左下角将会出现"缩放"按钮，单击该按钮，将弹出"缩放"对话框，可根据实际打印需要，输入沿 X、Y、Z 方向的缩放比例为 4，将模型放大至原来的 4 倍，如图 4-125 所示，其余按 3.1.2 节中步骤 3 的（5）～（8）操作即可。

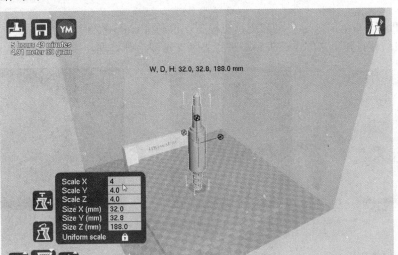

图 4-125　缩放模型 huatongchatou

4.5.3　处理打印模型

处理打印模型有以下 3 个步骤：

（1）取出模型。取出后的话筒插头模型如图 4-126 所示。

（2）去除支撑。

（3）打磨模型。打磨处理后的模型如图 4-127 所示。

图 4-126　打印完毕的话筒插头模型　　　　图 4-127　去除话筒插头模型的支撑

扫码看视频

4.6 电话机

4.6 电 话 机

首先利用 Pro/ENGINEER 软件创建电话机模型，再利用 Cura 软件打印电话机的 3D 模型，最后对打印出来的电话机模型进行去除支撑和毛刺处理，流程图如图 4-128 所示。

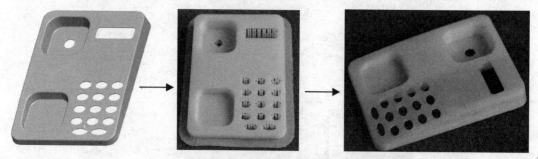

图 4-128 电话机模型创建流程

4.6.1 创建模型

首先绘制一个立方体，然后采用拉伸切割切除上面一部分；再拉伸切割出话筒槽，倒圆角并抽壳；最后拉伸切割出按键孔。

1. 新建文件

启动 Pro/ENGINEER 5.0，选择菜单栏中的"文件"→"新建"命令，或者单击"标准"工具栏中的"新建"按钮 □，弹出"新建"对话框，在"类型"选项组中选中"零件"单选按钮，在"子类型"选项组中选中"实体"单选按钮，在"名称"文本框中输入文件名 dianhuaji.prt，其他选项接受系统提供的默认设置，单击"确定"按钮，创建一个新的零件文件。

2. 创建拉伸体

（1）单击"基础特征"工具栏中的"拉伸"按钮 ，在打开的"拉伸"操控板中依次单击"放置"→"定义"按钮，系统打开"草绘"对话框。选取 FRONT 面作为草绘面，RIGHT 面作为参考，参考方向向右，单击"草绘"按钮，进入草绘环境。

（2）单击"草绘器"工具栏中的"矩形"按钮 □，绘制如图 4-129 所示的截面并修改尺寸。单击"确定"按钮 ✔，退出草图绘制环境。

（3）在操控板中输入拉伸深度为 50mm，单击操控板中的"完成"按钮 ✔，结果如图 4-130 所示。

3. 创建拉伸切割特征 1

（1）单击"基础特征"工具栏中的"拉伸"按钮 ，在打开的"拉伸"操控板中依次单击"放置"→"定义"按钮，系统打开"草绘"对话框。选取 FRONT 面作为草绘面，RIGHT 面作为参考，参考方向向右，单击"草绘"按钮，进入草绘环境。

（2）单击"草绘器"工具栏中的"圆弧"按钮 ，绘制如图 4-131 所示的截面并修改尺寸。单击"确定"按钮 ✔，退出草图绘制环境。

图 4-129 绘制草图

图 4-130 拉伸实体结果

（3）在操控板"选项"下滑面板中设置侧 1 和侧 2 为"穿透" ，单击"去除材料"按钮 ，单击"反向"按钮 ，调整切割方向。单击操控板中的"完成"按钮 ，结果如图 4-132 所示。

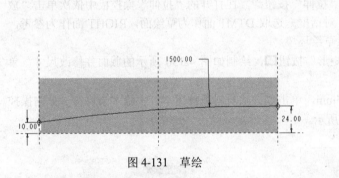

图 4-131 草绘

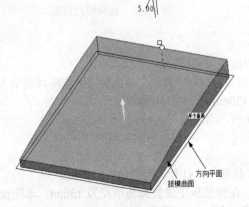

图 4-132 拉伸切割结果

4. 拔模 1

（1）单击"工程特征"工具栏中的"拔模"按钮 ，打开"拔模"操控板。

（2）选取拉伸实体侧面作为拔模面，FRONT 面作为方向平面，则两平面交线即为拔模轴，输入拔模角度为 5°，如图 4-133 所示。

（3）单击"完成"按钮 ，完成拔模，结果如图 4-134 所示。

图 4-133 设置拔模参数

图 4-134 拔模结果

Note

5. 创建基准平面

（1）单击"基准"工具栏中的"基准平面"按钮 ▱，打开"基准平面"对话框。

（2）选取 FRONT 面作为偏移参照，输入偏移距离为 30mm，单击"确定"按钮，完成偏移基准平面的创建，结果如图 4-135 所示。

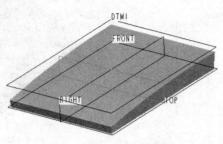

图 4-135　基准平面结果

6. 创建拉伸切割特征 2

（1）单击"基础特征"工具栏中的"拉伸"按钮 ⬠，在打开的"拉伸"操控板中依次单击"放置"→"定义"按钮，系统打开"草绘"对话框。选取 DTM1 面作为草绘面，RIGHT 面作为参考，参考方向向右，单击"草绘"按钮，进入草绘环境。

（2）单击"草绘器"工具栏中的"矩形"按钮 ▭，绘制如图 4-136 所示的截面并修改尺寸。单击"确定"按钮 ✔，退出草图绘制环境。

（3）在操控板中输入拉伸深度为 25mm，单击"去除材料"按钮 ◿，去除多余材料。单击操控板中的"完成"按钮 ✔，结果如图 4-137 所示。

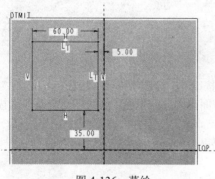

图 4-136　草绘

图 4-137　拉伸切割结果

7. 阵列拉伸切割特征 1

（1）在"模型树"选项卡中选择步骤 6 创建的拉伸切割特征。

（2）单击"编辑特征"工具栏中的"阵列"按钮 ▦，打开"阵列"操控板，选取阵列类型为"方向"，选取 TOP 面作为方向参照，输入阵列距离为 130mm，如图 4-138 所示。

（3）单击操控板中的"完成"按钮 ✔，完成阵列，结果如图 4-139 所示。

8. 倒圆角 1

（1）单击"工程特征"工具栏中的"倒圆角"按钮 ⬡，打开"倒圆角"操控板。

（2）按住 Ctrl 键，选取如图 4-140 所示的边。在操控板中设置圆角半径为 15mm，单击操控板中的"完成"按钮 ✔，完成倒圆角特征的创建，结果如图 4-141 所示。

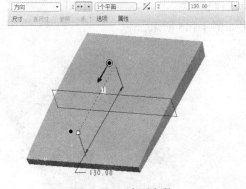

图 4-138 阵列参数

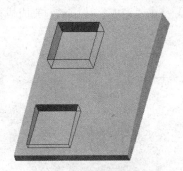

图 4-139 阵列结果

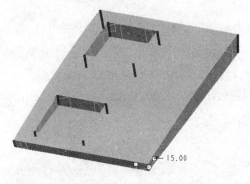

图 4-140 选取倒圆角边

图 4-141 倒圆角结果

9. 拔模 2

（1）单击"工程特征"工具栏中的"拔模"按钮，打开"拔模"操控板。

（2）选取上半部分的拉伸切割实体侧面作为拔模面，拉伸切割实体底面作为方向平面，则两平面交线即为拔模轴，输入拔模角度为 10°，如图 4-142 所示。

（3）单击"完成"按钮，完成拔模，结果如图 4-143 所示。

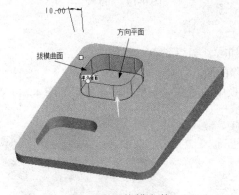

图 4-142 拔模参数

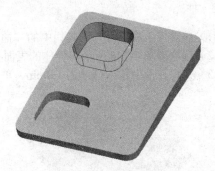

图 4-143 拔模结果

10. 拔模 3

（1）单击"工程特征"工具栏中的"拔模"按钮，打开"拔模"操控板。

（2）选取下半部分的拉伸切割实体侧面作为拔模面，拉伸切割实体底面作为方向平面，则两平面交线即为拔模轴，输入拔模角度为10°，如图4-144所示。

（3）单击"完成"按钮☑，完成拔模，结果如图4-145所示。

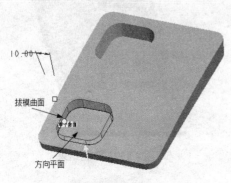

图4-144　拔模参数

图4-145　拔模结果

11. 倒圆角2

（1）单击"工程特征"工具栏中的"倒圆角"按钮，打开"倒圆角"操控板。

（2）按住Ctrl键，选取如图4-146所示的倒圆角边，输入半径为2mm，单击操控板中的"完成"按钮☑，完成倒圆角特征的创建，如图4-147所示。

图4-146　选取倒圆角边

图4-147　倒圆角结果

12. 抽壳

（1）单击"工程特征"工具栏中的"抽壳"按钮，弹出"壳"操控板。

（2）选取如图4-148所示拉伸体的表面为要移除的面。

（3）在操控板中输入壁厚为1.0mm，单击操控板中的"完成"按钮☑，结果如图4-149所示。

图4-148　要移除的面

图4-149　抽壳结果

13. 创建拉伸切割特征 3

（1）单击"基础特征"工具栏中的"拉伸"按钮，在打开的"拉伸"操控板中依次单击"放置"→"定义"按钮，系统打开"草绘"对话框。选取 DTM1 面作为草绘面，RIGHT 面作为参考，参考方向向右，单击"草绘"按钮，进入草绘环境。

（2）单击"草绘器"工具栏中的"矩形"按钮，绘制如图 4-150 所示的截面并修改尺寸。单击"确定"按钮，退出草图绘制环境。

（3）在操控板中将深度设置为"贯穿"，单击"去除材料"按钮，去除多余材料。单击操控板中的"完成"按钮，结果如图 4-151 所示。

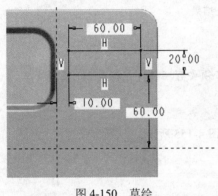

图 4-150　草绘

图 4-151　拉伸切割结果

14. 钻孔

（1）单击"工程特征"工具栏中的"孔"按钮，打开"孔"操控板，如图 4-152 所示。

图 4-152　"孔"操控板

（2）选取 DTM1 平面作为钻孔平面，选取 RIGHT 面和 TOP 面作为定位偏移参照，偏移距离分别为 37mm 和 65mm，输入孔直径为 16mm，深度为"到下一个面"，如图 4-153 所示。单击"完成"按钮，完成孔的绘制，结果如图 4-154 所示。

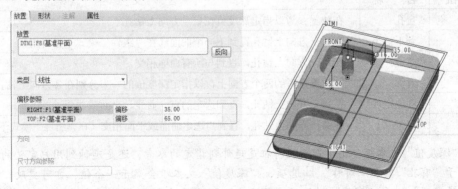

图 4-153　钻孔参数

Note

图 4-154　钻孔结果

⭐ **知识点——孔**

孔特征属于减料特征，所以在创建孔特征之前，必须要有坯料，也就是 3D 实体特征。
"孔"操控板显示以下选项。

1. 公共选项

（1）单击"简单孔"按钮⨆，其操控板显示为如图 4-155 所示。

图 4-155　"简单孔"状态下的操控板

☑ 孔轮廓选项：指示要用于孔特征轮廓的几何类型，主要有"矩形"⨆、"标准孔轮廓"∪ 和
"草绘"⬚ 3 种类型。其中，"矩形"孔使用预定义的矩形，"标准孔轮廓"孔使用标准轮
廓作为钻孔轮廓，而"草绘"孔允许创建新的孔轮廓草绘或浏览选择目录中所需的草绘。

☑ "直径"文本框⌀：用于控制简单孔的直径。"直径"文本框中包含最近使用的直径值，也
可输入新值。

☑ 深度选项：显示简单孔的可能深度选项，包括 6 种钻孔深度选项，分别如表 4-1 所示。

表 4-1　深度选项按钮介绍

按　　钮	名　　称	含　　义
⥮	盲孔	在放置参考以指定深度值在第一方向上钻孔
⩵	到下一个	在第一方向上钻孔直到下一个曲面（在"组件"模式下不可用）
⫴	穿透	在第一方向上钻孔，直到与所有曲面相交
⊟	对称	在放置参考的两个方向上，以指定深度值的一半分别在各方向上钻孔
⥮	到选定项	在第一方向上钻孔，直到选定的点、曲线、平面或曲面
⥮	穿至	在第一方向上钻孔，直到与选定曲面或平面相交（在"组件"模式下不可用）

☑ "深度值"文本框：用于指示孔特征是延伸到指定的参考，还是延伸到用户定义的深度。对
于"盲孔"⥮和"对称"⊟选项，"深度值"文本框会显示一个值，亦可更改；对于"到
选定项"⥮和"穿至"⥮选项，显示曲面 ID，而对于"到下一个"⩵和"穿透"⫴选项，
则为空。

（2）单击"标准孔"按钮 ，其操控板显示为如图4-156所示。

图4-156 "标准孔"状态下的操控板

☑ "螺纹类型"列表框：用于显示可用的孔图表，其中包含螺纹类型/直径信息。初始时会列出工业标准孔图表（UNC、UNF和ISO）。

☑ "螺钉尺寸"列表框：根据在"螺纹类型"下拉列表中选择的孔图表，列出可用的螺纹尺寸。也可输入新值，或拖动直径图柄让系统自动选择最接近的螺钉尺寸。默认情况下，选择列表中的第一个值，"螺钉尺寸"文本框显示最近使用的螺钉尺寸。

☑ 深度选项：与简单孔类型类似，不再重复。

☑ 深度值：与简单孔类型类似，不再重复。

☑ "添加攻丝"按钮：用于指出孔特征是螺纹孔还是间隙孔，即是否添加攻丝。如果标准孔类型为"盲孔"，则不能清除螺纹选项。

☑ "钻孔肩部深度"按钮：单击该按钮，则其前尺寸值为钻孔的肩部深度。

☑ "钻孔深度"按钮：单击该按钮，则其前尺寸值为钻孔的总体深度。

☑ "添加埋头孔"按钮：指定孔特征为埋头孔。

☑ "添加沉孔"按钮：指定孔特征为沉孔。

2. 下滑面板

在"孔"操控板中包含"放置"、"形状"、"注解"和"属性"4个下滑面板。

（1）"放置"下滑面板：用于选择和修改孔特征的位置与参考，如图4-157所示。

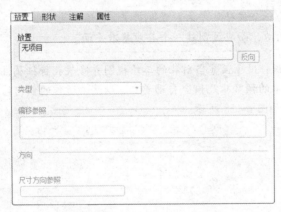

图4-157 "放置"下滑面板

在"放置"下滑面板中包含下列选项。

☑ "放置"列表框：用于指示孔特征放置参考的名称，只能包含一个孔特征参考。该列表框处于活动状态时，用户可以选取新的放置参考。

☑ "反向"按钮：用于改变孔放置的方向。

☑ "类型"下拉列表框：用于指示孔特征使用偏移参考的方法。通过定义放置类型，可过滤可用偏移参考类型，如表4-2所示。

表 4-2　可用参考类型

放置主参考	类型列表
平面实体曲面/基准平面	线性/径向/直径/同轴
轴（Axis）	同轴
点（Point）	在点上
圆柱实体曲面	径向/同轴
圆锥实体曲面	径向/同轴

☑ "偏移参照"列表框：用于指示在设计中放置孔特征的偏移参考。如果主放置参考是基准点，则该列表框不可用。该表分为以下 3 列。

➤ 第一列提供参考名称。

➤ 第二列提供偏移参考类型的信息。偏移参考类型的定义如下：对于线性参考类型，定义为"对齐"或"线性"；对于同轴参考类型，定义为"轴向"；对于直径和径向参考类型，则定义为"轴向"和"角度"。通过单击该列并从列表中选择偏移定义，可改变线性参考类型的偏移参考定义。

➤ 第三列提供参考偏移值。可输入正值和负值，但负值会自动反向于孔的选定参考侧，偏移值列包含最近使用的值。

孔工具处于活动状态时，可选取新参考以及修改参考类型和值。如果主放置参考改变，则仅当现有的偏移参考对于新的孔放置有效时，才能继续使用。

技巧荟萃

不能使用两条边作为一个偏移参考来放置孔特征，也不能选取垂直于主参考的边，更不能选取定义"内部基准平面"的边，而应该创建一个异步基准平面。

（2）"形状"下滑面板：用于预览当前孔的二维视图并修改孔特征属性，包括其深度选项、直径和全局几何。该下滑面板中的预览孔几何会自动更新，以反映所作的任何修改。简单孔和标准孔有各自独立的下滑面板选项，如图 4-158 所示。

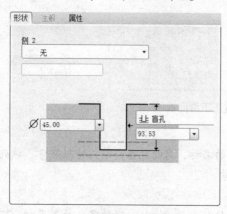
（a）简单孔状态下

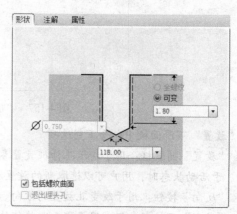
（b）标准孔状态下

图 4-158　"形状"下滑面板

Note

创建简单孔时的"形状"下滑面板如图 4-158（a）所示，其中"侧 2"下拉列表对于"简单"孔特征，可确定简单孔特征第二侧深度选项的格式。所有"简单"孔深度选项均可用。默认情况下，该下拉列表深度选项为"无"。注意，该下拉列表不可用于"草绘"孔。对于"草绘"孔特征，在打开"形状"下滑面板时，将会显示草绘几何。可在各参数下拉列表中选择前面使用过的参数值或输入新值。

创建标准孔时的下滑面板如图 4-158（b）所示，其中"包括螺纹曲面"复选框用于创建螺纹曲面以代表孔特征的内螺纹，"退出埋头孔"复选框用于在孔特征的底面创建埋头孔。孔所在的曲面应垂直于当前的孔特征。对于标准螺纹孔特征，还可定义以下螺纹特征。

☑ "全螺纹"单选按钮：用于创建贯通所有曲面的螺纹。此选项对于"可变"、"到下一个"孔以及在"组件"模式下，均不可用。

☑ "可变"单选按钮：用于创建到达指定深度值的螺纹。可输入新值也可选择最近使用过的值。对于无螺纹的标准孔特征，可定义孔配合的标准（不单击"添加攻丝"按钮◈，且设置孔深度为 ┇┋（穿透），如图 4-159 所示。

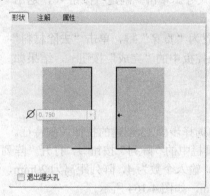

图 4-159　无螺纹标准孔特征的"形状"下滑面板

（3）"注解"下滑面板：仅适用于"标准"孔特征。在"标准孔"状态下，该下滑面板如图 4-160所示。该下滑面板用于预览正在创建或重定义的"标准"孔特征的特征注释。

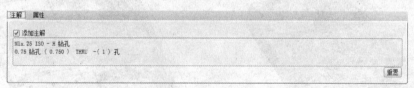

图 4-160　"注解"下滑面板

（4）"属性"下滑面板：用于获得孔特征的一般信息和参数信息，并可以重命名孔特征，如图 4-161所示。"标准"孔状态比"简单"孔状态下的"属性"下滑面板相比增加了一个参数表。

（a）"简单"孔状态下

（b）"标准"孔状态下

图 4-161　"属性"下滑面板

☑ "名称"列表框：允许通过编辑名称来定制孔特征的名称。

☑ "浏览器"按钮 🗋：用于打开包含孔特征信息的嵌入式浏览器。

☑ "参数"列表框：允许查看在所使用的标准孔图表文件（.hol）中设置的定制孔数据。该列表框中包含"名称"列和"值"列，要修改参数名称和值，必须修改孔图表文件。

15. 创建拉伸切割特征 4

（1）单击"基础特征"工具栏中的"拉伸"按钮 ⬚，在打开的"拉伸"操控板中依次单击"放置"→"定义"按钮，系统打开"草绘"对话框。选取 DTM1 面作为草绘面，RIGHT 面作为参考，参考方向向右，单击"草绘"按钮，进入草绘环境。

（2）单击"草绘器"工具栏中的"轴端点椭圆"按钮 ⬭，绘制如图 4-162 所示的截面并修改尺寸。单击"确定"按钮 ✔，退出草图绘制环境。

（3）在操控板中将深度设置为"贯穿" ⬗，单击"去除材料"按钮 ⬚，去除多余材料。单击操控板中的"完成"按钮 ✔，结果如图 4-163 所示。

16. 阵列拉伸切割特征 2

（1）在"模型树"选项卡中选择步骤 15 创建的拉伸切割特征。

（2）单击"编辑特征"工具栏中的"阵列"按钮 ▦，打开"阵列"操控板，选取阵列类型为"方向"，选取 TOP 面为方向参照 1，输入个数为 4，阵列距离为 20mm，选取 RIGHT 面作为方向参照 2，输入个数为 3，阵列距离为 25mm，如图 4-164 所示。

图 4-163　拉伸切割结果

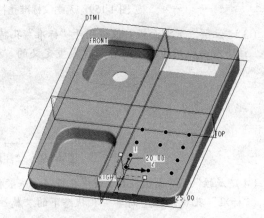

图 4-164　阵列参数

图 4-162　草绘

（3）单击操控板中的"完成"按钮 ✔，完成阵列，结果如图 4-165 所示。

注意：在绘制图 4-164 所示的阵列时，采用方向阵列，由于 TOP 面正方向向前，而图中需要向后，此时只需要手动拖动把手进行换向，再输入尺寸值即可。也可以输入负值，系统即会反向阵列。

17. 创建拉伸切割特征 5

（1）单击"基础特征"工具栏中的"拉伸"按钮 ⬚，在打开的"拉伸"操控板中依次单击"放置"→"定义"按钮，系统打开"草绘"对话框。选取 DTM1 面作为草绘面，RIGHT 面作为参考，参考方向向右，单击"草绘"按钮，进入草绘环境。

（2）单击"草绘器"工具栏中的"轴端点椭圆"按钮 ⊘，绘制如图 4-166 所示的截面并修改尺寸。单击"确定"按钮 ✔，退出草图绘制环境。

图 4-165　阵列结果

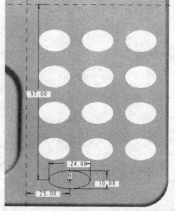

图 4-166　草绘结果

（3）在操控板中将深度设置为"贯穿" ⊪，单击"去除材料"按钮 ⊘，去除多余材料。单击操控板中的"完成"按钮 ✔，结果如图 4-167 所示。

18．阵列拉伸切割特征 3

（1）在"模型树"选项卡中选择步骤 17 创建的拉伸切割特征。

（2）单击"编辑特征"工具栏中的"阵列"按钮 ▦，打开"阵列"操控板，选取阵列类型为"方向"，选取 RIGHT 面为方向参照，输入个数为 2，阵列距离为 30mm。

（3）单击操控板中的"完成"按钮 ✔，完成阵列，结果如图 4-168 所示。

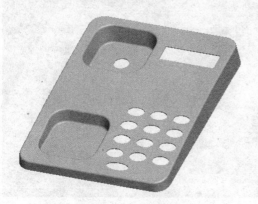

图 4-167　拉伸切割结果

图 4-168　阵列结果

19．倒圆角 3

（1）单击"工程特征"工具栏中的"倒圆角"按钮 ⏝，打开"倒圆角"操控板。

（2）按住 Ctrl 键，选取如图 4-169 所示的倒圆角边，输入半径为 5mm，单击操控板中的"完成"按钮 ✔，完成倒圆角特征的创建，如图 4-170 所示。

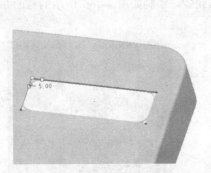

图 4-169　选取倒圆角边　　　　　　　　　图 4-170　倒圆角结果

4.6.2　打印模型

根据 3.1.2 节中步骤 3 的（1）～（3）相应的步骤进行参数设置，再按 3.1.2 节中步骤 3 的（5）～（8）操作即可。

4.6.3　处理打印模型

处理打印模型有以下 3 个步骤：

（1）取出模型。取出后的电话机模型如图 4-171 所示。

（2）去除支撑。

（3）打磨模型。打磨处理后的模型如图 4-172 所示。

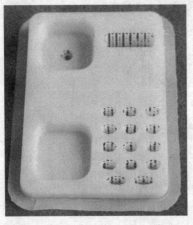

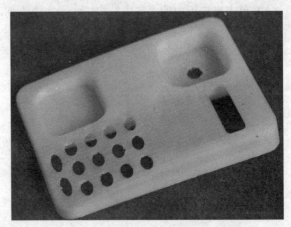

图 4-171　打印完毕的电话机模型　　　　　　图 4-172　去除电话机模型的支撑

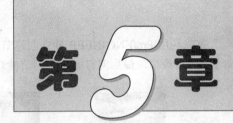

第**5**章

电器产品设计与 3D 打印实例

　　3D 打印机最近在全球范围内迅速普及。该技术可高效生产为客户量身定制的产品和部件。不过，与使用模具量产树脂等产品的传统方法相比，3D 打印机的生产效率比较低，所以一直以来不被看好适用于家电和汽车等产品的生产。由于 3D 打印机可生产出一种可缩短树脂冷却时间的特殊结构的模具，所以可提高部件生产效率、降低生产成本。

　　本章主要介绍几款电器产品，如节能灯管、灯头、电饭煲筒身和加热铁、电源插头和开关盒模型的建立及 3D 打印过程。通过本章的学习主要使读者掌握如何从 Pro/ENGINEER 中创建模型并导入到 Cura 软件打印出模型。

任务驱动&项目案例

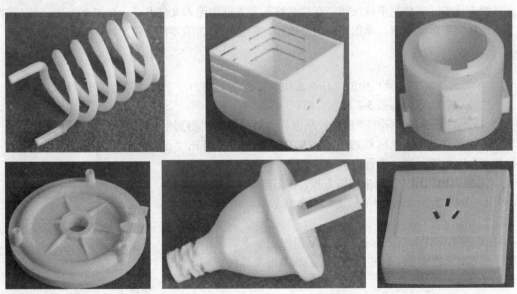

5.1 节 能 灯 管

首先利用 Pro/ENGINEER 软件创建节能灯管模型，再利用 Cura 软件打印节能
灯管的 3D 模型，最后对打印出来的节能灯管模型进行去除支撑和毛刺处理，流程图如图 5-1 所示。

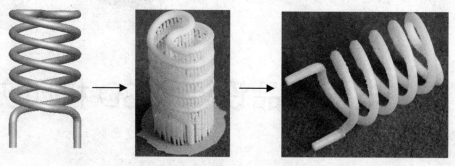

图 5-1 节能灯管模型创建流程图

5.1.1 创建模型

首先采用方程绘制基准曲线，然后将曲线旋转 180°，再将曲线光顺连接，最后采用变截面扫描
绘制灯管。

1. 新建文件

启动 Pro/ENGINEER 5.0，选择菜单栏中的"文件"→"新建"命令，或者单击"标准"工具栏
中的"新建"按钮□，弹出"新建"对话框，在"类型"选项组中选中"零件"单选按钮，在"子类
型"选项组中选中"实体"单选按钮，在"名称"文本框中输入文件名 jienengdengguan.prt，其他选
项接受系统提供的默认设置，单击"确定"按钮，创建一个新的零件文件。

2. 绘制基准曲线 1

（1）单击"基准"工具栏中的"基准曲线"按钮～，打开"曲线选项"菜单管理器，选择"从
方程"→"完成"命令，如图 5-2 所示。

（2）打开如图 5-3 所示的"曲线：从方程"对话框和"得到坐
标系"菜单管理器，选取坐标系 PRT_CSYS_DEF 后，系统弹出"设
置坐标类型"菜单管理器，设置为笛卡儿坐标系，如图 5-4 所示。

（3）系统弹出记事本，用来编辑方程，在记事本中输入方程 x =
20 * cos (t * 360 *2)；z =20 * sin (t * 360 *2)；y = 50*t，如图 5-5
所示。

（4）选择"文件"→"保存"命令后退出记事本，再单击"曲
线：从方程"对话框中的"确定"按钮，完成基准曲线的绘制，结果
如图 5-6 所示。

图 5-2 "曲线选项"菜单管理

图 5-3　"曲线：从方程"对话框和"得到坐标系"菜单管理器　　　图 5-4　"设置坐标类型"菜单管理器

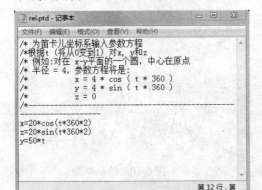

图 5-5　输入方程　　　　　　　　　　　　图 5-6　基准曲线结果

知识点——基准曲线

在菜单管理器的"曲线选项"菜单中包含 4 个命令，其主要功能介绍如下。

☑　通过点：用于创建通过点的基准曲线。

☑　使用剖截面：从平面横截面边界（即平面横截面与零件轮廓的相交处）创建基准曲线。

☑　从方程：在曲线不自相交的情况下，从方程创建基准曲线。

☑　自文件：输入来自 Pro/ENGINEER ".ibl"、IGES、SET 或 VDA 文件格式的基准曲线。Pro/ENGINEER 读取所有来自 IGES 或 SET 文件的曲线，然后将其转换为样条曲线。当输入 VDA 文件时，系统只读取 VDA 样条图元。

3．旋转变换

（1）在"模型树"选项卡中选择步骤 2 创建的曲线特征。

（2）单击"标准"工具栏中的"复制"按钮，然后再单击"选择性粘贴"按钮，弹出"选择性粘贴"对话框，如图 5-7 所示，选中"对副本应用移动/旋转变换"复选框，单击"确定"按钮，完成设置。

图 5-7　"选择性粘贴"对话框

（3）打开"变换"操控板，单击"旋转"按钮，选取 Y 轴作为旋转轴，输入旋转角度为 180°，如图 5-8 所示。单击"完成"按钮，完成变换，结果如图 5-9 所示。

图 5-8　变换参数

4. 绘制草图 1

（1）单击"基准"工具栏中的"草绘"按钮，打开"草绘"对话框，选取 RIGHT 面作为草绘面，TOP 面作为参考，参考方向向顶。

（2）单击"草绘器"工具栏中的"线"按钮，绘制草图如图 5-10 所示。单击"确定"按钮，退出草图绘制环境。

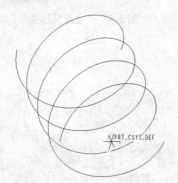

图 5-9 变换结果

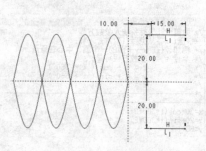

图 5-10 绘制草图

5. 绘制基准曲线 2

（1）单击"基准"工具栏中的"基准曲线"按钮，在弹出的"曲线选项"菜单管理器中选择"通过点"→"完成"命令。

（2）打开如图 5-11 所示的"曲线：通过点"对话框和"连结类型"菜单管理器，选择"样条"→"添加点"命令。选取如图 5-12 所示的点作为曲线通过点，然后选择"完成"命令。

（3）在"曲线：通过点"对话框中选择"相切"选项后，单击"定义"按钮，弹出如图 5-13 所示的"定义相切"菜单管理器，选中"相切"复选框，在视图中选取曲线和直线，使绘制的曲线与相连接的曲线在端点处相切，单击对话框中的"确定"按钮，结果如图 5-14 所示。

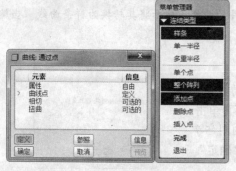

图 5-11 "曲线：通过点"对话框和
"连结类型"菜单管理器

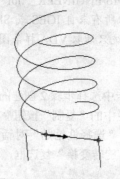

图 5-12 选取曲线通过点

图 5-13 "定义相切"
菜单管理器

6. 绘制基准曲线 3

采用步骤 5 相同的方法，在另一侧创建相切曲线，结果如图 5-15 所示。

7. 创建基准平面

（1）单击"基准"工具栏中的"基准平面"按钮，弹出"基准平面"对话框，如图 5-16 所示。

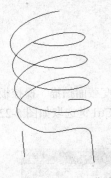

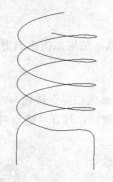

图 5-14 创建相切曲线　　　图 5-15 绘制相切曲线　　　图 5-16 "基准平面"对话框

（2）选取 TOP 面作为参照，输入偏移距离为 55mm，单击"确定"按钮，完成基准平面 DTM1 的创建，如图 5-17 所示。

8. 绘制草图 2

（1）单击"基准"工具栏中的"草绘"按钮，打开"草绘"对话框，选取 DTM1 平面作为草绘面，RIGHT 面作为参考，参考方向向右，单击"草绘"按钮，进入草绘环境。

（2）单击"草绘器"工具栏中的"圆弧"按钮，绘制圆弧如图 5-18 所示。单击"确定"按钮，完成草图绘制。

9. 绘制基准曲线 4

（1）单击"基准"工具栏中的"基准曲线"按钮，在弹出的"曲线选项"菜单管理器中选择"通过点"→"完成"命令。

（2）打开"曲线：通过点"对话框和"连结类型"菜单管理器，选择"样条"→"添加点"命令。选取如图 5-19 所示的点作为曲线通过点，然后选择"完成"命令。

（3）在"曲线：通过点"对话框中选择"相切"选项后，单击"定义"按钮，在弹出的"定义相切"菜单管理器中选中"相切"复选框，在视图中选取曲线和圆弧，使绘制的曲线与相连接的曲线在端点处相切，单击对话框中的"确定"按钮，结果如图 5-20 所示。

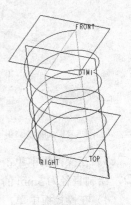

图 5-17 基准平面结果

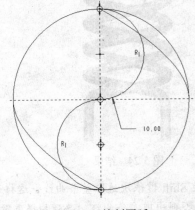

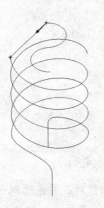

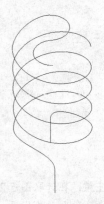

图 5-18 绘制圆弧　　　图 5-19 选取曲线通过点　　　图 5-20 创建相切曲线

10. 绘制基准曲线5

重复"基准曲线"命令，在另一侧创建曲线，结果如图5-21所示。

11. 绘制变截面扫描曲面

（1）单击"基础特征"工具栏中的"可变截面扫描"按钮，打开"可变截面扫描"操控板。

（2）单击"参照"下滑面板中的"细节"按钮，打开"链"对话框，按Ctrl键选取如图5-22所示的曲线作为原点轨迹线，单击"确定"按钮。

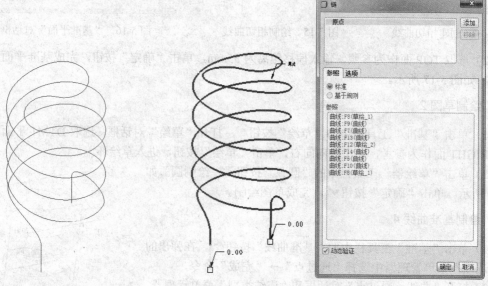

图5-21 曲线结果　　　　　　　图5-22 选取曲线

（3）在操控板中单击"草绘"按钮，进入截面的绘制，单击"草绘器"工具栏中的"圆"按钮○，绘制直径为5mm的圆，如图5-23所示，单击"确定"按钮✔，完成草图绘制。

（4）在操控板中单击"完成"按钮，完成变截面扫描操作，结果如图5-24所示。

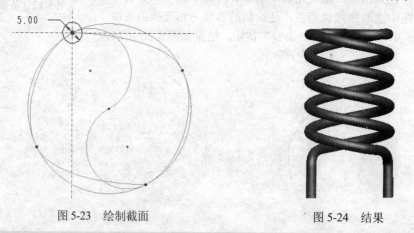

图5-23 绘制截面　　　　　　　图5-24 结果

注意： 在选取图5-24所示的曲线时，要先选取一段，再按住Shift键依次选取整条曲线，这样选取的曲线是一整条曲线。不能采用按住Ctrl键选取，否则出现多条曲线，导致扫描失败。

5.1.2　打印模型

根据 3.1.2 节中步骤 3 的（1）～（3）相应的步骤进行参数设置，单击"旋转"按钮，模型周围将出现相应的旋转轴，鼠标左键选中相应旋转轴，该旋转轴高亮显示，将模型旋转 90°，如图 5-25 所示，其余按 3.1.2 节中步骤 3 的（5）～（8）操作即可。

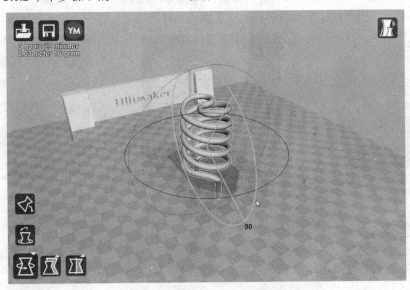

图 5-25　旋转模型 jienengdengguan

5.1.3　处理打印模型

处理打印模型有以下 3 个步骤：

（1）取出模型。打印完毕后，将打印平台降至零位，用刀片等工具将模型底部与平台底部撬开，以便于取出模型。取出后的节能灯管模型如图 5-26 所示。

（2）去除支撑。如图 5-26 所示，取出后的节能灯管模型底部存在一些打印过程中生成的支撑，使用刀片、钢丝钳、尖嘴钳等工具，将节能灯管模型底部的支撑去除。

（3）打磨模型。根据去除支撑后的模型粗糙程度，可先用锉刀、粗砂纸等工具对支撑与模型接触的部位进行粗磨，然后用较细粒度的砂纸对模型进一步打磨。处理后的模型如图 5-27 所示。

图 5-26　打印完毕的节能灯管模型

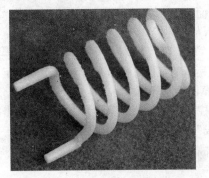

图 5-27　去除节能灯管模型的支撑

扫码看视频
5.2 灯头

5.2 灯　头

首先利用 Pro/ENGINEER 软件创建灯头模型，再利用 Cura 软件打印灯头的
3D 模型，最后对打印出来的灯头模型进行去除支撑和毛刺处理，流程图如图 5-28 所示。

图 5-28　灯头模型创建流程

5.2.1　创建模型

首先绘制立方体，然后倒圆角；再进行完全倒圆角，并将整个实体抽壳；最后拉伸切割实体生成细部特征。

1．新建文件

启动 Pro/ENGINEER 5.0，选择菜单栏中的"文件"→"新建"命令，或者单击"标准"工具栏中的"新建"按钮，弹出"新建"对话框，在"类型"选项组中选中"零件"单选按钮，在"子类型"选项组中选中"实体"单选按钮，在"名称"文本框中输入文件名 dengtou.prt，其他选项接受系统提供的默认设置，单击"确定"按钮，创建一个新的零件文件。

2．创建拉伸体

（1）单击"基础特征"工具栏中的"拉伸"按钮，在打开的"拉伸"操控板中依次单击"放置"→"定义"按钮，系统打开"草绘"对话框。选取 TOP 面作为草绘面，RIGHT 面作为参考，参考方向向右，单击"草绘"按钮，进入草绘环境。

（2）单击"草绘器"工具栏中的"矩形"按钮□，绘制如图 5-29 所示的截面并修改尺寸。单击"确定"按钮✔，退出草图绘制环境。

（3）在操控板中输入拉伸深度为 30mm，单击操控板中的"完成"按钮✔，结果如图 5-30 所示。

3．绘制倒圆角 1

（1）单击"工程特征"工具栏中的"倒圆角"按

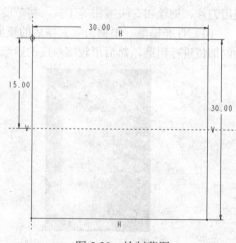

图 5-29　绘制草图

钮，打开"倒圆角"操控板。

（2）按住 Ctrl 键，选取如图 5-31 所示的边。在操控板中设置圆角半径为 15mm，单击操控板中的"完成"按钮✓，完成倒圆角特征的创建，结果如图 5-32 所示。

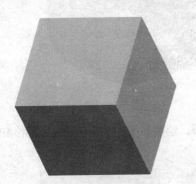

图 5-30　绘制拉伸实体

图 5-31　选取圆角边

注意：在绘制图 5-31 所示的倒圆角时，设置的倒圆角值为 15mm，读者需要注意，此处如果大于 15mm，将得不到需要的结果。

4. 绘制倒圆角 2

（1）单击"工程特征"工具栏中的"倒圆角"按钮，打开"倒圆角"操控板。

（2）按住 Ctrl 键，选取如图 5-33 所示的边。在操控板中设置圆角半径为 2mm，单击操控板中的"完成"按钮✓，完成倒圆角特征的创建，结果如图 5-34 所示。

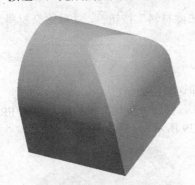

图 5-32　绘制倒圆角

图 5-33　选取圆角边

5. 抽壳

（1）单击"工程特征"工具栏中的"抽壳"按钮▣，弹出"壳"操控板。

（2）选取如图 5-35 所示的面为要移除的面。

（3）在操控板中输入壁厚为 1mm，单击操控板中的"完成"按钮✓，结果如图 5-36 所示。

6. 拉伸切割实体 1

（1）单击"基础特征"工具栏中的"拉伸"按钮⬚，在打开的"拉伸"操控板中依次单击"放置"→"定义"按钮，系统打开"草绘"对话框。选取实体前端面作为草绘面，右端面作为参考，参考方向向右，单击"草绘"按钮，进入草绘环境。

图 5-34　绘制倒圆角

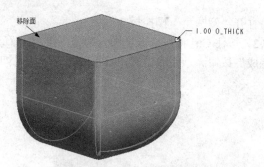

图 5-35　选取移除面

（2）单击"草绘器"工具栏中的"矩形"按钮□，绘制如图 5-37 所示的截面并修改尺寸。单击"确定"按钮✔，退出草图绘制环境。

图 5-36　抽壳

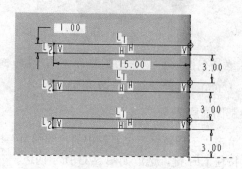

图 5-37　绘制草图

（3）在操控板中输入拉伸深度为 12mm，单击"去除材料"按钮 ，去除多余材料。单击操控板中的"完成"按钮✔，结果如图 5-38 所示。

7. 镜像切割特征

（1）在"模型树"选项卡中选择步骤 6 创建的拉伸切割特征。

（2）单击"编辑特征"工具栏中的"镜像"按钮 ，打开"镜像"操控板，选取 FRONT 面作为镜像平面。单击"完成"按钮✔，完成镜像，如图 5-39 所示。

图 5-38　拉伸切割实体

图 5-39　镜像切割特征

8. 拉伸切割实体 2

（1）单击"基础特征"工具栏中的"拉伸"按钮 ，在打开的"拉伸"操控板中依次单击"放置"→"定义"按钮，系统打开"草绘"对话框。选取实体左端面作为草绘面，右端面作为参考，参考方向向右，单击"草绘"按钮，进入草绘环境。

（2）单击"草绘器"工具栏中的"圆"按钮◯，绘制如图 5-40 所示的截面并修改尺寸。单击"确定"按钮✓，退出草图绘制环境。

（3）在操控板中将深度设置为"到下一个面"〓，单击"去除材料"按钮◻，去除多余材料。单击操控板中的"完成"按钮✓，结果如图 5-41 所示。

Note

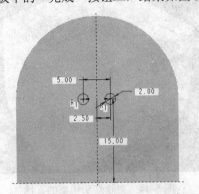

图 5-40　绘制草图

图 5-41　拉伸切割

5.2.2　打印模型

根据 3.1.2 节中步骤 3 的（1）～（3）相应的步骤进行参数设置，单击"旋转"按钮，模型周围将出现相应的旋转轴，鼠标左键选中相应旋转轴，该旋转轴高亮显示，将模型旋转 90°，如图 5-42 所示，其余按 3.1.2 节中步骤 3 的（5）～（8）操作即可。

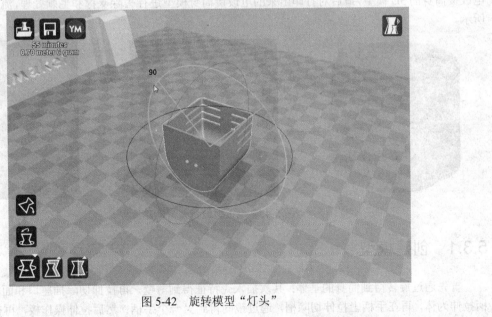

图 5-42　旋转模型"灯头"

5.2.3　处理打印模型

处理打印模型有以下 3 个步骤：

（1）取出模型。取出后的灯头模型如图 5-43 所示。

（2）去除支撑。

（3）打磨模型。打磨处理后的模型如图 5-44 所示。

图 5-43　打印完毕的灯头模型

图 5-44　去除灯头模型的支撑

5.3　电饭煲筒身

扫码看视频

5.3　电饭煲筒身

首先利用 Pro/ENGINEER 软件创建电饭煲筒身模型，再利用 Cura 软件打印电饭煲筒身的 3D 模型，最后对打印出来的电饭煲筒身模型进行去除支撑和毛刺处理，流程图如图 5-45所示。

图 5-45　电饭煲筒身模型创建流程

5.3.1　创建模型

首先通过旋转得到筒身的基体；其次插入壳特征得到薄壁，再拉伸切除插座口和面板孔，先将手柄拉伸为体，再在手柄上拉伸切除槽，通过镜向得到另一个手柄；然后拉伸操作板，再在操作板上拉伸出按钮和开关；最后创建倒圆角特征，最终形成模型。

1. 新建模型

启动 Pro/ENGINEER 5.0，选择菜单栏中的"文件"→"新建"命令，或者单击"标准"工具栏中的"新建"按钮 □，弹出"新建"对话框，在"类型"选项组中选中"零件"单选按钮，在"子类型"选项组中选中"实体"单选按钮，在"名称"文本框中输入文件名 tongshen.prt，其他选项接受系统提供的默认设置，单击"确定"按钮，创建一个新的零件文件。

2．旋转筒身基体

（1）单击"基础特征"工具栏中的"旋转"按钮 ❀，在打开的"旋转"操控板中依次单击"放置"→"定义"按钮，系统打开"草绘"对话框。选取 TOP 基准平面作为草绘平面，单击"草绘"按钮，进入草绘环境。

（2）单击"草绘器"工具栏中的"几何中心线"按钮 ┆，绘制一条竖直中心线。单击"草绘器工具"工具栏中的"线"按钮 ＼，绘制如图 5-46 所示的截面并修改尺寸。单击"确定"按钮 ✔，退出草图绘制环境。

（3）在操控板中设置旋转方式为"变量" ⬆，给定旋转角度值为 360°，单击操控板中的"完成"按钮 ✔，完成筒身基体特征的旋转，如图 5-47 所示。

3．创建筒身壳特征

（1）单击"工程特征"工具栏中的"抽壳"按钮 ▣，弹出"壳"操控板。

（2）选取如图 5-48 所示旋转体的上表面和下表面，选定的曲面将从零件上去除。

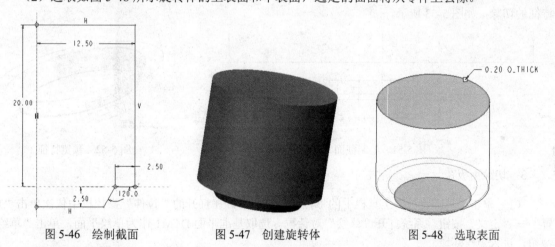

图 5-46　绘制截面　　　　图 5-47　创建旋转体　　　　图 5-48　选取表面

（3）在操控板中输入壁厚为 0.2mm，单击操控板中的"完成"按钮 ✔，完成筒身壳特征的创建，如图 5-49 所示。

4．创建偏移基准平面 1

（1）单击"基准"工具栏中的"基准平面"按钮 ▱，打开"基准平面"对话框。

（2）选取 RIGHT 基准平面作为偏移平面，设置约束类型为偏移，给定偏移值为 13mm，结果如图 5-50 所示。

（3）单击"基准平面"对话框中的"确定"按钮，完成基准平面的创建。

5．切除插座口

（1）单击"基础特征"工具栏中的"拉伸"按钮 ◻，在打开的"拉伸"操控板中依次单击"放置"→"定义"按钮，系统打开"草绘"对话框。选取刚刚创建的基准平面作为草绘平面，单击"草绘"按钮，进入草绘环境。

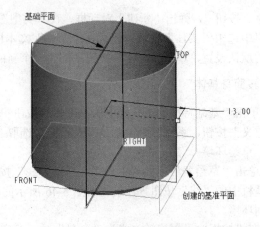

图 5-49   抽壳处理   图 5-50   创建的基准平面

（2）单击"草绘器"工具栏中的"矩形"按钮□，绘制如图 5-51 所示的截面并修改尺寸。单击"确定"按钮✔，完成草图绘制。

（3）在操控板中设置拉伸方式为"到选定的"⊑，选取如图 5-52 所示旋转体的内表面。单击"拉伸"操控板中的"去除材料"按钮◢，去除多余材料。单击操控板中的"完成"按钮✔，完成插座口特征的切除，如图 5-53 所示。

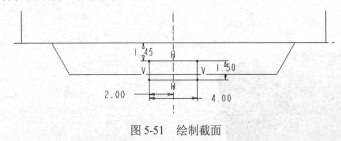

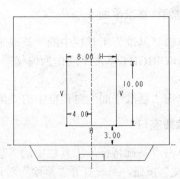

图 5-51   绘制截面   图 5-52   预览特征

6. 切除面板孔

（1）单击"基础特征"工具栏中的"拉伸"按钮◢，在打开的"拉伸"操控板中依次单击"放置"→"定义"按钮，系统打开"草绘"对话框。选取基准平面 DTM1 作为草绘平面，单击"草绘"按钮，进入草绘环境。

（2）单击"草绘器"工具栏中的"矩形"按钮□，绘制如图 5-54 所示的矩形并修改尺寸。单击"确定"按钮✔，完成草图绘制。

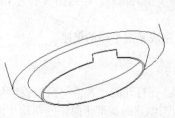

图 5-53   生成的插座口特征   图 5-54   绘制矩形

（3）在操控板中设置拉伸方式为"到选定的" ，选取如图 5-55 所示旋转体的内表面，然后单击操控板中的"去除材料"按钮，单击操控板中的"完成"按钮，完成面板孔特征的切除，如图 5-56 所示。

7. 创建偏移基准平面 2

（1）单击"基准"工具栏中的"基准平面"按钮，打开"基准平面"对话框。

（2）选取 TOP 基准平面作为偏移平面，设置约束类型为偏移，给定偏移值为 14mm，结果如图 5-57 所示。单击"确定"按钮，创建基准平面 2。

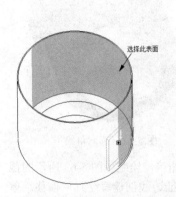

图 5-55　选取曲面

图 5-56　创建面板孔

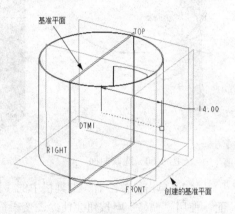

图 5-57　偏移创建基准平面 2

（3）重复上述步骤，选取 TOP 基准平面作为偏移平面，给定偏移值为-14mm，如图 5-58 所示，单击"确定"按钮，创建基准平面 3。

8. 拉伸手柄

（1）单击"基础特征"工具栏中的"拉伸"按钮，在打开的"拉伸"操控板中依次单击"放置"→"定义"按钮，系统打开"草绘"对话框。选取基准平面 DTM2 作为草绘平面，单击"草绘"按钮，进入草绘环境。

（2）单击"草绘器"工具栏中的"矩形"按钮，绘制如图 5-59 所示的矩形并修改尺寸。单击"确定"按钮，完成草图绘制。

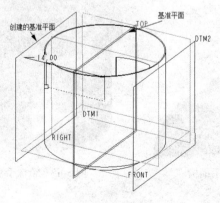

图 5-58　偏移创建基准平面 3

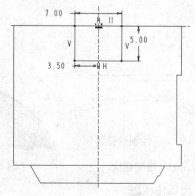

图 5-59　绘制截面

（3）在操控板中设置拉伸方式为"到选定的"，选取如图 5-60 所示旋转体的外表面，单击操控板中的"完成"按钮☑，完成手柄特征的创建，如图 5-61 所示。

9. 切除手柄槽

（1）单击"基础特征"工具栏中的"拉伸"按钮⚐，在打开的"拉伸"操控板中依次单击"放置"→"定义"按钮，系统打开"草绘"对话框。选取如图 5-62 所示的拉伸特征侧面作为草绘平面，单击"草绘"按钮，进入草绘环境。

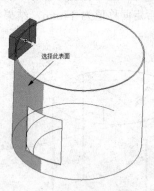
图 5-60　选取曲面

图 5-61　创建手柄

图 5-62　选取草绘平面

（2）单击"草绘器"工具栏中的"圆心和点"按钮◯和"线"按钮＼，绘制如图 5-63 所示的截面。使用"偏移"⚐按钮会使绘图变得简单，"偏移"功能从已有的特征边线创建草绘几何偏移。单击"确定"按钮✔，完成草图绘制。

（3）在操控板中给定拉伸深度值为 3mm，单击"去除材料"按钮⚐和"反向"按钮✗。单击操控板中的"完成"按钮☑，完成手柄槽的切除，结果如图 5-64 所示。

10. 镜像手柄

（1）选取刚刚创建的拉伸和拉伸切除特征，在菜单栏中选择"编辑"→"组"命令，创建组特征。

（2）选取刚刚创建的组特征，单击"编辑特征"工具栏中的"镜像"按钮🔖，然后选取 TOP 基准平面作为镜像平面。

（3）单击操控板中的"完成"按钮☑，完成手柄的镜像，如图 5-65 所示。

图 5-63　绘制截面　　　　　　　图 5-64　创建手柄槽　　　　　　　图 5-65　镜像手柄

11. 拉伸操作板

（1）单击"基础特征"工具栏中的"拉伸"按钮⚐，在打开的"拉伸"操控板中依次单击"放置"→"定义"按钮，系统打开"草绘"对话框。选取 DTM1 基准平面作为草绘平面，单击"草绘"
按钮，进入草绘环境。

（2）单击"草绘器"工具栏中的"矩形"按钮▢，绘制如图 5-66 所示的矩形并修改尺寸。单击
"确定"按钮✔，完成草图绘制。

（3）在操控板中设置拉伸方式为"到选定的"▣，选取旋转体的外表面，单击操控板中的"完
成"按钮✔，完成操作板特征的创建，如图 5-67 所示。

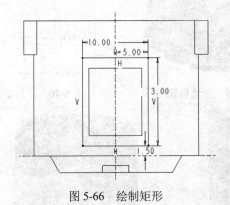

图 5-66　绘制矩形

图 5-67　拉伸操作板

12. 拉伸按钮

（1）单击"基础特征"工具栏中的"拉伸"按钮▱，在打开的"拉伸"操控板中依次单击"放
置"→"定义"按钮，系统打开"草绘"对话框。选取步骤 11 创建拉伸特征的外表面作为草绘平面，
单击"草绘"按钮，进入草绘环境。

（2）单击"草绘器"工具栏中的"矩形"按钮▢和"轴端点椭圆"按钮⊘，绘制如图 5-68 所示
的草图。单击"确定"按钮✔，完成草图绘制。

（3）在操控板中给定拉伸深度值为 0.5mm。单击操控板中的"完成"按钮✔，完成按钮特征的
创建，如图 5-69 所示。

13. 拉伸开关

（1）单击"基础特征"工具栏中的"拉伸"按钮▱，在打开的"拉伸"操控板中依次单击"放
置"→"定义"按钮，系统打开"草绘"对话框。选取刚刚创建的拉伸特征的外表面作为草绘平面，
单击"草绘"按钮，进入草绘环境。

（2）单击"草绘器"工具栏中的"偏移"按钮▣，绘制如图 5-70 所示的矩形并修改尺寸。单击
"确定"按钮✔，完成草图绘制。

（3）在操控板中给定拉伸深度值为 0.5mm。单击操控板中的"完成"按钮✔，完成开关特征的
创建，如图 5-71 所示。

14. 创建倒圆角特征

（1）单击"工程特征"工具栏中的"倒圆角"按钮▢，打开"倒圆角"操控板。

（2）按住 Ctrl 键，选取如图 5-72 所示的边。在操控板中设置圆角半径为 0.5mm，单击操控板中
的"完成"按钮✔，完成倒圆角特征的创建。最终生成的实体如图 5-73 所示。

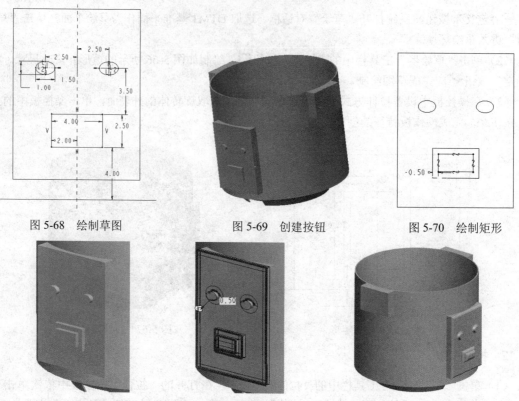

图 5-68 绘制草图 图 5-69 创建按钮 图 5-70 绘制矩形

图 5-71 创建开关特征 图 5-72 选取倒圆角边 图 5-73 倒圆角处理

5.3.2 打印模型

　　为得到良好的打印效果，可将模型缩放至合理尺寸。单击模型 tongshen，在三维视图的左下角将会出现"缩放"按钮，单击该按钮，弹出"缩放"对话框，可根据实际打印需要，输入沿 X、Y、Z 方向的缩放比例为 3，将模型放大至原来的 3 倍，如图 5-74 所示，其余按 3.1.2 节中步骤 3 的（5）～（8）操作即可。

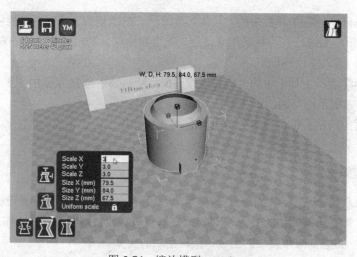

图 5-74 缩放模型 tongshen

5.3.3 处理打印模型

处理打印模型有以下 3 个步骤：

（1）取出模型。取出后的灯头模型如图 5-75 所示。

（2）去除支撑。

（3）打磨模型。打磨处理后的模型如图 5-76 所示。

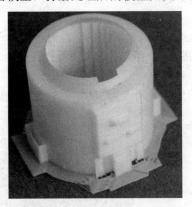
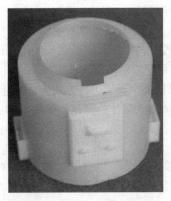

图 5-75 打印完毕的灯头模型　　　　　图 5-76 去除灯头模型的支撑

5.4 锅体加热铁

扫码看视频

5.4 锅体加热铁

首先利用 Pro/ENGINEER 软件创建锅体加热铁模型，再利用 Cura 软件打印锅体加热铁的 3D 模型，最后对打印出来的锅体加热铁模型进行去除支撑和毛刺处理，流程图如图 5-77 所示。

图 5-77 锅体加热铁模型创建流程

5.4.1 创建模型

首先通过旋转得到锅体加热铁的基体，创建并阵列加强筋；其次通过拉伸支脚创建支脚拔模面，并阵列其特征；然后通过拉伸得到导体接线体，对导体进行拔模，再镜像接线体，最终形成模型。

1. 新建模型

启动 Pro/ENGINEER 5.0，选择菜单栏中的"文件"→"新建"命令，或者单击"标准"工具栏中的"新建"按钮□，弹出"新建"对话框，在"类型"选项组中选中"零件"单选按钮，在"子类型"选项组中选中"实体"单选按钮，在"名称"文本框中输入文件名 jiaretie.prt，其他选项接受系统提供的默认设置，单击"确定"按钮，创建一个新的零件文件。

2. 旋转加热铁基体

（1）单击"基础特征"工具栏中的"旋转"按钮◈，在打开的"旋转"操控板中依次单击"放置"→"定义"按钮，系统打开"草绘"对话框。选取 TOP 基准平面作为草绘平面，单击"草绘"按钮，进入草绘环境。

（2）单击"草绘器"工具栏中的"几何中心线"按钮┊，绘制一条竖直中心线。单击"草绘器"工具栏中的"线"按钮╲和"圆弧"按钮╲，绘制如图 5-78 所示的截面并修改尺寸。单击"确定"按钮✔，退出草图绘制环境。

（3）在操控板中设置旋转方式为"变量"⬚，给定旋转角度为 360°，单击操控板中的"完成"按钮✔，完成加热铁基体的创建，如图 5-79 所示。

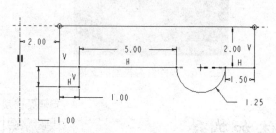

图 5-78　绘制截面

图 5-79　旋转加热铁基体

3. 创建加强筋

（1）单击"工程特征"工具栏中的"轮廓筋"按钮❧，在打开的"轮廓筋"操控板中依次单击"参考"→"定义"按钮，打开"草绘"对话框，选取 TOP 基准平面作为草绘平面。

（2）单击"草绘器"工具栏中的"线"按钮╲，绘制如图 5-80 所示的直线并修改尺寸。单击"确定"按钮✔，退出草图绘制环境

（3）在操控板中给定筋厚度为 0.5mm，然后单击"完成"按钮✔，完成加强筋特征的创建，结果如图 5-81 所示。

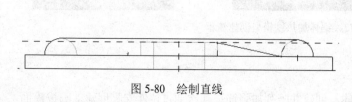

图 5-80　绘制直线

图 5-81　创建加强筋

⭐**知识点——加强筋**

筋特征是设计中连接到实体曲面的薄翼或腹板伸出项。筋通常用来加固设计中的零件，也常用来防止出现不需要的折弯。

1. "轮廓筋"操控板

"轮廓筋"操控板中包含下列选项。

（1）公共"拉伸"选项。

☑ "厚度"文本框：用于控制筋特征的材料厚度。文本框中包含最近使用的尺寸值。

☑ "反向"按钮 ✕：用于切换筋特征的厚度侧。单击该按钮可从一侧转换到另一侧，关于草绘平面对称。

（2）下滑面板。"轮廓筋"操控板包含"参照"和"属性"两个下滑面板。

☑ "参照"下滑面板：用于显示筋特征参考的相关信息并对其进行修改，如图 5-82 所示。该下滑面板中包含下列选项。

　　➤ "草绘"列表框：用于显示为筋特征选定的有效草绘特征参考。可使用快捷菜单（光标位于列表框中）中的"移除"命令移除草绘参考。"草绘"列表框每次只能包含一个有效的"筋"特征。

　　➤ "反向"按钮：用于切换筋特征草绘的材料方向。单击该按钮可改变特征方向。

☑ "属性"下滑面板：用于获取筋特征的信息并重命名筋特征，如图 5-83 所示。

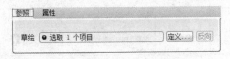
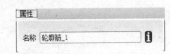

图 5-82　"参照"下滑面板　　　　图 5-83　"属性"下滑面板

2. "轨迹筋"操控板

单击"工程特征"工具栏中的"轨迹筋"按钮，系统打开如图 5-84 所示的"轨迹筋"操控板。

图 5-84　"轨迹筋"操控板

"轨迹筋"操控板中包含下列选项。

（1）公共"拉伸"选项。

☑ "厚度"文本框：用于控制筋特征的材料厚度。文本框中包含最近使用的尺寸值。

☑ "反向"按钮 ✕：用于切换轨迹筋特征的拉伸方向。

☑ "拔模"按钮 ：在筋上添加拔模特征。

☑ "内部圆角"按钮 ：在筋的内部边上添加圆角。

☑ "外部圆角"按钮 ：在筋的暴露边上添加圆角。

（2）下滑面板。"轨迹筋"操控板包含"放置"、"形状"和"属性"3 个下滑面板。

☑ "放置"下滑面板：用于显示筋特征参考的相关信息并对其进行修改，如图 5-85 所示。该下滑面板中包含下列选项。

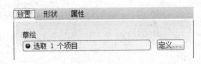

图 5-85　"放置"下滑面板

　　➤ "草绘"列表框：用于显示为筋特征选定的有效草绘特征参考。可使用快捷菜单（光标位于列表框中）中的"移除"命令移除草绘参考。"草绘"列表框每次只能包含一个有效的筋特征。

> "定义"按钮：创建或更改截面。

☑ "形状"下滑面板：用于预览轨迹筋的二维视图并修改轨迹筋特征属性，包括厚度、圆角半径和拔模角度，如图 5-86 所示。

☑ "属性"下滑面板：用于获取筋特征的信息并重命名轨迹筋特征，如图 5-87 所示。

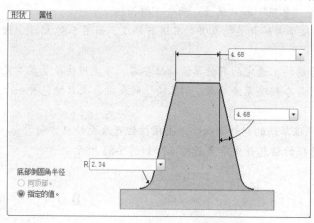

图 5-86 "形状"下滑面板

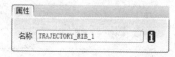

图 5-87 "属性"下滑面板

4. 阵列加强筋

（1）在"模型树"选项卡中选择前面创建的加强筋特征。

（2）单击"编辑特征"工具栏中的"阵列"按钮，打开"阵列"操控板，设置阵列类型为"轴"，在模型中选取轴 A_1 为参考。然后在操控板中给定阵列个数为 6，尺寸为 60。

（3）单击操控板中的"完成"按钮，完成加强筋特征的阵列，结果如图 5-88 所示。

5. 拉伸支脚

（1）单击"基础特征"工具栏中的"拉伸"按钮，在打开的"拉伸"操控板中依次单击"放置"→"定义"按钮，系统打开"草绘"对话框。选取旋转特征外表面的底面作为草绘平面，单击"草绘"按钮，进入草绘环境。

（2）单击"草绘器"工具栏中的"圆"按钮，绘制如图 5-89 所示的草图并修改尺寸。单击"确定"按钮，退出草图绘制环境。

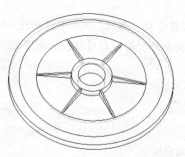

图 5-88 生成特征

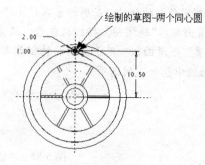

图 5-89 绘制草图

Note

（3）在操控板中设置拉伸方式为"盲孔" ，给定拉伸深度为 3mm，单击操控板中的"完成"按钮，完成支脚特征的创建。

6. 创建支脚拔模面

（1）单击"工程特征"工具栏中的"拔模"按钮，打开"拔模"操控板。

（2）选取如图 5-90 所示的拉伸特征的外圆柱面为要拔模的面。

（3）选取旋转特征外表面的底面作为方向平面，输入拔模角度为 5°，单击"确定"按钮，完成拔模。

（4）选取刚刚创建的拉伸特征和拔模特征，在菜单栏中选择"编辑"→"组"命令，创建组特征。

7. 阵列支脚

（1）选取刚刚创建的组。

（2）单击"编辑特征"工具栏中的"阵列"按钮，打开"阵列"操控板，设置阵列类型为"轴"，在模型中选取轴 A_1 为参考。在操控板中给定阵列个数为 3，尺寸为 120，如图 5-91 所示。

（3）单击操控板中的"完成"按钮，完成支脚特征的阵列。

8. 拉伸导体

（1）单击"基础特征"工具栏中的"拉伸"按钮，在打开的"拉伸"操控板中依次单击"放置"→"定义"按钮，系统打开"草绘"对话框。选取旋转特征外表面的底面作为草绘平面，单击"草绘"按钮，进入草绘环境。

（2）单击"草绘器"工具栏中的"圆"按钮，绘制如图 5-92 所示的草图并修改尺寸。单击"确定"按钮，退出草图绘制环境。

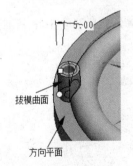

图 5-90 选取拔模曲面和方向

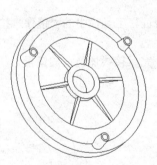

图 5-91 阵列

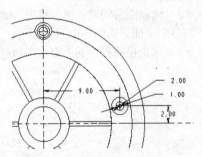

图 5-92 绘制草图

（3）在操控板中设置拉伸方式为"盲孔" ，给定拉伸深度值为 4mm，单击操控板中的"完成"按钮，完成导体特征的创建。

9. 创建导体拔模面

（1）单击"工程特征"工具栏中的"拔模"按钮，打开"拔模"操控板。

（2）选取拉伸特征的外圆柱面为要拔模的面。

（3）选取旋转特征外表面的底面作为方向平面，输入拔模角度为 5°，单击"确定"按钮，完成拔模。

10．拉伸接线体

（1）单击"基础特征"工具栏中的"拉伸"按钮 ，在打开的"拉伸"操控板中依次单击"放置"→"定义"按钮，系统打开"草绘"对话框。选取拉伸特征端面作为草绘平面，单击"草绘"按钮，进入草绘环境。

（2）单击"草绘器"工具栏中的"线"按钮 和"圆"按钮 ，绘制如图5-93所示的草图并修改尺寸。单击"确定"按钮 ，完成草图绘制。

（3）在操控板中设置拉伸方式为"盲孔" ，给定拉伸深度值为0.1mm，单击操控板中的"完成"按钮 ，完成接线体特征的创建。

（4）重复"拉伸"命令，采用相同的方法，绘制如图5-94所示的草图并修改尺寸。

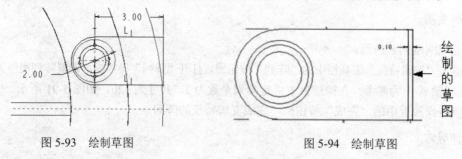

图 5-93　绘制草图　　　　　　　　　　图 5-94　绘制草图

（5）在操控板中设置拉伸方式为"盲孔" ，设置拉伸深度为1mm，单击操控板中的"完成"按钮 ，完成接线体特征的创建。

11．镜像接线体

（1）选取刚刚创建的3个拉伸特征和1个拔模特征，在菜单栏中选择"编辑"→"组"命令，创建组特征。

（2）选取刚刚创建的组，单击"编辑特征"工具栏中的"镜像"按钮 ，然后选取TOP基准平面作为参考平面，如图5-95所示。

（3）单击操控板中的"完成"按钮 ，完成接线体特征的镜像，如图5-96所示。

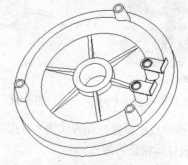

图 5-95　选择基准面　　　　　　　　　图 5-96　镜像特征

5.4.2　打印模型

单击模型 guotijiaretie，在三维视图的左下角将会出现"缩放"按钮 ，单击该按钮，弹出"缩放"对话框，可根据实际打印需要，输入沿X、Y、Z方向的缩放比例为5，将模型放大至原来的5倍，如图5-97所示，其余按3.1.2节中步骤3的（5）～（8）操作即可。

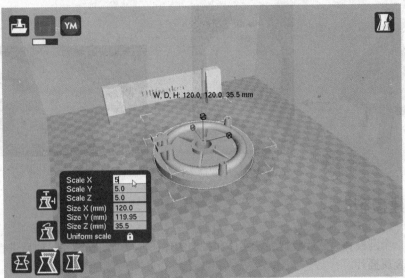

图 5-97　缩放模型 guotijiaretie

5.4.3　处理打印模型

处理打印模型有以下 3 个步骤：

（1）取出模型。取出后的锅体加热铁模型如图 5-98 所示。

（2）去除支撑。

（3）打磨模型。打磨处理后的模型如图 5-99 所示。

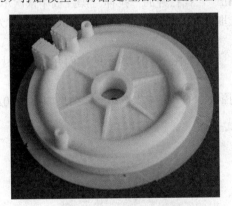

图 5-98　打印完毕的锅体加热铁模型

图 5-99　去除锅体加热铁模型的支撑

5.5　电源插头

扫码看视频

5.5　电源插头

首先利用 Pro/ENGINEER 软件创建电源插头模型，再利用 Cura 软件打印电源
插头的 3D 模型，最后对打印出来的电源插头模型进行去除支撑和毛刺处理，流程图如图 5-100 所示。

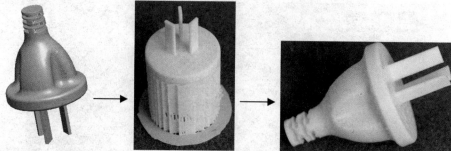

图 5-100 电源插头模型创建流程

5.5.1 创建模型

首先绘制一个圆柱体，然后绘制旋转实体和拉伸实体；再拉伸切割，并阵列后进行倒圆角；最后绘制尾部以及金属插片。

1. 新建文件

启动 Pro/ENGINEER 5.0，选择菜单栏中的"文件"→"新建"命令，或者单击"标准"工具栏中的"新建"按钮，弹出"新建"对话框，在"类型"选项组中选中"零件"单选按钮，在"子类型"选项组中选中"实体"单选按钮，在"名称"文本框中输入文件名 dianyuanchatou.prt，其他选项接受系统提供的默认设置，单击"确定"按钮，创建一个新的零件文件。

2. 创建拉伸体 1

（1）单击"基础特征"工具栏中的"拉伸"按钮，在打开的"拉伸"操控板中依次单击"放置"→"定义"按钮，系统打开"草绘"对话框。选取 FRONT 面作为草绘面，RIGHT 面作为参考，参考方向向右，单击"草绘"按钮，进入草绘环境。

（2）单击"草绘器"工具栏中的"圆"按钮○，绘制如图 5-101 所示的截面并修改尺寸。单击"确定"按钮✔，退出草图绘制环境。

（3）在操控板中输入拉伸深度为 8mm，单击操控板中的"完成"按钮☑，结果如图 5-102 所示。

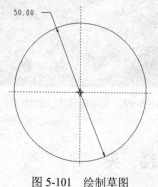

图 5-101 绘制草图

图 5-102 拉伸结果

3. 旋转筒身基体

（1）单击"基础特征"工具栏中的"旋转"按钮❀，在打开的"旋转"操控板中依次单击"放置"→"定义"按钮，系统打开"草绘"对话框。选取 TOP 基准平面作为草绘平面，单击"草绘"

按钮，进入草绘环境。

（2）单击"草绘器"工具栏中的"几何中心线"按钮┆，绘制一条竖直中心线，单击"草绘器"工具栏中的"线"按钮＼和"圆弧"按钮￢，绘制如图 5-103 所示的截面并修改尺寸。单击"确定"按钮✔，退出草图绘制环境。

（3）在操控板中设置旋转方式为"变量"⏢，给定旋转角度值为 360°，单击操控板中的"完成"按钮✔，结果如图 5-104 所示。

4．创建拉伸体 2

（1）单击"基础特征"工具栏中的"拉伸"按钮，在打开的"拉伸"操控板中依次单击"放置"→"定义"按钮，系统打开"草绘"对话框。选取实体顶面作为草绘面，RIGHT 面作为参考，参考方向向右，单击"草绘"按钮，进入草绘环境。

（2）单击"草绘器"工具栏中的"圆"按钮○，绘制如图 5-105 所示的截面并修改尺寸。单击"确定"按钮✔，退出草图绘制环境。

图 5-103　草绘　　　　　图 5-104　旋转实体　　　　　图 5-105　草绘

（3）在操控板中设置深度为"对称"，输入拉伸深度为 35mm，单击操控板中的"完成"按钮✔，结果如图 5-106 所示。

5．拔模

（1）单击"工程特征"工具栏中的"拔模"按钮，打开"拔模"操控板。

（2）选取圆柱面作为要拔模的面，选取圆柱体下端圆弧线作为拔模枢轴，选择圆柱体的上表面为拖拉方向，输入拔模角度为 3°，如图 5-107 所示。

（3）单击操控板中的"完成"按钮✔，完成拔模，结果如图 5-108 所示

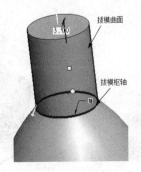

图 5-106　拉伸结果　　　　　图 5-107　设置拔模参数　　　　　图 5-108　拔模结果

注意：在生成图5-107所示拔模时，除了要选取拔模曲面外，还要选取边线作为拔模轴，顶面作为正方向，即可拔模成功。

6. 倒圆角1

（1）单击"工程特征"工具栏中的"倒圆角"按钮，打开"倒圆角"操控板。

（2）选取如图5-109所示的边作为要倒圆角的边，输入倒圆角尺寸半径为10mm，单击操控板中的"完成"按钮，完成倒圆角，结果如图5-110所示。

7. 创建拉伸切割特征1

（1）单击"基础特征"工具栏中的"拉伸"按钮，在打开的"拉伸"操控板中依次单击"放置"→"定义"按钮，系统打开"草绘"对话框。选取图5-110中的面1作为草绘面，RIGHT面作为参考，参考方向向右，单击"草绘"按钮，进入草绘环境。

（2）单击"草绘器"工具栏中的"线"按钮，绘制如图5-111所示的截面并修改尺寸。单击"确定"按钮，退出草图绘制环境。

图5-109　选取倒圆角边

图5-110　倒圆角结果

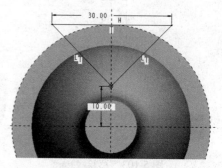

图5-111　草绘

（3）在操控板中将深度设置为"贯穿"，单击"去除材料"按钮，去除多余材料。单击操控板中的"完成"按钮，结果如图5-112所示。

8. 阵列1

（1）在"模型树"选项卡中选择步骤7创建的拉伸切割特征。

（2）单击"编辑特征"工具栏中的"阵列"按钮，打开"阵列"操控板，设置阵列类型为"轴"，在模型中选取轴A_2为参考。然后在操控板中给定阵列个数为3，角度为120°。

（3）单击操控板中的"完成"按钮，完成阵列，如图5-113所示。

图5-112　拉伸切割结果

图5-113　阵列结果

9. 倒圆角2

（1）单击"工程特征"工具栏中的"倒圆角"按钮 ，打开"倒圆角"操控板。

（2）按住 Ctrl 键，选取如图 5-114 所示的边作为要倒圆角的边，输入倒圆角半径为 5mm，单击"完成"按钮 ，完成倒圆角。

（3）重复"倒圆角"命令，按住 Ctrl 键，选取如图 5-115 所示的边作为要倒圆角的边，输入倒圆角半径为 5mm，单击"完成"按钮 ，完成倒圆角。

（4）重复"倒圆角"命令，选取如图 5-116 所示的边作为要倒圆角的边，输入倒圆角半径为 5mm，单击"完成"按钮 ，完成倒圆角，结果如图 5-117 所示。

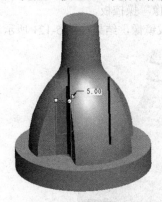

图 5-114 选取倒圆角边　　　图 5-115 选取倒圆角边　　　图 5-116 选取倒圆角边

10. 创建拉伸切割特征2

（1）单击"基础特征"工具栏中的"拉伸"按钮 ，在打开的"拉伸"操控板中依次单击"放置"→"定义"按钮，系统打开"草绘"对话框。选取 TOP 面作为草绘面，RIGHT 面作为参考，参考方向向右，单击"草绘"按钮，进入草绘环境。

（2）单击"草绘器"工具栏中的"矩形"按钮 ，绘制如图 5-118 所示的截面并修改尺寸。单击"确定"按钮 ，退出草图绘制环境。

（3）在操控板中将深度设置为"对称" ，输入深度为 20mm，单击"去除材料"按钮 ，去除多余材料。单击操控板中的"完成"按钮 ，结果如图 5-119 所示。

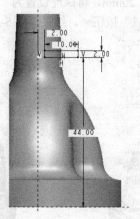

图 5-117 倒圆角结果　　　图 5-118 草绘　　　图 5-119 拉伸切割结果

11. 阵列 2

（1）在"模型树"选项卡中选择步骤 10 创建的拉伸切割特征。

（2）单击"编辑特征"工具栏中的"阵列"按钮，打开"阵列"操控板，设置阵列类型为"尺寸"，在模型中选取 44 作为驱动尺寸，输入增量为 6，将数量设置为 2。

（3）单击操控板中的"完成"按钮，完成阵列，如图 5-120 所示。

12. 镜像特征 1

（1）在"模型树"选项卡中选择步骤 11 创建的阵列特征。

（2）单击"编辑特征"工具栏中的"镜像"按钮，打开"镜像"操控板。

（3）选取 RIGHT 面作为镜像平面，单击"完成"按钮，完成镜像，结果如图 5-121 所示。

图 5-120　阵列结果

图 5-121　镜像结果

13. 创建拉伸切割特征 3

（1）单击"基础特征"工具栏中的"拉伸"按钮，在打开的"拉伸"操控板中依次单击"放置"→"定义"按钮，系统打开"草绘"对话框。选取 RIGHT 面作为草绘面，TOP 面作为参考，参考方向向顶，单击"草绘"按钮，进入草绘环境。

（2）单击"草绘器"工具栏中的"矩形"按钮，绘制如图 5-122 所示的截面并修改尺寸。单击"确定"按钮，退出草图绘制环境。

（3）在操控板中输入拉伸深度为 20mm，将深度设置为"对称"，单击"去除材料"按钮，去除多余材料。单击操控板中的"完成"按钮，结果如图 5-123 所示。

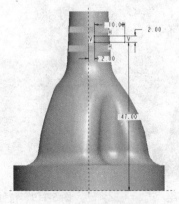
图 5-122　草绘结果

图 5-123　拉伸切割结果

14. 阵列 3

（1）在"模型树"选项卡中选择步骤 13 创建的拉伸切割特征。

（2）单击"编辑特征"工具栏中的"阵列"按钮▦，打开"阵列"操控板，设置阵列类型为"尺寸"，在模型中选取 47 作为驱动尺寸，输入增量为 6，将数量设置为 2。

（3）单击操控板中的"完成"按钮☑，完成阵列，如图 5-124 所示。

15. 镜像特征 2

（1）在"模型树"选项卡中选择步骤 14 创建的阵列特征。

（2）单击"编辑特征"工具栏中的"镜像"按钮▷◁，打开"镜像"操控板。

（3）选取 TOP 面作为镜像平面，单击"完成"按钮☑，完成镜像，结果如图 5-125 所示。

图 5-124 阵列结果

图 5-125 镜像结果

16. 创建拉伸体 3

（1）单击"基础特征"工具栏中的"拉伸"按钮▱，在打开的"拉伸"操控板中依次单击"放置"→"定义"按钮，系统打开"草绘"对话框。选取实体的上表面作为草绘面，RIGHT 面作为参考，参考方向向右，单击"草绘"按钮，进入草绘环境。

（2）单击"草绘器"工具栏中的"圆"按钮○，绘制如图 5-126 所示的截面并修改尺寸。单击"确定"按钮☑，退出草图绘制环境。

（3）在操控板中输入拉伸深度为 20mm，单击"反向"按钮✕，调整拉伸方向，如图 5-127 所示。单击操控板中的"完成"按钮☑。

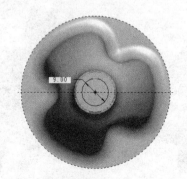

图 5-126 草绘

图 5-127 拉伸示意图

17. 创建拉伸体 4

（1）单击"基础特征"工具栏中的"拉伸"按钮，在打开的"拉伸"操控板中依次单击"放置"→"定义"按钮，系统打开"草绘"对话框。选取实体底面作为草绘面，RIGHT 面作为参考，参考方向向右，单击"草绘"按钮，进入草绘环境。

（2）单击"草绘器"工具栏中的"斜矩形"按钮，绘制如图 5-128 所示的截面并修改尺寸。单击"确定"按钮，退出草图绘制环境。

（3）在操控板中输入拉伸深度为 25mm，单击操控板中的"完成"按钮，结果如图 5-129 所示。

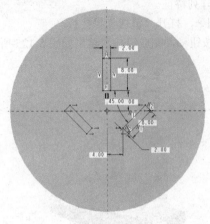

图 5-128　草绘　　　　　　　　　　　　　图 5-129　拉伸结果

18. 倒圆角 3

（1）单击"工程特征"工具栏中的"倒圆角"按钮，打开"倒圆角"操控板。

（2）按住 Ctrl 键，选取如图 5-130 所示的倒圆角边，输入半径为 2mm，单击操控板中的"完成"按钮，完成拉伸，如图 5-131 所示。

19. 自动倒圆角

（1）单击菜单栏中的"插入"→"自动倒圆角"命令，打开"自动倒圆角"操控板。

（2）在操控板中输入倒圆角半径为 0.2mm，单击"完成"按钮，完成倒圆角，结果如图 5-132 所示。

图 5-130　倒圆角边　　　　　图 5-131　倒圆角结果　　　　　图 5-132　自动倒圆角结果

5.5.2 打印模型

根据 3.1.2 节中步骤 3 的（1）～（3）相应的步骤进行参数设置，单击"旋转"按钮，模型周围将出现相应的旋转轴，鼠标左键选中相应旋转轴，该旋转轴高亮显示，选中竖直轴将模型旋转 90°，如图 5-133 所示，其余步骤按 3.1.2 节中步骤 3 的（5）～（8）操作即可。

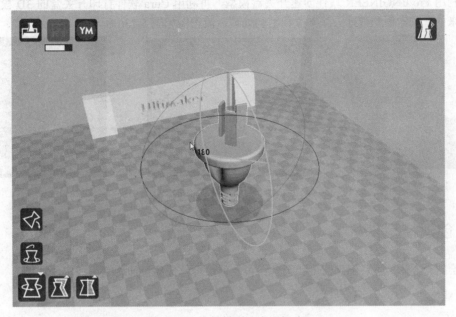

图 5-133　旋转模型"电源插头"

5.5.3 处理打印模型

处理打印模型有以下 3 个步骤：
（1）取出模型。取出后的电源插头模型如图 5-134 所示。
（2）去除支撑。
（3）打磨模型。打磨处理后的模型如图 5-135 所示。

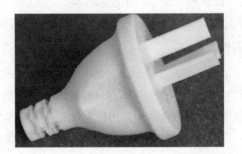

图 5-134　打印完毕的电源插头模型　　　　图 5-135　去除电源插头模型的支撑

5.6 开 关 盒

首先利用 Pro/ENGINEER 软件创建开关盒模型，再利用 Cura 软件打印开关盒的 3D 模型，最后对打印出来的开关盒模型进行去除支撑和毛刺处理，流程图如图 5-136 所示。

图 5-136 开关盒模型创建流程

5.6.1 创建模型

首先绘制立方体，然后倒椭圆角和圆角；再拉伸凸台，最后拉伸切割出插座的插槽。

1. 新建文件

启动 Pro/ENGINEER 5.0，选择菜单栏中的"文件"→"新建"命令，或者单击"标准"工具栏中的"新建"按钮 □，弹出"新建"对话框，在"类型"选项组中选中"零件"单选按钮，在"子类型"选项组中选中"实体"单选按钮，在"名称"文本框中输入文件名 kaiguanhe.prt，其他选项接受系统提供的默认设置，单击"确定"按钮，创建一个新的零件文件。

2. 创建拉伸体 1

（1）单击"基础特征"工具栏中的"拉伸"按钮 □，在打开的"拉伸"操控板中依次单击"放置"→"定义"按钮，系统打开"草绘"对话框。选取 TOP 面作为草绘面，RIGHT 面作为参考，参考方向向右，单击"草绘"按钮，进入草绘环境。

（2）单击"草绘器"工具栏中的"矩形"按钮 □，绘制如图 5-137 所示的截面并修改尺寸。单击"确定"按钮 ✔，退出草图绘制环境。

（3）在操控板中输入拉伸深度为 30mm，单击操控板中的"完成"按钮 ✔，结果如图 5-138 所示。

3. 倒椭圆角

（1）单击"工程特征"工具栏中的"倒圆角"按钮 ◐，打开"倒圆角"操控板。

（2）在"集"下滑面板中将倒圆角类型设置为"D1×D2 圆锥"，输入椭圆角半径为 D1=20mm、D2=10mm，选取立方体的两对边作为参照，如图 5-139 所示。

（3）单击操控板中的"完成"按钮 ✔，完成倒椭圆角，如图 5-140 所示。

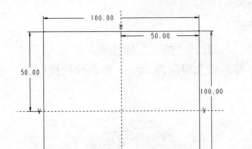

图 5-137 绘制草图

图 5-138 拉伸实体

Note

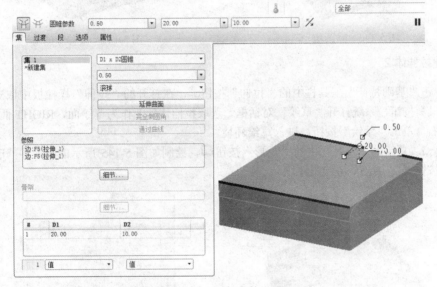

图 5-139 圆角参数设置

4. 倒圆角

（1）单击"工程特征"工具栏中的"倒圆角"按钮 ，打开"倒圆角"操控板。

（2）按住 Ctrl 键，选取如图 5-141 所示的边为要倒圆角的边，在操控板中输入倒圆角半径为 2mm，单击操控板中的"完成"按钮 ，完成倒圆角，结果如图 5-142 所示。

图 5-140 倒椭圆角

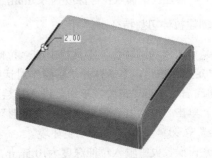

图 5-141 要倒圆角的边

5. 抽壳

（1）单击"工程特征"工具栏中的"抽壳"按钮▣，打开"抽壳"操控板。

（2）选取如图5-143所示的面作为要移除的面，输入抽壳厚度为1mm，单击操控板中的"完成"按钮✓，完成抽壳，结果如图5-144所示。

图5-142 倒圆角

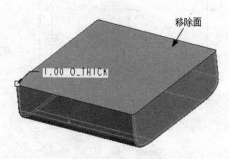

图5-143 要移除的边

6. 创建拉伸体2

（1）单击"基础特征"工具栏中的"拉伸"按钮⬚，在打开的"拉伸"操控板中依次单击"放置"→"定义"按钮，系统打开"草绘"对话框。选取拉伸体顶面作为草绘面，RIGHT面作为参考，参考方向向右，单击"草绘"按钮，进入草绘环境。

（2）单击"草绘器"工具栏中的"矩形"按钮▢，绘制如图5-145所示的截面并修改尺寸。单击"确定"按钮✓，退出草图绘制环境。

图5-144 抽壳结果

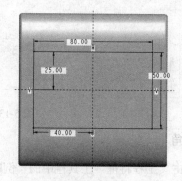

图5-145 绘制草图

（3）在操控板中输入拉伸深度为0.5mm，单击操控板中的"完成"按钮✓，结果如图5-146所示。

7. 创建拉伸切割特征1

（1）单击"基础特征"工具栏中的"拉伸"按钮⬚，在打开的"拉伸"操控板中依次单击"放置"→"定义"按钮，系统打开"草绘"对话框。选取拉伸体顶面作为草绘面，RIGHT面作为参考，参考方向向右，单击"草绘"按钮，进入草绘环境。

（2）单击"草绘器"工具栏中的"矩形"按钮▢，绘制如图5-147所示的截面并修改尺寸。单击"确定"按钮✓，退出草图绘制环境。

（3）在操控板中输入拉伸深度为0.5mm，单击"去除材料"按钮◻，去除多余材料。单击操控板中的"完成"按钮✓，结果如图5-148所示。

Note

图 5-146　拉伸实体

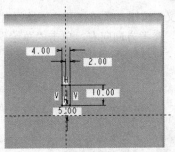

图 5-147　绘制草图

8. 创建拉伸切割特征 2

（1）单击"基础特征"工具栏中的"拉伸"按钮，在打开的"拉伸"操控板中依次单击"放置"→"定义"按钮，系统打开"草绘"对话框。选取步骤 7 创建的拉伸体底面作为草绘面，RIGHT 面作为参考，参考方向向右，单击"草绘"按钮，进入草绘环境。

（2）单击"草绘器"工具栏中的"偏移"按钮，绘制如图 5-149 所示的截面并修改尺寸。单击"确定"按钮，退出草图绘制环境。

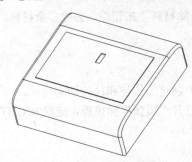

图 5-148　拉伸切割

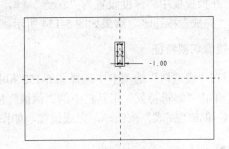

图 5-149　绘制草图

（3）在操控板中将深度设置为"穿透"，单击"去除材料"按钮，去除多余材料。单击操控板中的"完成"按钮，结果如图 5-150 所示。

> **注意**：在绘制图 5-149 所示的草图时，采用了"偏移"命令，偏移方向向外。因此，要使草绘向内偏移就可以输入负值，可以更改方向。

9. 创建拉伸切割特征 3

（1）单击"基础特征"工具栏中的"拉伸"按钮，在打开的"拉伸"操控板中依次单击"放置"→"定义"按钮，系统打开"草绘"对话框。选取第二个拉伸体顶面作为草绘面，RIGHT 面作为参考，参考方向向右，单击"草绘"按钮，进入草绘环境。

（2）单击"草绘器"工具栏中的"斜矩形"按钮，绘制如图 5-151 所示的截面并修改尺寸。单击"确定"按钮，退出草图绘制环境。

（3）在操控板中输入拉伸深度为 0.5mm，单击"去除材料"按钮，去除多余材料。单击操控板中的"完成"按钮，结果如图 5-152 所示。

10. 创建拉伸切割特征 4

（1）单击"基础特征"工具栏中的"拉伸"按钮，在打开的"拉伸"操控板中依次单击"放

置"→"定义"按钮，系统打开"草绘"对话框。选取步骤 9 创建的拉伸体底面作为草绘面，RIGHT 面作为参考，参考方向向右，单击"草绘"按钮，进入草绘环境。

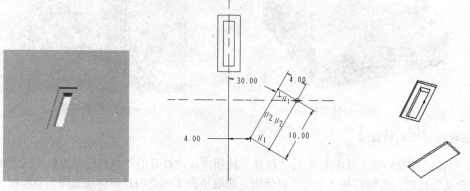

图 5-150　拉伸切割　　　　　　　　图 5-151　绘制草图　　　　　　图 5-152　拉伸切割

（2）单击"草绘器"工具栏中的"偏移"按钮 ，绘制如图 5-153 所示的截面并修改尺寸。单击"确定"按钮 ，退出草图绘制环境。

（3）在操控板中将深度设置为"穿透" ，单击"去除材料"按钮 ，去除多余材料。单击操控板中的"完成"按钮 ，结果如图 5-154 所示。

11．镜像切割特征

（1）在"模型树"选项卡中选择图 5-152 和图 5-154 中创建的拉伸和拉伸切割特征。

（2）单击"编辑特征"工具栏中的"镜像"按钮 ，打开"镜像"操控板，选取 RIGHT 面作为镜像平面。单击"完成"按钮 ，完成镜像，如图 5-155 所示。

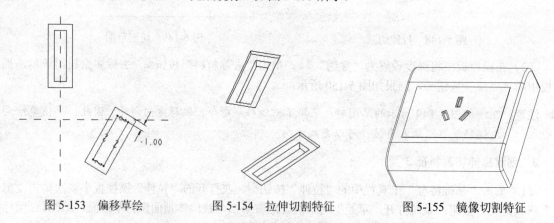

图 5-153　偏移草绘　　　　　　　图 5-154　拉伸切割特征　　　　　图 5-155　镜像切割特征

5.6.2　打印模型

根据 3.1.2 节中步骤 3 的（1）～（3）相应的步骤进行参数设置，为保证模型 kaiguanhe 外表面打印后无支撑存在，需要旋转模型。单击"旋转"按钮 ，模型周围将出现相应的旋转轴，鼠标左键选中相应旋转轴，该旋转轴高亮显示，选中竖直轴将模型旋转 90°，如图 5-156 所示，其余步骤按 3.1.2 节中步骤 3 的（5）～（8）操作即可。

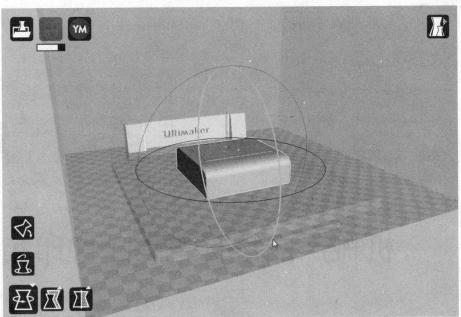

图 5-156　旋转模型 kaiguanhe

5.6.3　处理打印模型

处理打印模型有以下 3 个步骤：

（1）取出模型。取出后的开关盒模型如图 5-157 所示。

（2）去除支撑。

（3）打磨模型。打磨处理后的模型如图 5-158 所示。

图 5-157　打印完毕的开关盒模型

图 5-158　去除开关盒模型的支撑

第 **6** 章

机械产品设计与 3D 打印实例

在机械设计流程早期，使用 3D 打印技术去构造模型，可以坚持设计产品的结构、外形和功效，发现任何缺点都可以第一时间去修改设计。以后如果有需要可以再次构造、检查和为该设计重复这个迭代过程，直到设计出最好的概念模型。将二维的设计图转变为真实的三维产品，可以更好地展示设计和加速产品开发流程，降低成本。

本章主要介绍几款机械产品，如内六角扳手、皮带轮、发动机曲轴、钻头、拔叉模型的建立及 3D 打印过程。通过本章的学习主要使读者掌握如何从 Pro/ENGINEER 中创建模型并导入到 RPdata 软件打印出模型。

任务驱动&项目案例

扫码看视频

6.1　内六角扳手

6.1　内六角扳手

Note

首先利用 Pro/ENGINEER 软件创建内六角扳手模型，再利用 RPdata 软件打印内六角扳手的 3D 模型，最后对打印出来的内六角扳手模型进行清洗、去除支撑和毛刺处理，流程图如图 6-1 所示。

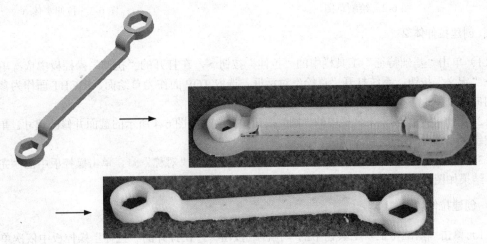

图 6-1　内六角扳手模型创建流程

6.1.1　创建模型

首先绘制内六角扳手的主体部分，然后通过拉伸和切割创建扳手端部；再将刚创建的一端镜像生成另一端部；最后创建骨架折弯实体并倒圆角。

1. 新建文件

启动 Pro/ENGINEER 5.0，选择菜单栏中的"文件"→"新建"命令，或者单击"标准"工具栏中的"新建"按钮，弹出"新建"对话框，在"类型"选项组中选中"零件"单选按钮，在"子类型"选项组中选中"实体"单选按钮，在"名称"文本框中输入文件名 banshou.prt，其他选项接受系统提供的默认设置，单击"确定"按钮，创建一个新的零件文件。

2. 创建拉伸体 1

（1）单击"基础特征"工具栏中的"拉伸"按钮，在打开的"拉伸"操控板中将拉伸的长度设置为"对称"，输入拉伸深度为 100mm。

（2）在打开的"拉伸"操控板中依次单击"放置"→"定义"按钮，系统打开"草绘"对话框。选取 FRONT 面作为草绘面，RIGHT 面作为参考，参考方向向右，单击"草绘"按钮，进入草绘环境。

（3）单击"草绘器"工具栏中的"矩形"按钮，绘制如图 6-2 所示的截面并修改尺寸。单击"确定"按钮，退出草图绘制环境。

（4）单击操控板中的"完成"按钮，结果如图 6-3 所示。

Note

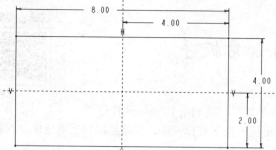

图 6-2　绘制草图

图 6-3　拉伸实体

3．创建拉伸体 2

（1）单击"基础特征"工具栏中的"拉伸"按钮 ⬚，在打开的"拉伸"操控板中依次单击"放置"→"定义"按钮，系统打开"草绘"对话框。选取 TOP 面作为草绘面，RIGHT 面作为参考，参考方向向右，单击"草绘"按钮，进入草绘环境。

（2）单击"草绘器"工具栏中的"圆"按钮 ○，绘制如图 6-4 所示的截面并修改尺寸。单击"确定"按钮 ✔，退出草图绘制环境。

（3）在操控板中输入拉伸深度为 6mm，将深度设置为"对称" ⬚，单击操控板中的"完成"按钮 ✔，结果如图 6-5 所示。

4．创建拉伸切除

（1）单击"基础特征"工具栏中的"拉伸"按钮 ⬚，在打开的"拉伸"操控板中依次单击"放置"→"定义"按钮，系统打开"草绘"对话框。选取步骤 3 创建的拉伸体上表面作为草绘面，RIGHT 面作为参考，参考方向向右，单击"草绘"按钮，进入草绘环境。

（2）单击"草绘器"工具栏中的"调色板"按钮 ◉，绘制如图 6-6 所示的截面并修改尺寸。单击"确定"按钮 ✔，退出草图绘制环境。

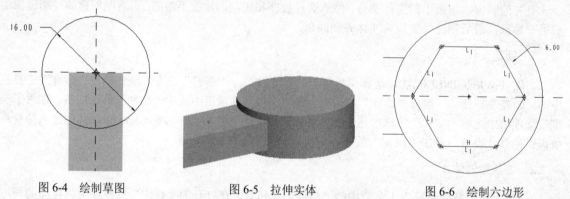

图 6-4　绘制草图　　　　　图 6-5　拉伸实体　　　　　图 6-6　绘制六边形

（3）在操控板中将深度设置为"贯穿" ⬚，单击"移除材料"按钮 ◿，去除多余材料。单击操控板中的"完成"按钮 ✔，结果如图 6-7 所示。

5．镜像特征

（1）在模型树中将步骤 4 创建的拉伸实体和拉伸切割特征一起选中，并单击鼠标右键，在弹出的快捷菜单中选择"组"命令，即可将两个特征创建成组。

（2）单击"编辑特征"工具栏中的"镜像"按钮，打开"镜像"操控板，选取 FRONT 面作为镜像平面，单击"完成"按钮，完成特征镜像，结果如图 6-8 所示。

图 6-7 绘制拉伸切割实体

图 6-8 镜像特征

6. 创建基准平面

（1）单击"基准"工具栏中的"基准平面"按钮，弹出"基准平面"对话框，

（2）选取圆弧面和 RIGHT 面作为参照，如图 6-9 所示，单击"确定"按钮，创建基准平面。

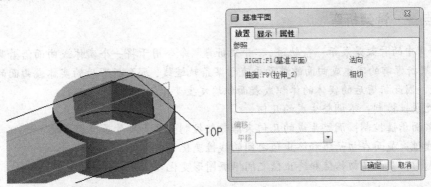

图 6-9 创建基准平面

7. 绘制骨架线

（1）单击"基准"工具栏中的"草绘"按钮，打开"草绘"对话框，选取 RIGHT 面作为草绘面，FRONT 面作为参考，参考方向向左。

（2）单击"草绘器"工具栏中的"线"按钮和"圆形"按钮，绘制骨架线，结果如图 6-10 所示。单击"确定"按钮，退出草图绘制环境。

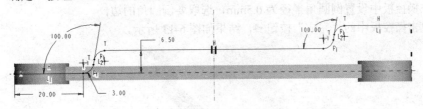

图 6-10 绘制骨架线

8. 创建骨架折弯特征

（1）选择菜单栏中的"插入"→"高级"→"骨架折弯"命令，在弹出的菜单管理器中依次选择"选取骨架线"→"无属性控制"→"完成"命令，如图 6-11 所示。

（2）系统即提示"选取要折弯的面组或实体"，系统弹出链选取菜单，选取"曲线链"选项，再选取刚绘制的骨架线，并选取"全选"选项。

（3）系统提示"指定要定义折弯量的平面"，选取刚绘制的基准平面。骨架折弯结果如图 6-12 所示。

图 6-11　菜单管理器

图 6-12　创建骨架折弯特征

✿知识点——骨架折弯

骨架折弯中的骨架是表示一条轨迹，"骨架折弯"命令用于将一个实体或曲面沿着某折弯轨迹进行折弯，如果折弯前的实体或曲面的截面垂直于某条轨迹线，那么折弯后的实体或曲面的截面将垂直于折弯轨迹，因此折弯后的实体的体积或表面积均发生变化。

（1）无属性控制：不调整生成的几何。

（2）截面属性控制：调整生成的几何来沿骨架控制变截面质量属性的分配。

（3）线性：截面在初始值和终止值之间的线性变化。

（4）图形：截面在初始值和终止值之间根据图形变化。

注意：在创建骨架折弯实体时注意骨架线要相切，不要有折角。另外在指定要定义折弯量的平面时要注意虽然选取的是前面已经创建好的基准平面，但是，用户要注意骨架线的起始方向。一般在骨架线的起始端系统自动指定折弯量的平面，另外一端由用户指定，所以用户在操作时要看清系统指定的折弯量平面在哪一侧。

9. 创建倒圆角

（1）单击"工程特征"工具栏中的"倒圆角"按钮，打开"倒圆角"操控板。

（2）在操控板中设置倒圆角半径为 0.5mm，选取要倒圆角的边，

（3）单击操控板中的"完成"按钮，结果如图 6-13 所示。

图 6-13　创建倒圆角

6.1.2　打印模型

1. 打开软件

双击 RPdata 软件图标，打开 RPdata 软件，操作界面如图 6-14 所示。

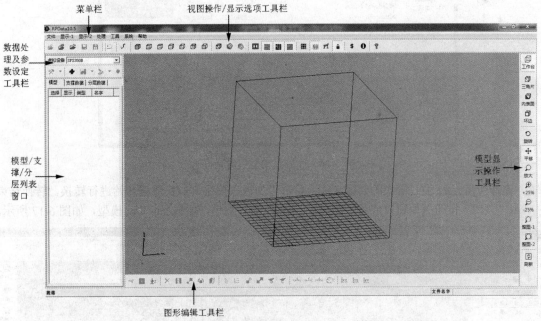

图 6-14　RPdata 软件操作界面

知识点——RPdata 软件操作界面

下面介绍软件界面中的各工具栏及窗口的含义。

（1）菜单栏：包含所有操作命令。

（2）视图操作/显示选项工具栏：包含对模型进行打开、保存及查看不同视图方向等命令。

（3）数据处理及参数设定工具栏：可选择设备类型及对模型添加支撑、分层等处理命令。

（4）模型/支撑/分层列表窗口：可分别显示模型、支撑数据、分层数据等。

（5）模型显示操作工具栏：包含对模型、支撑数据和分层数据进行放大、缩小等命令，还包括对模型以不同方式进行查看的命令。

（6）图形编辑工具栏：包含对模型、支撑数据和分层数据进行编辑等命令。

（7）状态栏：显示当前的操作信息。

2. 加载和放置模型

（1）选择设备类型。在数据处理前，需选择相应的设备类型。单击"虚拟设备"下拉列表框旁的箭头，显示当前系统中的设备列表，选择相应设备即可，如图 6-15 所示。

（2）加载 STL 格式数据文件。

① 单击"打开 STL 文件"按钮，或选择"菜单"→"文件"→"转

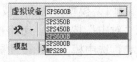

图 6-15　选择设备

换"命令，弹出"加载模型"对话框，如图 6-16 所示。

图 6-16 "加载模型"对话框

② 选择所需要的 STL 格式的数据文件，单击"加载"按钮，STL 数据开始进行转换，转换结束后，单击"关闭"按钮关闭窗口或者继续加载其他的 STL 数据，加载 banshou 模型，如图 6-17 所示。

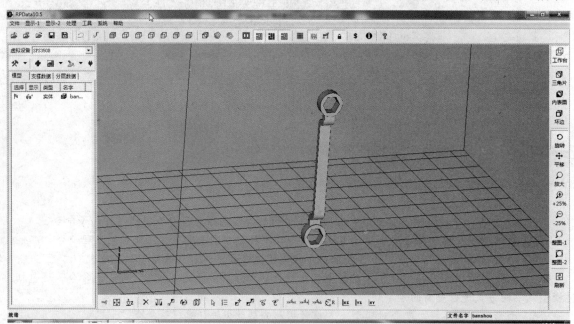

图 6-17 加载 banshou 模型

3. 模型摆放及显示方式

（1）模型的摆放。按上述加载 STL 文件的操作，加载 banshou 模型后，单击图形编辑工具栏中的"对中"按钮，可将模型放置在工作台的中央，也可单击模型显示操作工具栏中的"移动"按钮，选中模型后，按住鼠标左键将模型移动到想要放置的位置。

（2）模型的显示方式。在操作界面右侧的模型显示操作工具栏中，可以对模型进行不同显示，按钮与模型对应的显示方式如表 6-1 所示。

表 6-1　模型显示方式

按　　钮	描　　述	显 示 方 式
工作台	工作台或模型	在工作台或线架模型中切换显示
三角片	三角片	切换显示三角片数据
内表面	内表面	切换显示内表面（以与外表面不同颜色显示）
坏边	坏边	切换显示坏边（三角片不连续产生坏边）

"坏边"显示方式可以检查模型是否存在错误，如果有错误，模型将以红色线条显示；如果没有错误，则模型仍以黄色显示。

4．工作台的查看

（1）查看方式。在视图操作/显示选项工具栏中，可对工作台选择不同的查看方式，按钮与相应的查看方式如表 6-2 所示。

表 6-2　模型查看方式

按　　钮	描　　述	查 看 方 式
	工作台坐标系	切换显示工作台坐标系
	等轴测图	设置等轴测图方向
	下视图	设置下视图方向
	上视图	设置上视图方向
	右视图	设置右视图方向
	左视图	设置左视图方向
	后视图	设置后视图方向
	前视图	设置前视图方向

（2）移动、旋转和缩放。在操作界面右侧的模型显示操作工具栏中，可以对当前视图进行移动、旋转和缩放等操作，具体按钮与操作含义如表 6-3 所示。

表 6-3　模型操作含义

按　　钮	描　　述	操 作 含 义
旋转	旋转	按住鼠标左键，移动鼠标，可任意旋转视图
平移	平移	按住鼠标左键，移动鼠标，可平移视图
放大	放大	按住鼠标左键，移动鼠标，出现放大窗口，松开鼠标左键，可放大视图
+25%	+25%	将视图放大 25%
-25%	-25%	将视图缩小 25%
整图-1	整图-1	以当前操作对象为目标，设置视图窗口及视角
整图-2	整图-2	以工作台及所有对象为目标，设置视图窗口及视角
刷新	刷新	更新屏幕显示，并清除尺寸标注信息

Note

为使模型banshou减少打印时生成的支撑,取得良好的打印效果,可将模型旋转至合适位置。单击图形编辑工具栏中的"旋转"按钮 ,弹出如图6-18所示的"旋转"对话框,将X轴设置为90°,单击"应用"按钮即可实现对模型绕X轴旋转90°,旋转后如图6-19所示。

5. 生成支撑

按上述步骤加载banshou模型,在数据处理及参数设定工具栏中单击"自动支撑处理"按钮 ,弹出"自动支撑处理"对话框,如图6-20所示,单击"是"按钮开始处理,单击"否"按钮取消操作;还可以在"自动支撑处理"按钮 的下拉菜单中选择对活动模型或所有模型生成自动支撑。

图6-18 "旋转"对话框

工艺支撑生成结束后,在"模型/支撑/分层"列表窗口中,选择"支撑数据"选项,可以查看每一个支撑,在视图操作/显示选项工具栏中单击"切换显示支撑"按钮 ,将所生成的支撑数据显示出来,单击标号为2的数据支撑,如图6-21所示。

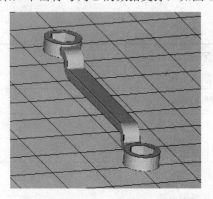

序号	类型	面积:mm^2
1	B	1854.6
2	N	497.4
3	N	1.3.4
4	N	113.4
5	N	41.6
6	N	28.2

RPData
确定为活动模型执行自动支撑处理吗?
是(Y)　否(N)

图6-19 旋转模型banshou　　图6-20 自动支撑处理对话框　　图6-21 查看支撑数据

此时视图窗口将高亮显示当前选择支撑,如图6-22所示。

提示:浏览支撑时,可以按下键盘上F键,设置当前支撑为主要显示目标,便于查看支撑结构和形状,按下键盘上的↑和↓键,可选择需要查看的支撑。

6. 分层处理数据

(1)分层处理。在数据处理及参数设定工具栏中单击"分层处理"按钮 ,弹出"分层处理"对话框,当选中"选择模型"单选按钮时,即只为当前所选中的模型进行分层处理,如果选中"全部模型"单选按钮则可为所有模型进行分层处理,如图6-23所示,单击"确定"按钮开始处理,单击"取消"按钮取消操作。

分层处理后,在"模型/支撑/分层"表窗口中,选择"分层数据"选项,将出现每层的数据,如图6-24所示。

(2)分层数据查看。对扳手模型进行分层操作,分层数据列表显示了分层数据信息,包括图标、高度、支撑标志、开环标志和闭环标志。单击视图操作/显示选项工具栏中的"切换显示模型"按钮 ,将模型显示出来,继续单击"隐藏上半部"按钮 ,将模型的上半部分隐藏,此时将显示模型当前层的外部线框,如图6-25(a)所示,单击"切换显示分层区域"按钮 ,则可将模型当前层实际打印情况显示出来,如图6-25(b)所示。通过选择不同层数可查看模型生成过程,被选择层将会高亮显示,为当前可编辑对象。

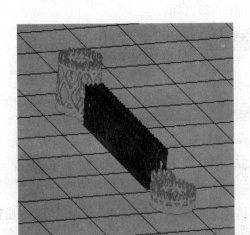

图 6-22　查看支撑

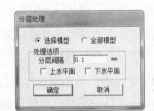

图 6-23　"分层处理"对话框

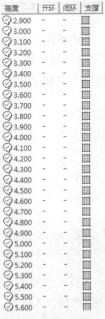

图 6-24　分层数据

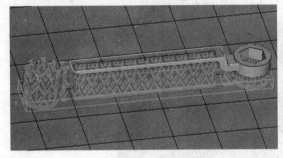

（a）当前层的外部线框

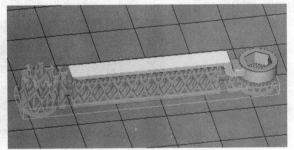

（b）当前层的实际打印情况

图 6-25　分层查看模型 banshou

7. 数据输出

（1）在数据处理及参数设定工具栏中单击"数据输出"按钮 ，弹出"数据输出"对话框，如图 6-26 所示。

（2）指定数据输出文件路径、文件名和文件类型等信息，单击"确定"按钮，执行数据输出。

8. 模型打印

根据上述操作，将模型做相应处理后输出*.slc 文件，并导入成型机中相配套的成型软件 RPbuild 中，设置快速成型机的相关参数后即可打印。

图 6-26　"数据输出"对话框

6.1.3　处理打印模型

处理打印模型有以下 4 个步骤：

（1）取出模型。打印完毕后，将工作台调整至液态树脂平面之上，用平铲等工具将模型底部与平台底部撬开，以便于取出模型。取出后的扳手模型如图 6-27 所示。

图 6-27　打印完毕的扳手模型

注意：取出模型时，请注意不要损坏模型比较薄弱的地方，如果不方便撬动模型，可适当除去部分支撑，以便于模型的顺利取出。

（2）清洗模型。打印完毕模型的表面需要使用酒精等溶剂将其清洗，以防止影响模型表面质量。将适量酒精倒入盆内，用毛刷将扳手模型表面残留的液态树脂进行清洗。

（3）去除支撑。如图 6-27 所示，取出后的扳手模型存在一些打印过程中生成的支撑，使用尖嘴钳、刀片、钢丝钳、镊子等工具，将扳手模型的支撑去除，如图 6-28 所示。

图 6-28　去除扳手模型的支撑

（4）打磨模型。根据去除支撑后的模型粗糙程度，可先使用锉刀、粗砂纸等工具对支撑与模型接触的部位进行粗磨，然后用较细粒度的砂纸对模型进一步打磨，处理后的扳手模型如图 6-29 所示。

图 6-29　处理后的扳手模型

6.2 皮 带 轮

首先利用 Pro/ENGINEER 软件创建皮带轮模型，再利用 RPdata 软件打印皮带轮的 3D 模型，最后对打印出来的皮带轮模型进行清洗、去除支撑和毛刺处理，流程图如图 6-30 所示。

图 6-30 皮带轮模型创建流程

6.2.1 创建模型

首先绘制旋转用的截面草图，进行旋转形成皮带轮基体，然后对形成的基体进行旋转切除皮带槽操作，再阵列皮带槽，最后创建键槽和倒角特征。

1. 新建文件

启动 Pro/ENGINEER 5.0，选择菜单栏中的"文件"→"新建"命令，或者单击"标准"工具栏中的"新建"按钮，弹出"新建"对话框，在"类型"选项组中选中"零件"单选按钮，在"子类型"选项组中选中"实体"单选按钮，在"名称"文本框中输入文件名 dailun.prt，其他选项接受系统提供的默认设置，单击"确定"按钮，创建一个新的零件文件。

2. 旋转带轮主体

（1）单击"基础特征"工具栏中的"旋转"按钮，在打开的"旋转"操控板中依次单击"放置"→"定义"按钮，系统打开"草绘"对话框。选取 FRONT 基准平面作为草绘平面，单击"草绘"按钮，进入草绘环境。

（2）单击"草绘器"工具栏中的"几何中心线"按钮，绘制一条水平中心线；单击"草绘器工具"工具栏中的"线"按钮，绘制如图 6-31 所示的截面并修改尺寸。单击"确定"按钮，退出草图绘制环境。

（3）在操控板中设置旋转方式为"变量"，给定旋转角度值为 360°，单击操控板中的"完成"按钮，结果如图 6-32 所示。

3. 创建皮带槽

（1）单击"基础特征"工具栏中的"旋转"按钮，在打开的"旋转"操控板中依次单击"放置"→"定义"按钮，系统打开"草绘"对话框。选取 FRONT 基准平面作为草绘平面，单击"草绘"按钮，进入草绘环境。

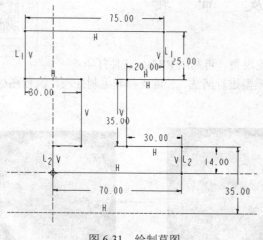

图 6-31　绘制草图

图 6-32　生成主体

（2）单击"草绘器"工具栏中的"中心线"按钮，绘制一条竖直中心线；单击"草绘器"工具栏中的"线"按钮，绘制如图 6-33 所示的截面并修改尺寸。单击"确定"按钮，退出草图绘制环境。

（3）选取 A_1 轴为旋转轴，在操控板中设置旋转方式为"变量"，单击"移除材料"按钮，给定旋转角度值为 360°，单击操控板中的"完成"按钮，结果如图 6-34 所示。

4. 创建皮带槽的阵列

（1）在"模型树"选项卡中选择步骤 3 创建的加强筋特征。

（2）单击"编辑特征"工具栏中的"阵列"按钮，打开"阵列"操控板，设置阵列类型为"方向"，在模型中选取轴 A_1 为第一方向。然后在操控板中给定阵列个数为 3，尺寸变量为 20。

（3）单击操控板中的"完成"按钮，完成阵列，如图 6-35 所示。

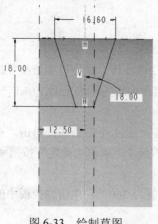

图 6-33　绘制草图

图 6-34　创建皮带槽

图 6-35　完成特征

5. 创建键槽

（1）单击"基础特征"工具栏中的"拉伸"按钮，在打开的"拉伸"操控板中依次单击"放

置"→"定义"按钮，系统打开"草绘"对话框。选取前端面作为草绘面，单击"草绘"按钮，进入草绘环境。

（2）单击"草绘器"工具栏中的"矩形"按钮□，绘制如图 6-36 所示的截面并修改尺寸。单击"确定"按钮✓，退出草图绘制环境。

（3）在操控板中将深度设置为"穿透"■╪，单击"移除材料"按钮☑，再单击操控板中的"完成"按钮✓，结果如图 6-37 所示。

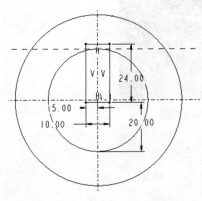

图 6-36　标注尺寸

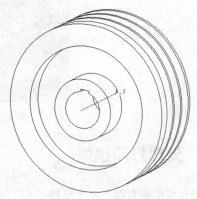

图 6-37　创建键槽

6. 创建倒角特征

（1）单击"工程特征"工具栏中的"倒角"，打开"倒角"操控板。

（2）按住 Ctrl 键选择内圆柱拉伸体端面的边，如图 6-38 所示。选择 D×D 作为尺寸方案，输入 3.40 作为倒角尺寸。

（3）单击操控板中的"完成"按钮✓，完成倒角特征的创建，结果如图 6-39 所示。

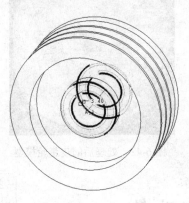

图 6-38　选取边

图 6-39　倒角特征

6.2.2　打印模型

根据 6.1.2 节中步骤 2 和步骤 3 操作进行加载及查看模型，为保证模型 pidailun 的打印质量，减少后期对模型支撑的处理，可将模型旋转 90°放置。按步骤 4 中（2）的相应操作，单击图形编辑工具栏中的"旋转"按钮，弹出"旋转"对话框，将 Y 轴设置为 90°，单击"应用"按钮，即可实现对模型绕 Y 轴旋转 90°，旋转后如图 6-40 所示。剩余步骤可参考 6.1.2 节中步骤 4～步骤 8，即可完成打印。

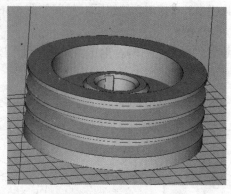

图 6-40　旋转模型 pidailun

6.2.3　处理打印模型

处理打印模型有以下 4 个步骤：

（1）取出模型。取出后的皮带轮模型如图 6-41 所示。

（2）清洗模型。

（3）去除支撑。

（4）打磨模型。打磨处理后的皮带轮模型如图 6-42 所示。

图 6-41　打印完毕的皮带轮模型

图 6-42　处理后的皮带轮模型

6.3　发动机曲轴

扫码看视频

6.3　发动机曲轴

首先利用 Pro/ENGINEER 软件创建发动机曲轴模型，再利用 RPdata 软件打印发动机曲轴的 3D 模型，最后对打印出来的发动机曲轴模型进行清洗、去除支撑和毛刺处理，流程图如图 6-43 所示。

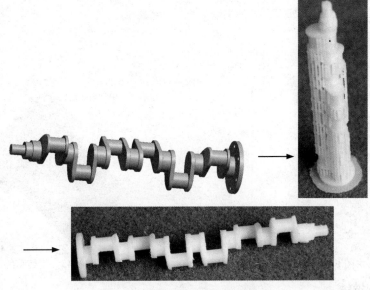

图 6-43 发动机曲轴模型创建流程

6.3.1 创建模型

发动机曲轴是发动机中的重要零件，结构较为复杂，但是如果能从结构上进行分析，创建模型并不困难，以下将详细介绍创建方法。通过对曲轴结构的分析可以发现，曲轴的曲柄的前后两部分是对称结构，因此可以先完成曲轴前部分的创建，然后利用镜像特征的方法快速创建后部分曲柄特征；分析每一缸曲柄可以发现其也是对称结构，因此也可以先创建一个特征，然后通过平移的方法创建另一曲柄。

1. 建立新文件

启动 Pro/ENGINEER 5.0，选择菜单栏中的"文件"→"新建"命令，或者单击"标准"工具栏中的"新建"按钮 □，弹出"新建"对话框，在"类型"选项组中选中"零件"单选按钮，在"子类型"选项组中选中"实体"单选按钮，在"名称"文本框中输入文件名 fadongjiquzhou.prt，其他选项接受系统提供的默认设置，单击"确定"按钮，创建一个新的零件文件。

2. 创建前端轴

（1）单击"基础特征"工具栏中的"旋转"按钮 ❀，在打开的"旋转"操控板中依次单击"放置"→"定义"按钮，系统打开"草绘"对话框。选取 TOP 基准平面作为草绘平面，单击"草绘"按钮，进入草绘环境。

（2）单击"草绘器"工具栏中的"几何中心线"按钮 ⋮，绘制一条竖直中心线；单击"草绘器工具"工具栏中的"线"按钮 ❌，绘制如图 6-44 所示的截面并修改尺寸。单击"确定"按钮 ✔，退出草图绘制环境。

（3）在操控板中设置旋转方式为"变量" ⊒，给定旋转角度值为 360°，单击操控板中的"完成"按钮 ✔，结果如图 6-45 所示。

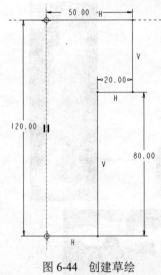

图 6-44　创建草绘　　　　　　　　图 6-45　旋转草绘

3. 创建半圆键轴

（1）单击"基础特征"工具栏中的"拉伸"按钮，在打开的"拉伸"操控板中依次单击"放置"→"定义"按钮，系统打开"草绘"对话框。选取 TOP 基准平面作为草绘面，RIGHT 面作为参考，参考方向向右，单击"草绘"按钮，进入草绘环境。

（2）单击"草绘器"工具栏中的"圆弧"按钮和"线"按钮，绘制如图 6-46 所示的截面并修改尺寸。单击"确定"按钮，退出草图绘制环境。

（3）在操控板中输入拉伸深度为 5mm，设置拉伸方式为"对称"，单击"移除材料"按钮，单击操控板中的"完成"按钮，结果如图 6-47 所示。

4. 创建主轴颈

（1）单击"基础特征"工具栏中的"拉伸"按钮，在打开的"拉伸"操控板中依次单击"放置"→"定义"按钮，系统打开"草绘"对话框。选取前端轴的截面作为草绘面，单击"草绘"按钮，进入草绘环境。

（2）单击"草绘器"工具栏中的"圆"按钮，绘制如图 6-48 所示的截面并修改尺寸。单击"确定"按钮，退出草图绘制环境。

图 6-46　草绘　　　　　　　图 6-47　键槽草绘　　　　　　图 6-48　草绘

（3）在操控板中输入拉伸深度为 50mm，单击操控板中的"完成"按钮，结果如图 6-49 所示。

5. 创建第一缸曲柄

（1）单击"基础特征"工具栏中的"拉伸"按钮 🗗，在打开的"拉伸"操控板中依次单击"放置"→"定义"按钮，系统打开"草绘"对话框。选择刚刚创建的主轴颈的端面作为草绘面，单击"草绘"按钮，进入草绘环境。

（2）单击"草绘器"工具栏中的"圆"按钮 ○、"线"按钮 ╲ 和"删除段"按钮 ᵧᵧ，绘制如图 6-50 所示的截面并修改尺寸。单击"确定"按钮 ✔，退出草图绘制环境。

（3）在操控板中输入拉伸深度为 25mm，单击操控板中的"完成"按钮 ✔，结果如图 6-51 所示。

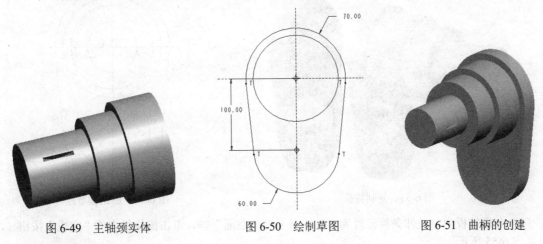

图 6-49　主轴颈实体　　　　图 6-50　绘制草图　　　　图 6-51　曲柄的创建

6. 复制特征创建

（1）选择菜单栏中的"编辑"→"特征操作"命令，在弹出的菜单管理器中依次选择"复制"→"移动"→"选取"→"从属"→"完成"命令。

（2）此时在系统的提示区中提示选择要移动的特征，选取刚刚创建的第一缸曲柄特征，单击"完成"按钮。选择菜单管理器中的"平移"→"曲线/边/轴"命令，选择前端轴的中心轴线 A_2，选择合适的移动方向，单击"确定"按钮，如图 6-52 所示。在消息文本框中输入偏移距离为 120，单击"接受值"按钮 ☑，再单击"完成移动"→"完成"按钮。单击组元素对话框中的"确定"按钮，完成复制，完成的复制特征如图 6-53 所示。

图 6-52　特征操作

Note

7. 创建第一缸曲柄销

（1）单击"基础特征"工具栏中的"拉伸"按钮 🖓，在打开的"拉伸"操控板中依次单击"放置"→"定义"按钮，系统打开"草绘"对话框。选择第一个曲柄与第二个曲柄相对的那个端面作为草绘平面，单击"草绘"按钮，进入草绘环境。

（2）单击"草绘器"工具栏中的"圆"按钮 ○，绘制如图 6-54 所示的截面并修改尺寸。单击"确定"按钮 ✓，退出草图绘制环境。

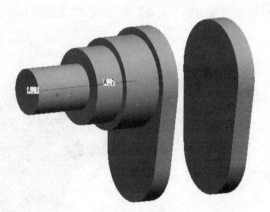

图 6-53 复制特征

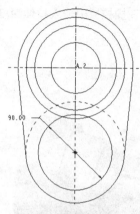

图 6-54 曲柄轴草绘

（3）在操控板中将拉伸条件设置为"拉伸至下一个曲面" ⹊，单击操控板中的"完成"按钮 ✓，结果如图 6-55 所示。

🔊 **注意：** 在曲柄销的草绘中，可以添加同曲柄销同轴的曲柄圆作为参照，然后使用"草绘"工具栏中的"偏移"按钮 ⼀来完成曲柄销的草绘。

8. 创建第二个主轴颈

（1）单击"基础特征"工具栏中的"拉伸"按钮 🖓，在打开的"拉伸"操控板中依次单击"放置"→"定义"按钮，打开"草绘"对话框，选择第二个曲柄的外表面为草绘面，单击"草绘"按钮，进入草绘环境。

（2）单击"草绘器"工具栏中的"圆"按钮 ○，绘制如图 6-56 所示的截面并修改尺寸。单击"确定"按钮 ✓，退出草图绘制环境。

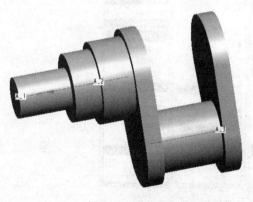

图 6-55 曲柄轴

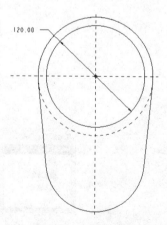

图 6-56 剖面草绘

（3）在操控板中输入拉伸深度为 50mm，单击操控板中的"完成"按钮☑，结果如图 6-57 所示。

9. 创建第二缸曲柄

（1）单击"基础特征"工具栏中的"拉伸"按钮，在打开的"拉伸"操控板中依次单击"放置"→"定义"按钮，系统打开"草绘"对话框。选择刚才创建的主轴颈的平面作为草绘面，RIGHT 面作为参考，参考方向向右，单击"草绘"按钮，进入草绘环境。

（2）单击"草绘器"工具栏中的"圆"按钮〇和"线"按钮╲，绘制如图 6-58 所示的截面并修改尺寸。单击"确定"按钮☑，退出草图绘制环境。

图 6-57 实体

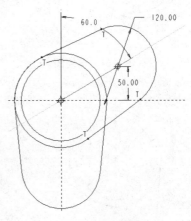

图 6-58 草绘图

（3）在操控板中输入拉伸深度为 25mm，单击操控板中的"完成"按钮☑，结果如图 6-59 所示。

10. 复制曲柄 1

重复上述步骤 6 中的复制特征的方法，复制刚才创建的曲柄，输入平移数值为 120，完成复制。实体如图 6-60 所示。

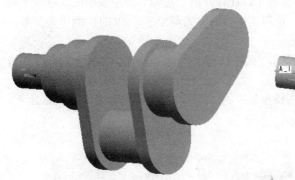

图 6-59 曲柄实体

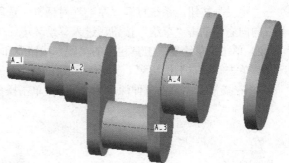

图 6-60 复制特征

11. 创建第二缸曲柄销

重复上述步骤 7 的方法，创建直径为 90 的销。草绘图如图 6-61 所示，实体如图 6-62 所示。

12. 创建第三主轴颈

重复上面创建的方法，创建直径为 120，深度为 50 的圆柱体，完成创建。草绘图如图 6-63 所示，实体如图 6-64 所示。

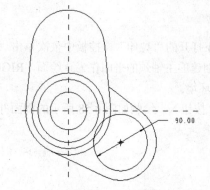

图 6-61　草绘图

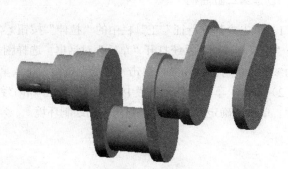

图 6-62　实体图

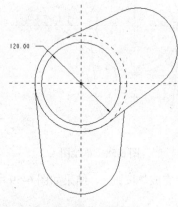

图 6-63　草绘图

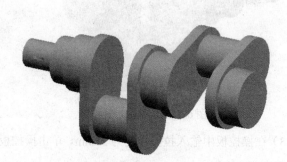

图 6-64　实体图

13. 创建第三缸曲柄

（1）单击"基础特征"工具栏中的"拉伸"按钮，在打开的"拉伸"操控板中依次单击"放置"→"定义"按钮，系统打开"草绘"对话框。选取实体顶面作为草绘面，RIGHT 面作为参考，参考方向向右，单击"草绘"按钮，进入草绘环境。

（2）单击"草绘器"工具栏中的"圆"按钮 ○和"线"按钮 ，绘制如图 6-65 所示的截面并修改尺寸。单击"确定"按钮 ✔，退出草图绘制环境。

（3）在操控板中输入拉伸深度为 25mm，单击操控板中的"完成"按钮 ✔，结果如图 6-66 所示。

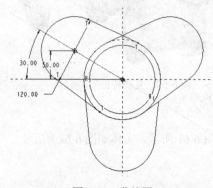

图 6-65　草绘图

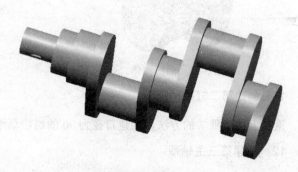

图 6-66　曲柄实体

14. 复制曲柄 2

重复上述步骤 6 中的复制特征的方法，复制刚才创建的曲柄，输入平移数值为 120，完成复制。实体如图 6-67 所示。

15. 创建第三缸曲柄

重复上述步骤 7 的方法，创建直径为 90 的销。草绘图如图 6-68 所示，实体如图 6-69 所示。

图 6-67 曲柄实体

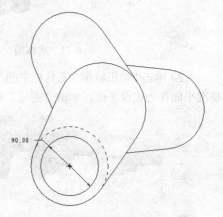

图 6-68 草绘图

16. 创建第四主轴颈

方法如上，创建直径为 120，深度为 50 的圆柱体。草绘图如图 6-70 所示，实体如图 6-71 所示。

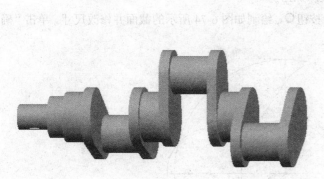

图 6-69 实体

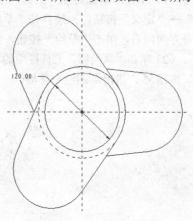

图 6-70 草绘图

17. 创建参考平面

（1）单击"基准"工具栏中的"基准平面"按钮 ⬜，弹出"基准平面"对话框，如图 6-72 所示。

（2）在"基准平面"对话框中，选择主轴颈的外表面作为参照，偏移量设置为 25，单击"确定"按钮，完成新参考面 DTM1 的创建。

18. 镜像特征

（1）选择之前创建的第一缸曲柄销、曲柄以及第二、三曲柄销、曲柄作为镜像对象。

基准面参照

图 6-71　实体图

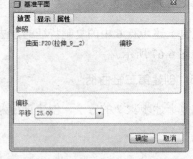

图 6-72　"基准平面"对话框

（2）单击"编辑特征"工具栏中的"镜像"按钮 ，打开"镜像"操控板，选择刚刚创建的 DTM1 基准平面作为镜像平面，单击"完成"按钮 ，完成镜像。结果如图 6-73 所示。

图 6-73　镜像实体

19. 创建后端突起

（1）单击"基础特征"工具栏中的"拉伸"按钮 ，在打开的"拉伸"操控板中依次单击"放置"→"定义"按钮，系统打开"草绘"对话框。选取实体顶面作为草绘面，RIGHT 面作为参考，参考方向向右，单击"草绘"按钮，进入草绘环境。

（2）单击"草绘器"工具栏中的"圆"按钮 ，绘制如图 6-74 所示的截面并修改尺寸。单击"确定"按钮 ，退出草图绘制环境。

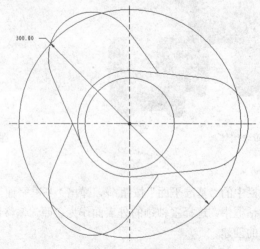

300.00

图 6-74　草绘

（3）在操控板中输入拉伸深度为 25mm，单击操控板中的"完成"按钮 ，结果如图 6-75 所示。

图 6-75　后端突起

20. 创建安装孔

（1）单击"工程特征"工具栏中的"孔"按钮 ，打开"孔"操控板。选择凸缘外端面作为孔放置面，将参照类型修改为"径向"，其他的参照如图 6-76 所示。

（2）将孔的直径修改为 20，将深度设置为"到下一平面" ，单击操控板中的"完成"按钮 ，生成孔特征。

21. 阵列孔特征

（1）在"模型树"选项卡中选择步骤 20 创建的孔特征。

（2）单击"编辑特征"工具栏中的"阵列"按钮 ，打开"阵列"操控板，设置阵列类型为"轴"，在模型中选取后端突起的轴线为参考。然后在操控板中给定阵列个数为 6，角度为 60°。

（3）单击操控板中的"完成"按钮 ，完成阵列，如图 6-77 所示。

图 6-76　孔位置

图 6-77　阵列

22. 切割曲柄

（1）单击"基础特征"工具栏中的"拉伸"按钮 ，在打开的"拉伸"操控板中依次单击"放置"→"定义"按钮，系统打开"草绘"对话框。选取 RIGHT 基准面作为草绘面，单击"草绘"按钮，进入草绘环境。

（2）单击"草绘器"工具栏中的"线"按钮 ，绘制如图 6-78 所示的截面并修改尺寸。单击"确定"按钮 ，退出草图绘制环境。

（3）在操控板中设置拉伸为"对称" ，输入拉伸距离为 200，单击"移除材料"按钮 ，去除多余材料。单击操控板中的"完成"按钮 ，结果如图 6-79 所示。

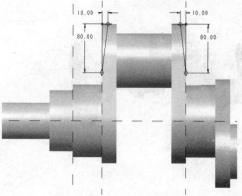

图 6-78 曲柄草图

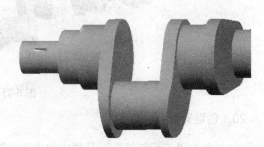

图 6-79 切割曲柄

23. 曲柄倒圆角

（1）单击"工程特征"工具栏中的"倒圆角"按钮，打开"倒圆角"操控板。

（2）按住 Ctrl 键，选取如图 6-80 所示的边。在操控板中设置圆角半径为 5mm，单击操控板中的"完成"按钮，完成倒圆角特征的创建，结果如图 6-81 所示。

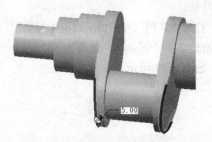

图 6-80 选取边

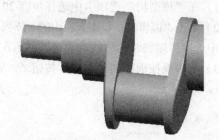

图 6-81 倒圆角

24. 其余曲柄特征创建

重复步骤 22 和步骤 23，完成实体如图 6-82 所示。

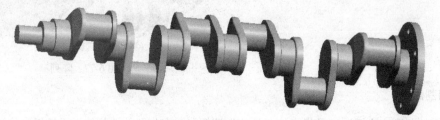

图 6-82 曲轴

6.3.2 打印模型

根据 6.1.2 节中步骤 2 和步骤 3 相应操作后，发现模型较大，已经超过本书所选择机器的打印范围，需要将其缩小至合理尺寸。单击图形编辑工具栏中的"比例放大/缩小"按钮，弹出"比例"对话框，如图 6-83 所示，选中"统一"复选框，并将数值设置为 0.2，单击"应用"按钮，模型将被缩小至原来的 0.2 倍，如图 6-84 所示。剩余步骤可参考 6.1.2 节中步骤 4～步骤 8，即可完成打印。

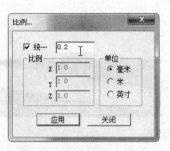

图 6-83 "比例"对话框

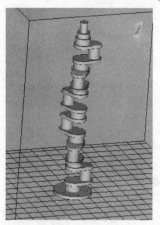

图 6-84 缩放模型 fadongjiquzhou

6.3.3 处理打印模型

处理打印模型有以下 4 个步骤：
（1）取出模型。取出后的发动机曲轴模型如图 6-85 所示。
（2）清洗模型。
（3）去除支撑。
（4）打磨模型。打磨处理后的发动机曲轴模型如图 6-86 所示。

图 6-85 打印完毕的发动机曲轴模型

图 6-86 处理后的发动机曲轴模型

6.4 钻 头

扫码看视频

6.4 钻头

首先利用 **Pro/ENGINEER** 软件创建钻头模型，再利用 **RPdata** 软件打印钻头的
3D 模型，最后对打印出来的钻头模型进行清洗、去除支撑和毛刺处理，流程图如图 6-87 所示。

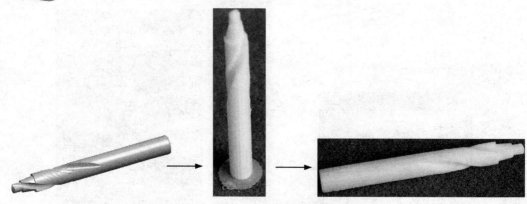

图 6-87 钻头模型创建流程

6.4.1 创建模型

首先创建钻头体,出屑槽和刃口需要分两段进行扫描切除每一段进行两个相同的扫描操作,通过拉伸创建钻杆,通过旋转切除创建钻头尖,其次创建倒圆角,出屑槽的过渡段通过扫描生成,最后创建钻头部分。

1. 新建文件

启动 Pro/ENGINEER 5.0,选择菜单栏中的"文件"→"新建"命令,或者单击"标准"工具栏中的"新建"按钮□,弹出"新建"对话框,在"类型"选项组中选中"零件"单选按钮,在"子类型"选项组中选中"实体"单选按钮,在"名称"文本框中输入文件名 zuantou.prt,其他选项接受系统提供的默认设置,单击"确定"按钮,创建一个新的零件文件。

2. 拉伸钻头体 1

(1)单击"基础特征"工具栏中的"拉伸"按钮□,在打开的"拉伸"操控板中依次单击"放置"→"定义"按钮,打开"草绘"对话框。选取 FRONT 基准平面作为草绘平面,其余选项接受系统默认设置,单击"草绘"按钮,进入草绘环境。

(2)单击"草绘器"工具栏中的"圆"按钮○,绘制如图 6-88 所示的圆并修改其尺寸值。单击"确定"按钮✔,退出草图绘制环境。

(3)在"拉伸"操控板中设置拉伸方式为⊥(盲孔),输入拉伸深度值为 12。单击操控板中的"完成"按钮✔,完成拉伸特征 1 的创建,如图 6-89 所示。

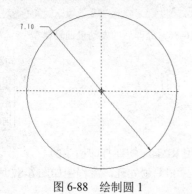

图 6-88 绘制圆 1

图 6-89 拉伸特征 1

3. 绘制扫描轨迹线

（1）单击"基准"工具栏中的"草绘"按钮，系统打开"草绘"对话框，选取 TOP 基准平面作为草绘平面，其余选项接受系统默认设置，单击"草绘"按钮，进入草绘环境。

（2）单击"草绘器"工具栏中的"线"按钮，绘制如图 6-90 所示的直线，作为扫描混合的轨迹。

4. 扫描切除出屑槽

（1）选择菜单栏中的"插入"→"扫描混合"命令，系统打开"扫描混合"操控板。选取刚刚绘制的直线为扫描轨迹线。单击"截面"按钮，打开"截面"下滑面板，选取直线的一个端点，然后单击"草绘"按钮，进入草绘环境。绘制如图 6-91 所示的扫描截面草图 1，绘制完成后，单击"确定"按钮，退出草图绘制环境。

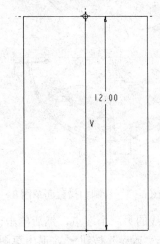

图 6-90　绘制直线 1

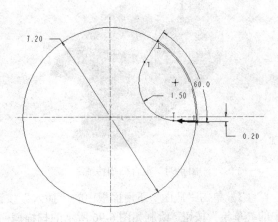

图 6-91　绘制扫描截面草图 1

（2）单击"截面"下滑面板中的"插入"按钮，选取直线的另一个端点，然后单击"草绘"按钮，绘制如图 6-92 所示的扫描截面草图 2。单击"确定"按钮，退出草图绘制环境。

（3）单击操控板中的"移除材料"按钮，去除多余部分。然后单击"选项"按钮，在打开的"选项"下滑面板中选中"设置周长控制"复选框，使模型以周长形式显示。设置完成后单击操控板中的"完成"按钮，完成混合扫描特征 1 的创建，如图 6-93 所示。

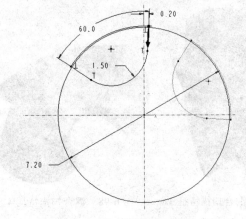

图 6-92　绘制扫描截面草图 2

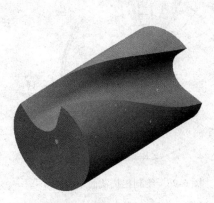

图 6-93　混合扫描特征 1

Note

（4）采用同样的方法在圆柱体的另一侧进行相同的扫描混合，生成混合扫描特征 2，如图 6-94 所示。

5. 扫描刃口

（1）选取如图 6-90 所示的直线为扫描轨迹线。

（2）选择菜单栏中的"插入"→"扫描混合"命令，在打开的"扫描混合"操控板中单击"截面"按钮，打开"截面"下滑面板，选取直线的一个端点，然后单击"草绘"按钮，绘制如图 6-95 所示的扫描截面草图，绘制完成后，单击"确定"按钮✔，退出草图绘制环境。

图 6-94　混合扫描特征 2

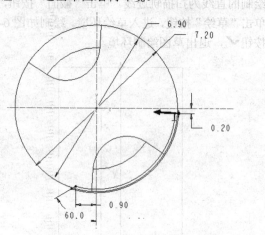

图 6-95　绘制扫描截面草图 3

（3）单击"截面"下滑面板中的"插入"按钮，选取直线的另一个端点，然后单击该下滑面板中的"草绘"按钮，绘制如图 6-96 所示的扫描截面草图，单击"确定"按钮✔，退出草图绘制环境。

（4）单击操控板中的"移除材料"按钮⬠，去除多余部分。单击操控板中的"选项"按钮，在打开的"选项"下滑面板中选中"设置周长控制"复选框，使模型以周长形式显示。设置完成后单击操控板中的"确定"按钮✔，完成混合扫描特征 3 的创建，如图 6-97 所示。

（5）采用同样的方法在圆柱体的另一侧进行相同的扫描混合，生成混合扫描特征 4，如图 6-98 所示。

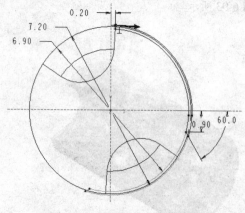

图 6-96　绘制扫描截面草图 4

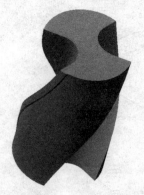

图 6-97　混合扫描特征 3

图 6-98　混合扫描特征 4

6．拉伸钻头体 2

（1）单击"基础特征"工具栏中的"拉伸"按钮 🗗，在打开的"拉伸"操控板中依次单击"放置"→"定义"按钮，打开"草绘"对话框，选取 FRONT 基准平面作为草绘平面，其余选项接受系统默认设置，单击"草绘"按钮，进入草绘环境。

（2）单击"草绘器"工具栏中的"圆"按钮 ○，绘制如图 6-99 所示的圆并修改其尺寸值。绘制完成后，单击"确定"按钮 ✔，退出草图绘制环境。

（3）在操控板中设置拉伸方式为 ⊥（盲孔），输入拉伸深度值为 12。单击操控板中的"完成"按钮 ✔，完成拉伸特征 2 的创建，如图 6-100 所示。

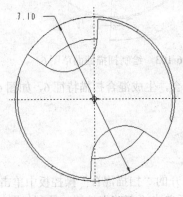

图 6-99　绘制圆 2

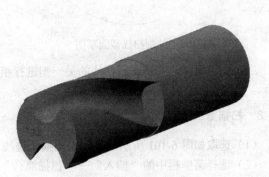

图 6-100　拉伸特征 2

7．扫描第二段出屑槽

（1）单击"基准"工具栏中的"草绘"按钮 ◠，系统打开"草绘"对话框，选取 TOP 基准平面作为草绘平面，其余选项接受系统默认设置，单击"草绘"按钮，进入草绘环境，绘制如图 6-101 所示的直线。

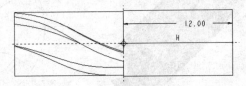

图 6-101　绘制直线 2

（2）选择菜单栏中的"插入"→"扫描混合"命令，打开"扫描混合"操控板。选取刚刚绘制的直线为扫描轨迹线，单击"截面"按钮，打开"截面"下滑面板，选取直线的一个端点，然后单击"草绘"按钮，绘制如图 6-102 所示的扫描截面草图。绘制完成后，单击"确定"按钮 ✔，退出草图绘制环境。

（3）单击"截面"下滑面板中的"插入"按钮，选取直线的另一个端点，然后单击该下滑面板中的"草绘"按钮，绘制如图 6-103 所示的扫描截面草图，绘制完成后，单击"确定"按钮 ✔，退出草图绘制环境。

（4）单击"移除材料"按钮 ◿，去除多余部分。在"选项"下滑面板中选中"设置周长控制"复选框，使模型以周长形式显示。然后单击操控板中的"完成"按钮 ✔，完成混合扫描特征 5 的创建如图 6-104 所示。

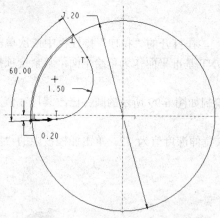

图 6-102　绘制扫描截面草图 5

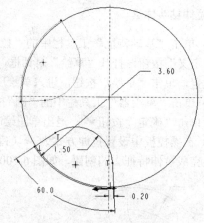

图 6-103　绘制扫描截面草图 6

（5）采用同样的方法在圆柱体的另一侧进行相同的扫描混合，生成混合扫描特征 6，如图 6-105 所示。

8.　扫描第二段刃口

（1）选取如图 6-101 所示的直线为扫描轨迹线。

（2）选择菜单栏中的"插入"→"扫描混合"命令，在打开的"扫描混合"操控板中单击"截面"按钮，打开"截面"下滑面板，选取直线的一个端点，然后单击"草绘"按钮，绘制如图 6-106 所示的扫描截面草图，绘制完成后，单击"确定"按钮 ✔，退出草图绘制环境。

图 6-104　混合扫描特征 5　　图 6-105　混合扫描特征 6

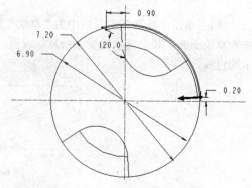

图 6-106　绘制扫描截面草图 7

（3）单击"截面"下滑面板中的"插入"按钮，选取直线的另一个端点，然后单击该下滑面板中的"草绘"按钮，绘制如图 6-107 所示的扫描截面草图，单击"确定"按钮 ✔，退出草图绘制环境。

（4）单击操控板中的"移除材料"按钮 ◿，去除多余部分。单击操控板中的"选项"按钮，在打开的"选项"下滑面板中选中"设置周长控制"复选框，使模型以周长形式显示。设置完成后单击操控板中的"确定"按钮 ✔，完成混合扫描特征 3 的创建，如图 6-97 所示。

（5）采用同样的方法在圆柱体的另一侧进行相同的扫描混合，生成混合扫描特征 8，如图 6-108 所示。

9.　拉伸钻杆

（1）单击"基础特征"工具栏中的"拉伸"按钮 ◻，在打开的"拉伸"操控板中依次单击"放置"→"定义"按钮，打开"草绘"对话框，选取如图 6-108 所示的面作为草绘平面，其余选项接受系统默认设置，单击"草绘"按钮，进入草绘环境。

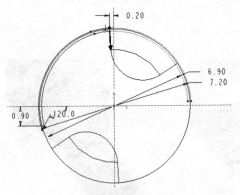

图 6-107　绘制扫描截面草图 8

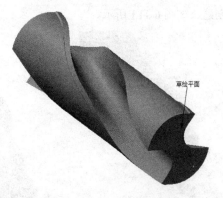

图 6-108　混合扫描特征 8

（2）单击"草绘器"工具栏中的"圆"按钮 ○，绘制直径为 7.1 的圆。绘制完成后，单击"确定"按钮 ✔，退出草图绘制环境。

（3）在操控板中设置拉伸方式为 ⬒（盲孔），输入拉伸深度值为 40。单击操控板中的"完成"按钮 ✔，完成拉伸特征 3 的创建，如图 6-109 所示。

10. 旋转切除钻头

（1）单击"基础特征"工具栏中的"旋转"按钮 ❀，在打开的"旋转"操控板中依次单击"放置"→"定义"按钮，打开"草绘"对话框，选取 RIGHT 基准平面作为草绘平面。

（2）单击"草绘器"工具栏中的"几何中心线"按钮 ⋮ 和"线"按钮 ＼，绘制一条竖直中心线和如图 6-110 所示的旋转截面草图。绘制完成后，单击"确定"按钮 ✔，退出草图绘制环境。

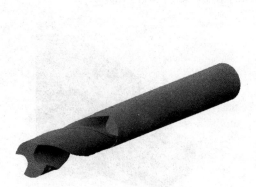

图 6-109　拉伸特征 3

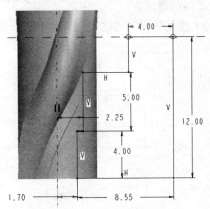

图 6-110　绘制旋转截面草图 1

（3）在"旋转"操控板中设置旋转方式为 ⬒（指定），输入旋转角度为 360°。

（4）单击"旋转"操控板中的"移除材料"按钮 ◿，去除多余部分。然后单击操控板中的"完成"按钮 ✔，完成旋转特征 1 的创建，如图 6-111 所示。

11. 创建钻头的拔模面

（1）单击"工程特征"工具栏中的"拔模"按钮 ◢，打开"拔模"操控板。

（2）分别选取如图 6-112 所示的拔模曲面和拖动方向，在操控板中给定拔模角度为 6°。

（3）单击"反向"按钮⌗，调整拔模方向。然后单击操控板中的"完成"按钮✓，完成拔模特征的创建，如图 6-113 所示。

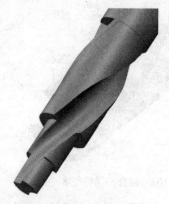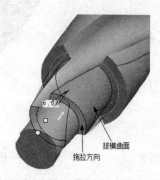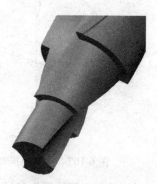

图 6-111　旋转特征 1　　　　图 6-112　选取拔模曲面　　　　图 6-113　拔模特征

12.　旋转切除钻尖

（1）单击"基础特征"工具栏中的"旋转"按钮◇，在打开的"旋转"操控板中依次单击"放置"→"定义"按钮，打开"草绘"对话框，选取 TOP 基准平面作为草绘平面。

（2）单击"草绘器"工具栏中的"几何中心线"按钮┊和"线"按钮＼，绘制一条水平中心线和如图 6-114 所示的旋转截面草图。绘制完成后，单击"确定"按钮✓，退出草图绘制环境。

（3）在"旋转"操控板中设置旋转方式为⊥（指定），并在其后的文本框中给定旋转角度为 360°。

（4）单击"移除材料"按钮☐，去除多余部分。然后单击操控板中的"完成"按钮✓，完成旋转特征 2 的创建。

（5）采用同样的方法在零件的另外一侧创建相同的特征，如图 6-115 所示。

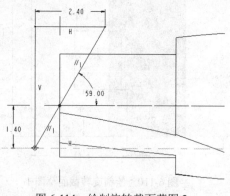

图 6-114　绘制旋转截面草图 2　　　　　　图 6-115　旋转特征 2

13.　创建倒圆角特征

（1）单击"工程特征"工具栏中的"倒圆角"按钮◝，打开"倒圆角"操控板。

（2）选取如图 6-116 所示的倒圆角边。给定圆角半径为 0.55，单击操控板中的"确定"按钮✓，完成倒圆角特征的创建。

14. 扫描切除过渡段

采用与绘制"扫描第二段出屑槽"相同的方法，绘制如图 6-117～图 6-119 所示的草图。最终生成的钻头部分如图 6-120 所示。

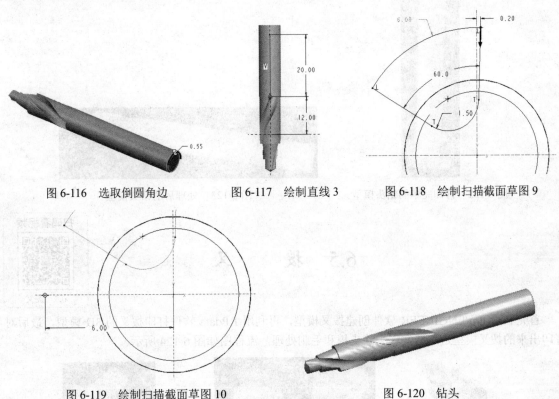

图 6-116　选取倒圆角边　　　图 6-117　绘制直线 3　　　图 6-118　绘制扫描截面草图 9

图 6-119　绘制扫描截面草图 10　　　　　　图 6-120　钻头

6.4.2　打印模型

根据 6.1.2 节中步骤 2 和步骤 3 操作进行加载及查看模型，为获得较好的打印质量，可将模型旋转并放大。按步骤 4 中（2）的相应操作，单击图形编辑工具栏中的"旋转"按钮，弹出"旋转"对话框，将 X 轴设置为 180°，单击"应用"按钮即可实现对模型绕 X 轴旋转 180°，单击图形编辑工具栏中的"比例放大/缩小"按钮，弹出"比例"对话框，选中"统一"复选框，并将数值设置为 3，单击"应用"按钮，模型将被放大至原来的 3 倍，旋转放大后的模型如图 6-121 所示。

剩余步骤可参考 6.1.2 节中步骤 4～步骤 8，即可完成打印。

6.4.3　处理打印模型

处理打印模型有以下 4 个步骤：

（1）取出模型。取出后的钻头模型如图 6-122 所示。

（2）清洗模型。

（3）去除支撑。

图 6-121　旋转和放大后的
模型"钻头"

（4）打磨模型。打磨处理后的钻头模型如图 6-123 所示。

图 6-122　打印完毕的钻头模型　　　　图 6-123　处理后的钻头模型

扫码看视频

6.5　拨叉

6.5　拨　　叉

首先利用 Pro/ENGINEER 软件创建拨叉模型，再利用 RPdata 软件打印拨叉的 3D 模型，最后对打印出来的拨叉模型进行清洗、去除支撑和毛刺处理，流程图如图 6-124 所示。

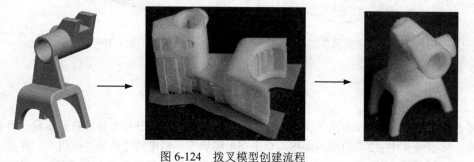

图 6-124　拨叉模型创建流程

6.5.1　创建模型

拨叉是机械机构中的活动件，起到改变运动方向的作用。拨叉的创建比较简单，是对前面学习的几项基本功能的综合利用。拨叉的创建过程基本分为两大步进行：首先是利用"拉伸"和"倒角"等命令创建拨叉的实体、安装轴等部分，然后利用切剪的功能去除多余的材料，完成拨叉的创建。

1. 新建文件

启动 Pro/ENGINEER 5.0，选择菜单栏中的"文件"→"新建"命令，或者单击"标准"工具栏中的"新建"按钮，弹出"新建"对话框，在"类型"选项组中选中"零件"单选按钮，在"子类型"选项组中选中"实体"单选按钮，在"名称"文本框中输入文件名 bocha.prt，其他选项接受系统提供的默认设置，单击"确定"按钮，创建一个新的零件文件。

2．创建拨叉基体

（1）单击"基础特征"工具栏中的"拉伸"按钮，在打开的"拉伸"操控板中依次单击"放置"→"定义"按钮，打开"草绘"对话框。选取 TOP 平面作为草绘面，RIGHT 面作为参考，参考方向向右，单击"草绘"按钮，进入草绘环境。

（2）单击"草绘器"工具栏中的"线"按钮，绘制如图 6-125 所示的截面并修改尺寸。单击"确定"按钮，退出草图绘制环境。

（3）在操控板中输入拉伸深度为 8mm，选择"对称"，单击操控板中的"完成"按钮，结果如图 6-126 所示。

3．拉伸实体 1

（1）单击"基础特征"工具栏中的"拉伸"按钮，在打开的"拉伸"操控板中依次单击"放置"→"定义"按钮，系统打开"草绘"对话框。选取 TOP 平面作为草绘面，RIGHT 面作为参考，参考方向向右，单击"草绘"按钮，进入草绘环境。

（2）单击"草绘器"工具栏中的"使用"按钮和"线"按钮，绘制如图 6-127 所示的截面并修改尺寸。单击"确定"按钮，退出草图绘制环境。

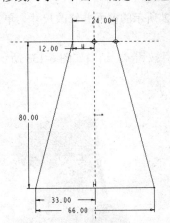

图 6-125　拨叉实体草绘图

图 6-126　创建拨叉基体

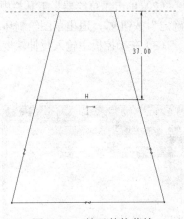

图 6-127　拨叉基体草绘

（3）在操控板中输入拉伸深度为 46mm，选择"对称"，单击操控板中的"完成"按钮，结果如图 6-128 所示。

4．倒圆角

（1）单击"工程特征"工具栏中的"倒圆角"按钮，打开"倒圆角"操控板。

（2）按住 Ctrl 键，选取如图 6-129 所示的边。在操控板中设置圆角半径为 10mm，单击操控板中的"完成"按钮，完成倒圆角特征的创建，结果如图 6-130 所示。

5．创建基准平面 1

（1）单击"基准"工具栏中的"基准平面"按钮，弹出"基准平面"对话框，如图 6-131 所示。

（2）选择参照平面为 TOP 平面，参考方式为"偏移"，输入平移值为-4，单击"确定"按钮，生成参考面 DTM1。

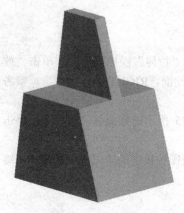

图 6-128　拨叉实体

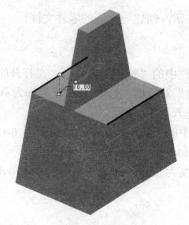

图 6-129　选取边线

图 6-130　倒圆角实体

6. 拉伸实体 2

（1）单击"基础特征"工具栏中的"拉伸"按钮 ，在打开的"拉伸"操控板中依次单击"放置"→"定义"按钮，打开"草绘"对话框。选取 DTM1 面作为草绘面，单击"草绘"按钮，进入草绘环境。

（2）单击"草绘器"工具栏中的"圆"按钮 ◯，绘制如图 6-132 所示的截面并修改尺寸。单击"确定"按钮 ✔，退出草图绘制环境。

（3）在操控板中输入拉伸深度为 58mm，单击操控板中的"完成"按钮 ✔，结果如图 6-133 所示。

图 6-131　"基准平面"对话框

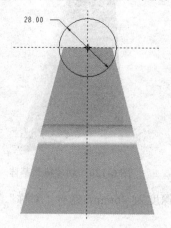

图 6-132　绘制草图

图 6-133　拨叉实体

7. 创建基准平面 2

（1）单击"基准"工具栏中的"基准平面"按钮 ▱，在弹出的"基准平面"对话框中选择 TOP 平面作为参考平面，偏移量为-38，生成参考平面 DTM2。

（2）单击"基准"工具栏中的"基准平面"按钮 ▱，在弹出的"基准平面"对话框中选择 RIGHT 平面作为参考平面，选择第二个参考 A_1 轴，方式为"穿过"，旋转角度为-8，如图 6-134 所示，生成参考面 DTM3。

（3）单击"基准"工具栏中的"基准平面"按钮 ▱，在弹出的"基准平面"对话框中选择 DTM3 平面作为参考平面，A_1 为第二个参考，如图 6-135 所示，输入旋转角度为 90，完成辅助参考面的创建。

图 6-134 创建基准平面

图 6-135 创建另一基准平面

8. 创建拉伸

（1）单击"基础特征"工具栏中的"拉伸"按钮，在打开的"拉伸"操控板中依次单击"放置"→"定义"按钮，打开"草绘"对话框。选取 DTM2 基准平面作为草绘面，单击"草绘"按钮，进入草绘环境。

（2）选择参考面 DTM3、DTM4 以及圆形作为参考线，单击"草绘器"工具栏中的"线"按钮，绘制如图 6-136 所示的截面并修改尺寸。单击"确定"按钮，退出草图绘制环境。

（3）在操控板中输入拉伸深度为 30mm，选择"对称"，单击操控板中的"完成"按钮，结果如图 6-137 所示。

9. 创建圆台

（1）单击"基础特征"工具栏中的"拉伸"按钮，在打开的"拉伸"操控板中依次单击"放置"→"定义"按钮，打开"草绘"对话框。选取 RIGHT 面作为草绘面，单击"草绘"按钮，进入草绘环境。

（2）选取 DTM2 和 FRONT 为参考线，单击"草绘器"工具栏中的"圆"按钮，绘制如图 6-138 所示的截面并修改尺寸。单击"确定"按钮，退出草图绘制环境。

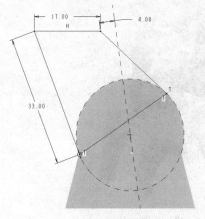

图 6-136 拨叉草绘

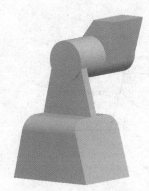

图 6-137 拨叉实体

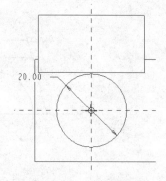

图 6-138 圆柱草绘

（3）在操控板中输入拉伸深度为 23mm，单击操控板中的"完成"按钮，结果如图 6-139 所示。

10. 创建切除材料 1

（1）单击"基础特征"工具栏中的"拉伸"按钮，在打开的"拉伸"操控板中依次单击"放

置"→"定义"按钮,打开"草绘"对话框。选取 RIGHT 面作为草绘面,单击"草绘"按钮,进入草绘环境。

（2）选择实体的底面和垂直平面 TOP 作为参考线,单击"草绘器"工具栏中的"矩形"按钮□和"圆形"按钮↖,绘制如图 6-140 所示的截面并修改尺寸。单击"确定"按钮✔,退出草图绘制环境。

（3）设置操控板"选项"下滑面板中的侧 1 和侧 2 为"穿透"⟫⟫,单击"移除材料"按钮◿,去除多余材料。单击操控板中的"完成"按钮✔,结果如图 6-141 所示。

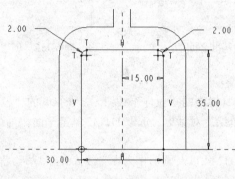

图 6-139　拨叉实体　　　　　　　图 6-140　切割草绘　　　　　　图 6-141　切割实体

11. 创建切除材料 2

（1）单击"基础特征"工具栏中的"拉伸"按钮⬚,在打开的"拉伸"操控板中依次单击"放置"→"定义"按钮,打开"草绘"对话框。选取 TOP 平面作为草绘面,单击"草绘"按钮,进入草绘环境。

（2）选择实体的底面和垂直平面 TOP 作为参考线,单击"草绘器"工具栏中的"圆"按钮○,绘制如图 6-142 所示的截面并修改尺寸。单击"确定"按钮✔,退出草图绘制环境。

（3）设置操控板"选项"下滑面板中的侧 1 和侧 2 为"穿透"⟫⟫,单击"移除材料"按钮◿,去除多余材料。单击操控板中的"完成"按钮✔,结果如图 6-143 所示。

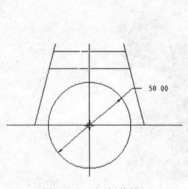

图 6-142　切割草绘　　　　　　　图 6-143　切割实体

12. 创建切除材料 3

（1）单击"基础特征"工具栏中的"拉伸"按钮⬚,在打开的"拉伸"操控板中依次单击"放置"→"定义"按钮,打开"草绘"对话框。选取 DTM3 平面作为草绘面,单击"草绘"按钮,进入草绘环境。

（2）选择 DTM2 和梯形顶边为参考线，单击"草绘器"工具栏中的"圆"按钮○，绘制如图 6-144 所示的截面并修改尺寸。单击"确定"按钮✔，退出草图绘制环境。

（3）设置操控板"选项"下滑面板中的侧 1 和侧 2 为"穿透"非，单击"移除材料"按钮▱，去除多余材料。单击操控板中的"完成"按钮✔，结果如图 6-145 所示。

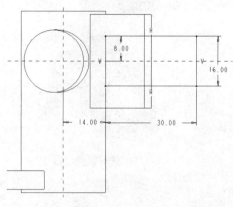

图 6-144　切割草绘

图 6-145　切割实体

13．创建孔

（1）单击"工程特征"工具栏中的"孔"按钮╈，打开"孔"操控板。

（2）选择步骤 6 创建的拉伸体外表面和轴线为孔放置，如图 6-146 所示，输入孔直径为 20mm，深度为通孔，单击"完成"按钮✔，完成孔的绘制。

（3）重复"孔"命令，选取步骤 12 创建拉伸体外表面和轴线为孔放置，输入孔直径为 15mm，创建孔如图 6-147 所示。

图 6-146　装配孔位置

图 6-147　创建孔

14．创建倒圆角

（1）单击"工程特征"工具栏中的"倒圆角"按钮⌒，打开"倒圆角"操控板。

（2）按住 Ctrl 键，选取如图 6-148 所示的边。在操控板中设置圆角半径为 2mm，单击操控板中的"完成"按钮✔，完成倒圆角特征的创建。

（3）重复"圆角"命令，选取如图 6-149 所示的边，设置圆角半径为 1mm。

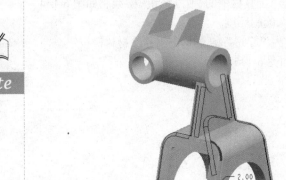

图 6-148　选取圆角边线 1　　　　　　　图 6-149　选取圆角边线 2

15. 创建倒角

（1）单击"工程特征"工具栏中的"倒角"按钮，弹出"倒角"操控板。

（2）按提示行提示选择要进行倒角的边，如图 6-150 所示。

（3）选择"D×D"选项，倒角值均输入"1"，单击"完成"按钮，完成倒角特征。完成后如图 6-151 所示。

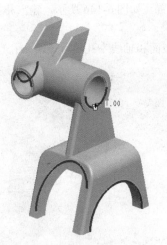

图 6-150　选取倒角边　　　　　　　　　图 6-151　倒角

6.5.2　打印模型

根据 6.1.2 节中步骤 2 和步骤 3 操作进行加载及查看模型，为获得较好的打印质量，可将模型旋转至合适位置。按步骤 4 中（2）的相应操作，单击图形编辑工具栏中的"旋转"按钮，弹出"旋转"对话框，将 X 轴设置为 90°，单击"应用"按钮即可实现对模型绕 X 轴旋转 90°，旋转后如图 6-152 所示。

剩余步骤可参考 6.1.2 节中步骤 4～步骤 8，即可完成打印。

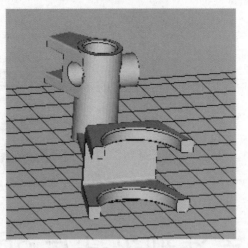

图 6-152　旋转模型 bocha

6.5.3　处理打印模型

处理打印模型有以下 4 个步骤：

（1）取出模型。取出后的拨叉模型如图 6-153 所示。

（2）清洗模型。

（3）去除支撑。

（4）打磨模型。打磨处理后的拨叉模型如图 6-154 所示。

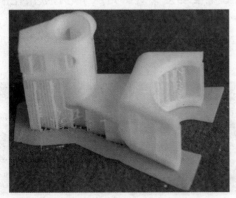

图 6-153　打印完毕的拨叉模型

图 6-154　处理后的拨叉模型

第 **7** 章

曲面造型设计与 3D 打印实例

在 3D 打印中不能直接打印"纯曲面"的模型，必须要有一定厚度的模型才能打印出来。由于 3D 打印材料的限制，最好将模型的厚度设置在 5mm 以上，不然打印出来的模型容易变形。

本章主要介绍几款曲面造型，如苹果、风车、饭勺、铁锹、水果盘、灯罩、塑料壶等模型的建立及 3D 打印过程。通过本章的学习读者主要应掌握如何从 Pro/ENGINEER 中创建模型并导入到 RPdata 软件打印出模型。

任务驱动&项目案例

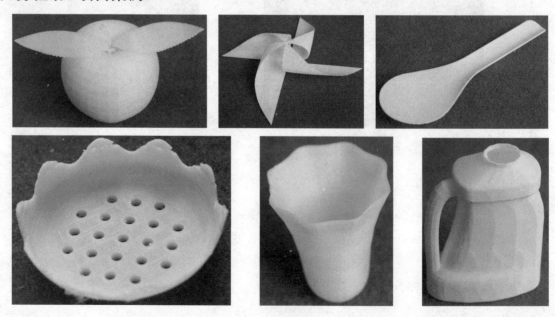

7.1　苹　果

首先利用 Pro/ENGINEER 软件创建苹果模型，再利用 RPdata 软件打印苹果的 3D 模型，最后对打印出来的苹果模型进行清洗、去除支撑和毛刺处理，流程图如图 7-1 所示。

图 7-1　苹果模型创建流程

7.1.1　创建模型

首先绘制苹果的一个发兰，然后扫描生成苹果的主体轮廓；再添加一个基准面，镜像生成另一侧发兰；最后扫描生成管的内壁轮廓。

1．新建文件

启动 Pro/ENGINEER 5.0，选择菜单栏中的"文件"→"新建"命令，或者单击"标准"工具栏中的"新建"按钮□，弹出"新建"对话框，在"类型"选项组中选中"零件"单选按钮，在"子类型"选项组中选中"实体"单选按钮，在"名称"文本框中输入文件名 pingguo.prt，其他选项接受系统提供的默认设置，单击"确定"按钮，创建一个新的零件文件。

2．绘制扫描轨迹

（1）单击"基准"工具栏中的"草绘"按钮，打开"草绘"对话框，选取 TOP 面作为草绘面，RIGHT 面作为参考，参考方向向右，进入草图绘制环境。

（2）单击"草绘器"工具栏中的"圆"按钮○，绘制如图 7-2 所示的截面并修改尺寸。单击"确定"按钮✔，退出草图绘制环境。

3．绘制变截面扫描曲面

（1）单击"基础特征"工具栏中的"可变截面扫描"按钮，打开"可变截面扫描"操控板。

（2）选取刚绘制的草图作为轨迹线，再在操控板中单击"绘制截面"按钮，用来绘制扫描截面，单击"草绘器"工具栏中的"样条"按钮，绘制草图如图 7-3 所示。

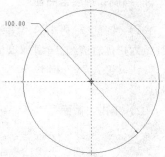

图 7-2　绘制扫描轨迹

（3）选择菜单栏中的"工具"→"关系"命令，弹出"关系"对话框，如图 7-4 所示。选取"sd#=40"的尺寸作为可变尺寸，并输入方程为"sd11=2*sin(trajpar*360*5)+40"（其中 sd11 是系统尺寸标记，数字可能会有变化），单击"确定"按钮。然后单击"确定"按钮✔，完成草图绘制。

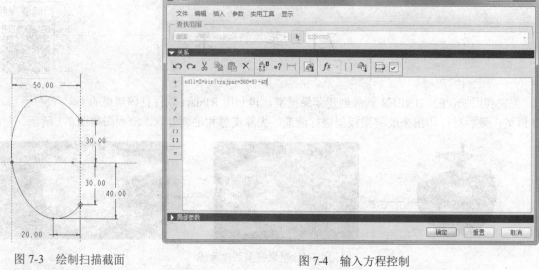

图 7-3　绘制扫描截面　　　　　　　图 7-4　输入方程控制

（4）在"选项"下滑面板中选择"可变截面"选项，单击"完成"按钮☑，系统生成扫描曲面，如图 7-5 所示。

🔊 **注意：** 在输入方程"sd11=2*sin(trajpar*360*5)+40"时，方程左边是要被控制的尺寸标记，方程右边是带有变量的函数关系式，trajpar 是系统默认变量，trajpar 在 0～1 之间变化，因此，sin(trajpar*360*5)就在-1～1 之间变化，并且是周期性变化，周期为 5 次。40 是初相，如果没有 40，当 trajpar=0 时，sd11=0，则导致图形急剧的变化，结果失败。

4．绘制扫描混合轨迹

（1）单击"基准"工具栏中的"草绘"按钮，打开"草绘"对话框，选取 RIGHT 面作为草绘面，TOP 面作为参考，参考方向向右，进入草图绘制环境。

（2）单击"草绘器"工具栏中的"圆弧"按钮，绘制如图 7-6 所示的截面并修改尺寸。单击"确定"按钮✔，退出草图绘制环境。

5．绘制扫描混合曲面

（1）选择菜单栏中的"插入"→"扫描混合"命令，打开"扫描混合"操控板。选取刚刚绘制的圆弧为扫描轨迹线。单击"截面"按钮，打开"截面"下滑面板，选取圆弧的下端点，然后单击"草绘"按钮，进入草绘环境。绘制一个直径为 1 的圆，绘制完成后，单击"确定"按钮✔，退出草图绘制环境。

（2）单击"截面"下滑面板中的"插入"按钮，选取圆弧的上端点，然后单击"草绘"按钮，绘制直径为 5 的圆。单击"确定"按钮✔，退出草图绘制环境。

（3）在"选项"下滑面板中选择"封闭端点"选项，单击操控板中的"完成"按钮☑，完成混合扫描曲面的创建，如图 7-7 所示。

6．绘制叶子轨迹线

（1）单击"基准"工具栏中的"草绘"按钮，打开"草绘"对话框，选取 FRONT 面作为草绘面，TOP 面作为参考，参考方向向顶，进入草图绘制环境。

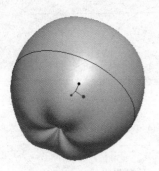

图 7-5 方程控制扫描结果

图 7-6 绘制扫描混合轨迹线

图 7-7 扫描混合曲面

（2）单击"草绘器"工具栏中的"样条"按钮 ，绘制如图 7-8 所示的截面并修改尺寸。单击"确定"按钮 ，退出草图绘制环境。

7．绘制扫描曲面

（1）单击"基础特征"工具栏中的"可变截面扫描"按钮 ，打开"可变截面扫描"操控板。

（2）选取刚绘制的草图作为轨迹线，再在操控板中单击"绘制截面"按钮 ，用来绘制扫描截面，单击"草绘器"工具栏中的"线"按钮 ，绘制草图如图 7-9 所示。单击"确定"按钮 ，完成草图绘制。

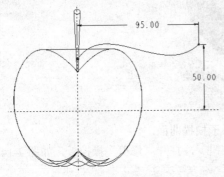

图 7-8 绘制扫描轨迹线

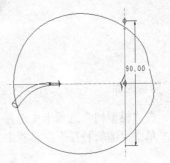

图 7-9 扫描截面

（3）在操控板中单击"曲面"按钮 ，单击"完成"按钮 ，完成结果如图 7-10 所示。

8．绘制投影草绘

（1）单击"基准"工具栏中的"草绘"按钮 ，打开"草绘"对话框，选取 TOP 面作为草绘面，RIGHT 面作为参考，参考方向向顶，进入草图绘制环境。

（2）单击"草绘器"工具栏中的"样条"按钮 ，绘制如图 7-11 所示的截面并修改尺寸。单击"确定"按钮 ，退出草图绘制环境。

9．投影草绘

（1）将刚绘制的两条草绘选中，选择菜单栏中的"编辑"→"投影"命令，打开"投影"操控板，如图 7-12 所示。

（2）选取扫描曲面为投影曲面，投影方向默认为草绘平面的法向方向。投影结果如图 7-13 所示。

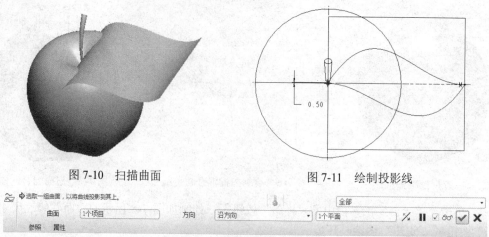

图 7-10　扫描曲面　　　　　　　　图 7-11　绘制投影线

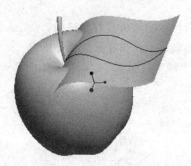

图 7-12　"投影"操控板

图 7-13　投影草绘

10. 修剪曲面

（1）在"模型树"选项卡中选择上步创建的叶子扫描曲面。

（2）单击"编辑特征"工具栏中的"修剪"按钮 🔲，打开"修剪"操控板，如图 7-14 所示。

图 7-14　"修剪"操控板

（3）选取刚绘制的投影线作为修剪工具，单击"完成"按钮 ✅，修剪结果如图 7-15 所示。

图 7-15　修剪曲面

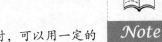

☆知识点——修剪

修剪工具用于剪切或者分割面组或者曲线,从面组或曲线中移除材料,以创建特定形状的面组或曲线。在本节我们讲述修剪示例,以使读者对此选项内容做进一步的理解。

曲面修剪的方式主要有下列两种。

（1）以相交面作为分割面来进行修剪。当使用曲面作为修剪另一曲面的参照时,可以用一定的厚度修剪,需要使用薄修剪模式,如图 7-16 所示。

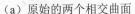
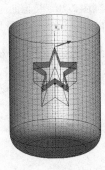

(a) 原始的两个相交曲面　　(b) 修剪过程　　(c) 修剪后的效果

图 7-16　曲面修剪方式 I

（2）以曲面上的曲线作为分割线来进行修剪,如图 7-17 所示。

① "参照"下滑面板。在该滑面板上,具有"修剪得面组"和"修剪对象"收集器,选择的对象均会收集在相应的收集器中,在收集器中单击可将其激活;若右击收集器,在弹出的快捷菜单中选择"移除"命令,可删除不需要的对象,如图 7-18 所示。

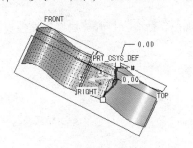
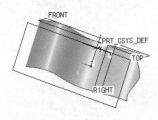

图 7-17　曲面修剪方式 II　　　　　　　　　图 7-18　"参照"下滑面板

② "选项"下滑面板。当修剪对象为曲线时,不需要使用该滑面板。而当修剪对象为相交面时,可以打开该上滑面板,指定是否保留修剪曲面、是否定义薄修剪等。倘若要定义薄修剪时,可以选择薄修剪控制选项,输入薄修剪的厚度,并可以指定排出曲面（不进行薄修剪的曲面）,如图 7-19 所示。

图 7-19　"选项"下滑面板

11. 镜像曲面

（1）选择选取过滤器中"几何"选项,再选取刚修剪的曲面几何。

（2）单击"编辑特征"工具栏中的"镜像"按钮，打开"镜像"操控板。

（3）选取 RIGHT 面作为镜像平面,镜像结果如图 7-20 所示。

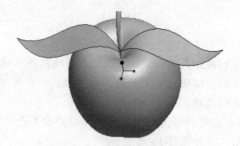

图 7-20　镜像曲面

注意：在绘制如图 7-20 所示的镜像曲面时，选取的过滤器为"几何"，并选取曲面几何，则镜像的是曲面几何，如果选取的是曲面特征，则镜像的是特征，由于此处特征是由多个特征组成，如果镜像的话必须将多个特征创建成组才能镜像，否则容易产生失败。

12. 实体化

（1）选取苹果主体曲面，选择菜单栏中的"编辑"→"实体化"命令，打开"实体化"操控板，如图 7-21 所示。

图 7-21　"实体化"操控板

（2）重复"实体化"命令，选取苹果梗曲面，将其实体化。

13. 加厚曲面

（1）选取苹果上一侧的叶子，选择菜单栏中的"编辑"→"加厚"命令，打开"加厚"操控板，如图 7-22 所示。

图 7-22　"加厚"操控板

（2）输入加厚厚度为 1mm，单击操控板中的"完成"按钮。

（3）重复"加厚"命令，对另一侧的叶子进行加厚处理，厚度为 1mm。结果如图 7-23 所示。

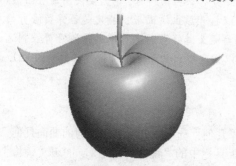

图 7-23　加厚曲面

⭐知识点——加厚

加厚特征用于将曲面或面组特征生成实体薄壁，或者移除薄壁材料，可以由曲面直接创建实体。

因此，加厚特征可用于创建复杂的薄实体特征，以提供比实体建模更复杂的曲面造型。所以，加厚特征用来为设计者提供此类的需求，并造成设计的极大灵活性。

7.1.2　打印模型

根据 6.1.2 节中步骤 2 和步骤 3 操作进行加载及查看模型，为获得较好的打印质量，可将模型旋转至合适位置。按 6.1.2 节步骤 4 中（2）的相应操作，单击图形编辑工具栏中的"旋转"按钮 🔄，弹出"旋转"对话框，将 X 轴设置为 90°，单击"应用"按钮即可实现对模型绕 X 轴旋转 90°，旋转后如图 7-24 所示。

图 7-24　旋转模型 pingguo

剩余步骤可参考 6.1.2 节中步骤 4～步骤 8，即可完成打印。

7.1.3　处理打印模型

处理打印模型有以下 4 个步骤：

（1）取出模型。打印完毕后，将工作台调整至液态树脂平面之上，用平铲等工具将模型底部与平台底部撬开，以便于取出模型。取出后的苹果模型如图 7-25 所示。

图 7-25　打印完毕的苹果模型

（2）清洗模型。打印完毕模型的表面需要使用酒精等溶剂对其清洗，以防止影响模型表面质量。将适量酒精倒入盆内，用毛刷对苹果模型表面残留的液态树脂进行清洗。

（3）去除支撑。如图 7-25 所示，取出后的苹果模型存在一些打印过程中生成的支撑，使用尖嘴钳、刀片、钢丝钳、镊子等工具，将苹果模型的支撑去除。

（4）打磨模型。根据去除支撑后的模型粗糙程度，可先使用锉刀、粗砂纸等对支撑与模型接触的部位进行粗磨，然后用较细粒度的砂纸对模型进一步打磨，处理后的苹果模型如图 7-26 所示。

图 7-26　处理后的苹果模型

扫码看视频
7.2　风车

7.2　风　　车

首先利用 Pro/ENGINEER 软件创建风车模型，再利用 RPdata 软件打印风车的 3D 模型，最后对打印出来的风车模型进行清洗、去除支撑和毛刺处理，流程图如图 7-27 所示。

图 7-27　风车模型创建流程

7.2.1　创建模型

首先绘制截面草绘并拉伸为曲面，然后偏移曲线；再用偏移的曲线修剪曲面，将修剪后的曲面加厚得到一个风叶，最后通过阵列完成风车的创建。

1．新建文件

启动 Pro/ENGINEER 5.0，选择菜单栏中的"文件"→"新建"命令，或者单击"标准"工具栏中的"新建"按钮，弹出"新建"对话框，在"类型"选项组中选中"零件"单选按钮，在"子类型"选项组中选中"实体"单选按钮，在"名称"文本框中输入文件名 fengche.prt，其他选项接受系统提供的默认设置，单击"确定"按钮，创建一个新的零件文件。

2. 拉伸曲面

（1）单击"基础特征"工具栏中的"拉伸"按钮 ，在打开的"拉伸"操控板中单击"曲面"按钮 ，然后依次单击"放置"→"定义"按钮，打开"草绘"对话框。选取 FRONT 面作为草绘面，RIGHT 面作为参考，参考方向向右，单击"草绘"按钮，进入草绘环境。

（2）单击"草绘器"工具栏中的"圆心和轴椭圆"按钮 和"删除段"按钮 ，绘制如图 7-28 所示的截面并修改尺寸。单击"确定"按钮 ，退出草图绘制环境。

（3）在操控板中输入拉伸深度为 150mm，单击操控板中的"完成"按钮 ，结果如图 7-29 所示。

3. 偏移曲线

（1）选取拉伸曲面的边，再选择菜单栏中的"编辑"→"偏移"命令，将鼠标靠近偏移把手，然后单击鼠标右键，在弹出的快捷菜单中选择"添加"命令，如图 7-30 所示。

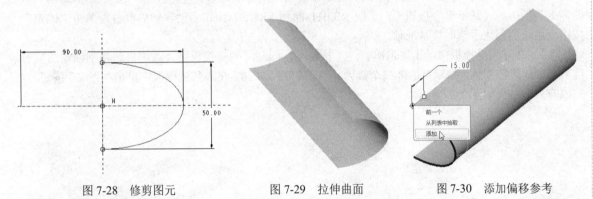

图 7-28 修剪图元   图 7-29 拉伸曲面   图 7-30 添加偏移参考

（2）系统即增加一个偏移参考点，将参考点比例由 0.5 修改为 1，并将起点的偏移距离修改为 150，终点的偏移距离修改为 1，如图 7-31 所示。在偏移操控板中单击"完成"按钮 ，完成曲线的偏移。

4. 修剪曲面

（1）选取拉伸曲面，再单击"编辑特征"工具栏中的"修剪"按钮 ，打开"修剪"操控板。

（2）选取刚才绘制的偏移曲线为修剪工具，如图 7-32 所示。在修剪操控板中单击"完成"按钮 ，完成曲面的修剪，如图 7-33 所示。

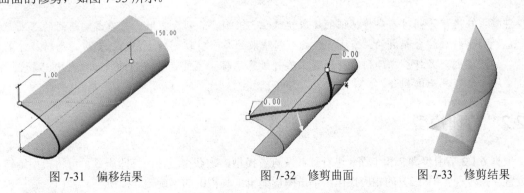

图 7-31 偏移结果   图 7-32 修剪曲面   图 7-33 修剪结果

5. 加厚曲面

（1）选取修剪后的曲面，选择菜单栏中的"编辑"→"加厚"命令，打开"加厚"操控板，如

图 7-34 所示。

图 7-34　"加厚"操控板

（2）输入加厚厚度为 1mm，单击操控板中的"完成"按钮☑，如图 7-35 所示。

6．阵列特征

（1）在模型树中选取"拉伸"特征、"偏移"特征、"修剪"特征和"加厚"特征，再单击鼠标右键，在弹出的快捷菜单中选择"组"命令，如图 7-36 所示。系统即将 4 个特征创建为一个组。

（2）单击"编辑特征"工具栏中的"阵列"按钮▦，将阵列的类型修改为"轴"，然后单击"基准"工具栏中的"基准轴"按钮╱，选取 RIGHT 面和 FRONT 面作为创建轴的参考，单击"确定"按钮，系统即创建了临时性基准轴。

（3）在阵列操控板中单击"退出暂停"按钮▶，回到阵列操控板中，系统自动将刚创建的临时性基准轴作为阵列轴，按默认的阵列个数为 4，阵列角度为 90。在阵列操控板中单击"完成"按钮☑，完成阵列，结果如图 7-37 所示。

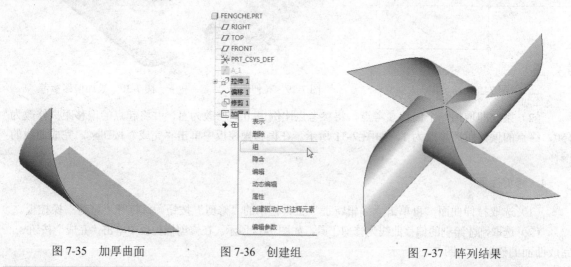

图 7-35　加厚曲面　　　　图 7-36　创建组　　　　图 7-37　阵列结果

📢 **注意**：在进行阵列时需要将特征创建成组特征，否则，阵列会失败。因为需要阵列的结果是由多个特征综合而成的，必须将组成阵列结果的多个特征创建成组后，变成一个特征才能进行阵列。另外，在阵列时，创建了临时性基准轴，不能在要阵列的特征之后创建轴，因为，参照要比阵列大。

7.2.2　打印模型

根据 6.1.2 节中步骤 2 和步骤 3 进行加载及查看模型，为获得较好的打印质量，可将模型旋转至合适位置。按步骤 4 中（2）的相应操作，单击图形编辑工具栏中的"旋转"按钮⟳，弹出"旋转"对话框，将 X 轴设置为 270°，单击"应用"按钮即可实现对模型绕 X 轴旋转 270°，旋转后如图 7-38 所示。

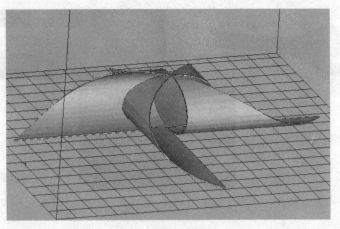

图 7-38 旋转模型 fengche

剩余步骤可参考 6.1.2 节中步骤 4～步骤 8,即可完成打印。

7.2.3 处理打印模型

处理打印模型有以下 4 个步骤:

(1) 取出模型。取出后的风车模型如图 7-39 所示。

(2) 清洗模型。

(3) 去除支撑。

(4) 打磨模型。打磨处理后的风车模型如图 7-40 所示。

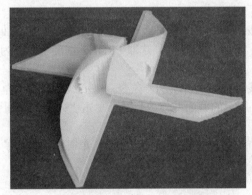

图 7-39 打印完毕的风车模型

图 7-40 处理后的风车模型

7.3 饭 勺

扫码看视频

7.3 饭勺

首先利用 Pro/ENGINEER 软件创建饭勺模型,再利用 RPdata 软件打印饭勺的
3D 模型,最后对打印出来的饭勺模型进行清洗、去除支撑和毛刺处理,流程图如图 7-41 所示。

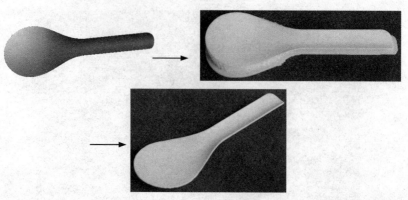

图 7-41　饭勺模型创建流程

7.3.1　创建模型

首先绘制旋转曲面，然后采用扫描绘制勺柄；再将勺柄部分修剪，然后采用边界混合命令将勺子和勺柄光顺连接；最后将勺柄倒圆角并加厚。

1. 新建文件

启动 Pro/ENGINEER 5.0，选择菜单栏中的"文件"→"新建"命令，或者单击"标准"工具栏中的"新建"按钮，弹出"新建"对话框，在"类型"选项组中选中"零件"单选按钮，在"子类型"选项组中选中"实体"单选按钮，在"名称"文本框中输入文件名 fanshao.prt，其他选项接受系统提供的默认设置，单击"确定"按钮，创建一个新的零件文件。

2. 绘制旋转曲面

（1）单击"基础特征"工具栏中的"旋转"按钮，在打开的"旋转"操控板中单击"曲面"按钮，依次单击"放置"→"定义"按钮，打开"草绘"对话框。选取 FRONT 基准平面作为草绘平面，单击"草绘"按钮，进入草绘环境。

（2）单击"草绘器"工具栏中的"几何中心线"按钮，绘制一条竖直中心线；单击"草绘器工具"工具栏中的"圆弧"按钮，绘制如图 7-42 所示的截面并修改尺寸。单击"确定"按钮，退出草图绘制环境。

（3）在操控板中设置旋转方式为"变量"，给定旋转角度值为 360°，单击操控板中的"完成"按钮，结果如图 7-43 所示。

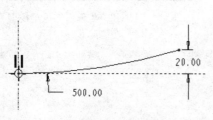

图 7-42　绘制草图

图 7-43　旋转曲面

3. 绘制轨迹线

（1）单击"基准"工具栏中的"草绘"按钮，打开"草绘"对话框，选取 FRONT 面作为草绘面，TOP 面作为参考，参考方向向顶。进入草图绘制环境。

（2）单击"草绘器"工具栏中的"线"按钮＼，绘制如图 7-44 所示的截面并修改尺寸。单击"确定"按钮✔，退出草图绘制环境。

4. 绘制变截面扫描曲面

（1）单击"基础特征"工具栏中的"可变截面扫描"按钮，打开"可变截面扫描"操控板。

（2）选取刚绘制的草图作为轨迹线，再在操控板中单击"绘制截面"按钮，用来绘制扫描截面，单击"草绘器"工具栏中的"圆心和端点"按钮，绘制草图如图 7-45 所示。单击"确定"按钮✔，完成草图绘制。

（3）在操控板中单击"曲面"按钮，再单击"完成"按钮✔，完成结果如图 7-46 所示。

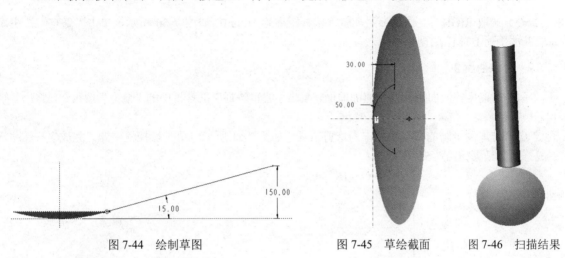

图 7-44　绘制草图　　　　　图 7-45　草绘截面　　图 7-46　扫描结果

5. 绘制草图

（1）单击"基准"工具栏中的"草绘"按钮，打开"草绘"对话框，选取 TOP 面作为草绘面，RIGHT 面作为参考，参考方向向右。进入草图绘制环境。

（2）单击"草绘器"工具栏中的"线"按钮＼，绘制如图 7-47 所示的截面并修改尺寸。单击"确定"按钮✔，退出草图绘制环境。

6. 投影曲线

（1）选择菜单栏中的"编辑"→"投影"命令，弹出"投影"操控板。

（2）选取刚绘制的草绘作为投影草绘，选取勺柄作为投影曲面，TOP 面作为投影方向平面，单击"完成"按钮。

7. 修剪曲面 1

（1）选取勺柄曲面，单击"编辑特征"工具栏中的"修剪"按钮，弹出"修剪"操控板。

（2）选取投影曲线作为修剪工具，如图 7-48 所示。单击操控板中的"完成"按钮✔，完成修剪，隐藏草图，结果如图 7-49 所示。

8. 创建基准平面

（1）单击"基准"工具栏中的"基准平面"按钮，弹出"基准平面"对话框。

图 7-47　绘制草图　　　　　图 7-48　选取修剪曲线　　　　　图 7-49　修剪结果

（2）选取 RIGHT 面作为参照，输入偏移距离为 30mm，如图 7-50 所示，单击"确定"按钮，完成基准平面 DTM1 的创建。

9.　修剪曲面 2

（1）选取旋转曲面作为要修剪的曲面，单击"编辑特征"工具栏中的"修剪"按钮，弹出"修剪"操控板。

（2）选取刚绘制的基准平面作为修剪工具，如图 7-51 所示。单击操控板中的"完成"按钮，完成修剪，结果如图 7-52 所示。

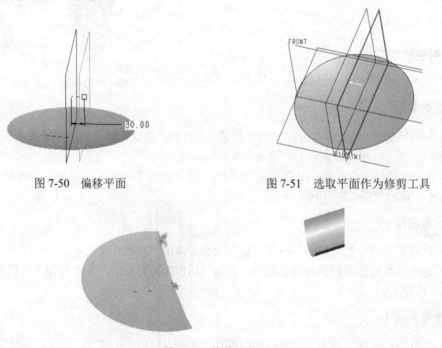

图 7-50　偏移平面　　　　　　　　图 7-51　选取平面作为修剪工具

图 7-52　修剪结果

10.　绘制基准曲线

（1）单击"基准"工具栏中的"基准曲线"按钮，弹出"曲线：通过点"对话框和菜单管理器。在弹出的菜单中选择"通过点"→"完成"命令。

（2）选取如图 7-53 所示的点作为曲线通过点，再定义相切条件，使绘制的曲线与相连接的曲线在端点处相切，如图 7-54 所示。

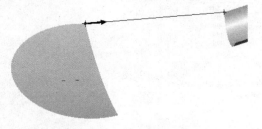

图 7-53　选取曲线通过点

（3）重复"基准曲线"命令，在另一侧创建曲线，如图 7-55 所示。

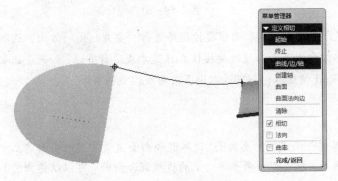

图 7-54　定义相切条件

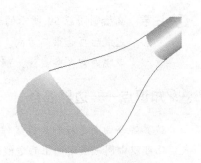

图 7-55　创建曲线

11. 边界混合曲面

（1）单击"基础特征"工具栏中的"边界混合"按钮 ，打开"边界混合"操控板，如图 7-56 所示。

图 7-56　"边界混合"操控板

（2）依次选取两方向曲线，如图 7-57 所示。

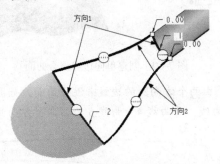

图 7-57　选取曲线

（3）在"约束"下滑面板中约束方向 1 两边界条件为相切，如图 7-58 所示，单击"完成"按钮 ✓，完成曲面的创建，结果如图 7-59 所示。

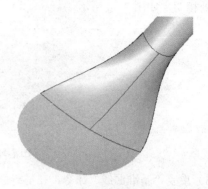

图 7-58　定义相切条件　　　　　　　　　　图 7-59　边界混合曲面

📢 **注意：** 在绘制图 7-59 所示的边界混合曲面时，选取曲线要按顺序进行，要先选第一方向，选取完成后再选第二方向。选取单方向上多条曲线时要按住 Ctrl 键才能进行多选，如果是选取串联内部多条曲线，则按住 Shift 键选取，即可选取由多条曲线组成的串联。

☆知识点——边界混合

边界混合曲面是指利用边线作为边界混合而成的一类曲面。边界混合曲面是最常用的曲面建立方式。既可以由同一个方向上的边线混合曲面，也可以由两个方向上的边线混合曲面。可以以建立的参照曲线为依据，获得比较精确的曲面，但是另外一方面需要明白的是，曲面不是完完全全绝对精确地通过参照曲线的，它也只是在一定精度范围内通过参照曲线的拟合曲面。为了更精确地控制所要混合的曲面可以加入影响曲线，可以设置边界约束条件或者设置控制点等。为了曲面质量的需要可能会重新拟合参照曲线。

（1）单向边界混合曲面是由一个方向上的边线来混合曲面，如图 7-60 所示。结合 Ctrl 键依次将 3 条基准曲线选作第一方向上的曲线（如按曲线 1→曲线 2→曲线 3 的顺序选择），右图为其混合而成的曲面。注意，选择曲面的顺序不同则生成的曲面也会有所不同。

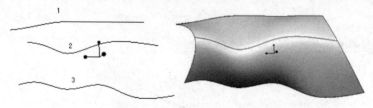

图 7-60　创建单向边界混合曲面

（2）双向边界混合曲面是由两个方向上的边线来混合曲面，如图 7-61 所示。依次定义曲线 1、曲线 2、曲线 3 为第一个方向曲线，而曲线 4、曲线 5 为第二个方向曲线。

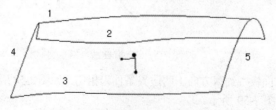

图 7-61　创建双向边界混合曲面

12．合并曲面

（1）选取 3 个曲面，单击"编辑特征"工具栏中的"合并"按钮，弹出"合并"操控板，如图 7-62 所示。

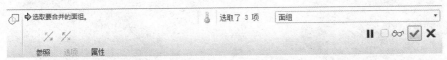

图 7-62   "合并"操控板

（2）单击操控板中的"完成"按钮，完成合并，结果如图 7-63 所示。

图 7-63   合并曲面

知识点——合并

合并工具用于通过相交或连接的方式来合并两个面组。它所生成的面组是一个单独的面组，即使删除合并特征，原始面组依然保留。合并面组有以下两种模式。

第一种是相交模式，两个曲面有交线但没有共同的边界线，合并两个相交的面组，然后创建一个由两个相交面组的修剪部分所组成的面组，。

第二种是连接模式，合并两个相邻面组，其中一个面组的一个侧边必须在另一个面组上。

两个曲面为邻接时，即一个曲面的某边界线恰好是另一个曲面的边界时，多采用连接模式来合并这两个曲面。

13．加厚曲面

（1）选取合并后的曲面，选择菜单栏中的"编辑"→"加厚"命令，打开"加厚"操控板。

（2）输入加厚厚度为 5mm，单击操控板中的"完成"按钮，完成加厚，如图 7-64 所示。

图 7-64   加厚曲面

14．倒圆角

（1）单击"工程特征"工具栏中的"倒圆角"按钮，弹出"倒圆角"操控板。

（2）选取如图 7-65 所示的要倒圆角的边，输入倒圆角半径为 50mm，单击操控板中的"完成"按钮，完成倒圆角，结果如图 7-66 所示。

（3）重复"倒圆角"命令，选取如图 7-67 所示的要倒圆角的边，输入倒圆角半径为 0.4mm，单击操控板中的"完成"按钮，完成倒圆角，结果如图 7-68 所示。

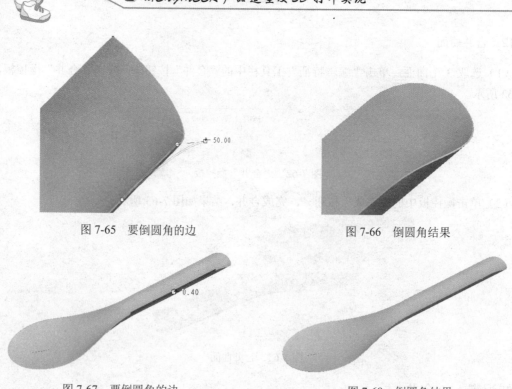

图 7-65　要倒圆角的边　　　　　　　　　　图 7-66　倒圆角结果

图 7-67　要倒圆角的边　　　　　　　　　　图 7-68　倒圆角结果

7.3.2　打印模型

　　根据 6.1.2 节中步骤 2 和步骤 3 的相应操作后，发现模型较大，已经超过本书所选择机器的打印范围，需要将其缩小至合理尺寸。单击图形编辑工具栏中的"比例放大/缩小"按钮 ，弹出"比例"对话框，选中"统一"复选框，并将数值设置为 0.4，单击"应用"按钮，模型将被缩小至原来的 0.4 倍。

　　为确保模型能被顺利打印，可将模型旋转至合适位置，按 6.1.2 节步骤 4 中（2）的相应操作，单击图形编辑工具栏中的"旋转"按钮 ，弹出"旋转"对话框，将 X 轴设置为 90°，将 Y 轴设置为 15°，单击"应用"按钮即可实现模型的相应旋转，如图 7-69 所示。

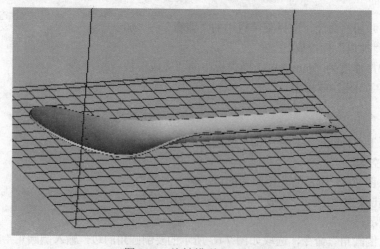

图 7-69　旋转模型 fanshao

剩余步骤可参考 6.1.2 节中步骤 4～步骤 8，即可完成打印。

7.3.3 处理打印模型

处理打印模型有以下 4 个步骤：
（1）取出模型。取出后的饭勺模型如图 7-70 所示。
（2）清洗模型。
（3）去除支撑。
（4）打磨模型。打磨处理后的饭勺模型如图 7-71 所示。

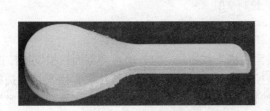

图 7-70　打印完毕的饭勺模型　　　图 7-71　处理后的饭勺模型

7.4　铁　锹

扫码看视频

7.4　铁锹

首先利用 Pro/ENGINEER 软件创建铁锹模型，再利用 RPdata 软件打印铁锹的 3D 模型，最后对打印出来的铁锹模型进行清洗、去除支撑和毛刺处理，流程图如图 7-72 所示。

图 7-72　铁锹模型创建流程

7.4.1　创建模型

首先采用变截面扫描绘制锹身，然后采用扫描混合绘制锹柄；再采用拉伸切割对锹柄进行修剪，然后采用拉伸切割对锹身进行修剪。

1. 新建文件

启动 Pro/ENGINEER 5.0，选择菜单栏中的"文件"→"新建"命令，或者单击"标准"工具栏中的"新建"按钮，弹出"新建"对话框，在"类型"选项组中选中"零件"单选按钮，在"子类型"选项组中选中"实体"单选按钮，在"名称"文本框中输入文件名 tieqiao.prt，其他选项接受系统提供的默认设置，单击"确定"按钮，创建一个新的零件文件。

2．绘制轨迹线 1

（1）单击"基准"工具栏中的"草绘"按钮，打开"草绘"对话框，选取 FRONT 面作为草绘面，RIGHT 面作为参考，参考方向向顶。进入草图绘制环境。

（2）单击"草绘器"工具栏中的"圆心和端点"按钮，绘制如图 7-73 所示的截面并修改尺寸。单击"确定"按钮，退出草图绘制环境。

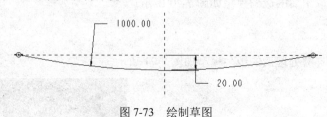

图 7-73 绘制草图

3．绘制变截面扫描曲面

（1）单击"基础特征"工具栏中的"可变截面扫描"按钮，打开"可变截面扫描"操控板。

（2）选取刚绘制的草图作为轨迹线，再在操控板中单击"绘制截面"按钮，用来绘制扫描截面，单击"草绘器"工具栏中的"圆心和端点"按钮，绘制草图如图 7-74 所示。单击"确定"按钮，完成草图绘制。

（3）在操控板中单击"曲面"按钮，单击"完成"按钮，完成结果如图 7-75 所示。

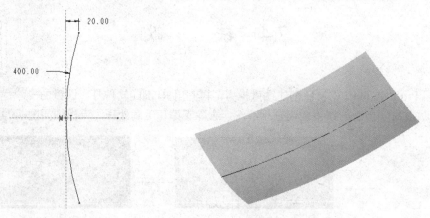

图 7-74 绘制草图　　　　　　　　　　　图 7-75 变截面扫描曲面

4．绘制轨迹线 2

（1）单击"基准"工具栏中的"草绘"按钮，打开"草绘"对话框，选取 FRONT 面作为草绘面，RIGHT 面作为参考，参考方向向顶。进入草图绘制环境。

（2）单击"草绘器"工具栏中的"线"按钮，绘制如图 7-76 所示的截面并修改尺寸。单击"确定"按钮，退出草图绘制环境。

5．绘制扫描混合曲面

（1）选择菜单栏中的"插入"→"扫描混合"命令，打开"扫描混合"操控板。选取刚刚绘制的直线为扫描轨迹线。单击"截面"按钮，打开"截面"下滑面板，选取直线的下端点，然后单击"草绘"按钮，进入草绘环境。绘制一个直径为 20mm 的圆，绘制完成后，单击"确定"按钮，退出草图绘制环境。

（2）单击"截面"下滑面板中的"插入"按钮，选取直线的上端点，然后单击"草绘"按钮，绘制一个直径为50mm的圆。单击"确定"按钮✔，退出草图绘制环境。

（3）单击操控板中的"完成"按钮✔，完成混合扫描曲面的创建如图 7-77 所示。

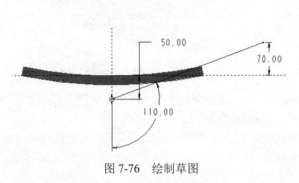

图 7-76　绘制草图

图 7-77　扫描混合结果

6. 合并曲面

（1）选取锹身曲面和锹柄曲面，单击"编辑特征"工具栏中的"合并"按钮⬚，打开"合并"操控板，单击✕按钮，调整合并曲面的方向，如图 7-78 所示。

（2）单击操控板中的"完成"按钮✔，如图 7-79 所示。

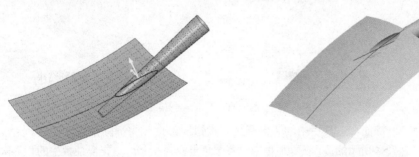

图 7-78　合并曲面示意图　　　　　　　　　　　　图 7-79　合并曲面

📢 **注意**：在绘制图 7-78 所示的曲面时，选取两合并的曲面，要按住Ctrl键，选取两曲面后才可以合并。

7. 拉伸切割曲面 1

（1）单击"基础特征"工具栏中的"拉伸"按钮⬚，在打开的"拉伸"操控板中单击"曲面"按钮⬚，依次单击"放置"→"定义"按钮，打开"草绘"对话框。选取 FRONT 面作为草绘面，RIGHT面作为参考，参考方向向右，单击"草绘"按钮，进入草绘环境。

（2）单击"草绘器"工具栏中的"线"按钮＼，绘制如图 7-80 所示的截面并修改尺寸。单击"确定"按钮✔，退出草图绘制环境。

（3）在操控板中设置"对称"⬚，单击"去除材料"按钮⬚，选取锹柄面组为要被修剪的面组。单击操控板中的"完成"按钮✔，结果如图 7-81 所示。

8. 拉伸切割曲面 2

（1）单击"基础特征"工具栏中的"拉伸"按钮⬚，在打开的"拉伸"操控板中单击"曲面"按钮⬚，依次单击"放置"→"定义"按钮，打开"草绘"对话框。选取 TOP 面作为草绘面，RIGHT

面作为参考，参考方向向右，单击"草绘"按钮，进入草绘环境。

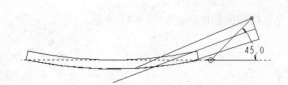

图 7-80　绘制草图

图 7-81　拉伸切割

（2）单击"草绘器"工具栏中的"中心和轴椭圆"按钮 ⊘ 和"删除段"按钮 ⨉，绘制如图 7-82 所示的截面并修改尺寸。单击"确定"按钮 ✔，退出草图绘制环境。

（3）在操控板中设置"对称" ⊟，单击"去除材料"按钮 ⬱，选取整个面组为要被修剪的面组。单击操控板中的"完成"按钮 ✔，结果如图 7-83 所示。

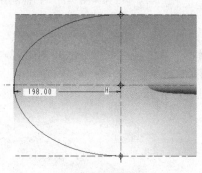

图 7-82　绘制草图

图 7-83　切割结果

9．倒圆角

（1）单击"工程特征"工具栏中的"倒圆角"按钮 ⌓，打开"倒圆角"操控板。

（2）选取如图 7-84 所示的边，在操控板中设置圆角半径为 6mm，单击操控板中的"完成"按钮 ✔，完成倒圆角特征的创建，结果如图 7-85 所示。

10．加厚曲面

（1）选取倒圆角后的曲面，选择菜单栏中的"编辑"→"加厚"命令，打开"加厚"操控板。

（2）输入加厚厚度为 2mm，单击操控板中的"完成"按钮 ✔，完成加厚，结果如图 7-86 所示。

图 7-84　选取倒圆角边

图 7-85　倒圆角结果

图 7-86　加厚模型

7.4.2 打印模型

根据 6.1.2 节中步骤 2 和步骤 3 的相应操作后，发现模型较大，已经超过本书所选择机器的打印范围，需要将其缩小至合理尺寸。单击图形编辑工具栏中的"比例放大/缩小"按钮 ，弹出"比例"对话框，选中"统一"复选框，并将数值设置为 0.5，单击"应用"按钮，模型将被缩小至原来的二分之一。

为获得较好的打印质量，可将模型旋转至合适位置。按 6.1.2 节步骤 4 中（2）的相应操作，单击图形编辑工具栏中的"旋转"按钮 ，弹出"旋转"对话框，将 X 轴设置为 90°，单击"应用"按钮即可实现对模型绕 X 轴旋转 90°，旋转后如图 7-87 所示。

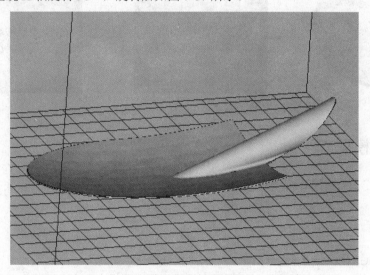

图 7-87 旋转模型 tieqiao

剩余步骤可参考 6.1.2 节中步骤 4～步骤 8，即可完成打印。

7.4.3 处理打印模型

处理打印模型有以下 4 个步骤：

（1）取出模型。取出后的铁锹模型如图 7-88 所示。

（2）清洗模型。

（3）去除支撑。

（4）打磨模型。打磨处理后的铁锹模型如图 7-89 所示。

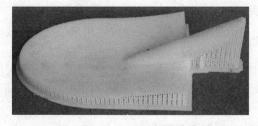
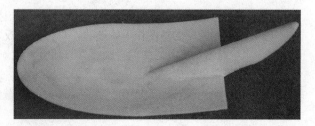

图 7-88 打印完毕的铁锹模型   图 7-89 处理后的铁锹模型

扫码看视频

7.5 水果盘

7.5 水 果 盘

首先利用 Pro/ENGINEER 软件创建水果盘模型，再利用 RPdata 软件打印水果盘的 3D 模型，最后对打印出来的水果盘模型进行清洗、去除支撑和毛刺处理，流程图如图 7-90 所示。

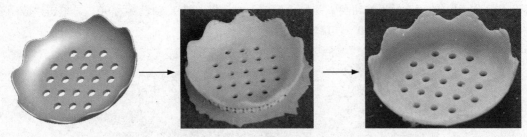

图 7-90　水果盘模型创建流程

7.5.1　创建模型

首先绘制可变截面扫描曲面，然后将扫描曲面加厚；再添加拉伸实体作为盘底；最后创建孔特征和倒圆角修饰等。

1. 新建文件

启动 Pro/ENGINEER 5.0，选择菜单栏中的"文件"→"新建"命令，或者单击"标准"工具栏中的"新建"按钮□，弹出"新建"对话框，在"类型"选项组中选中"零件"单选按钮，在"子类型"选项组中选中"实体"单选按钮，在"名称"文本框中输入文件名 guopan.prt，其他选项接受系统提供的默认设置，单击"确定"按钮，创建一个新的零件文件。

2. 绘制扫描轨迹

（1）单击"基准"工具栏中的"草绘"按钮▨，打开"草绘"对话框，选取 TOP 面作为草绘面，RIGHT 面作为参考，参考方向向右。进入草图绘制环境。

（2）单击"草绘器"工具栏中的"圆"按钮○，绘制如图 7-91 所示的截面并修改尺寸。单击"确定"按钮✔，退出草图绘制环境。

3. 绘制变截面扫描曲面

（1）单击"基础特征"工具栏中的"可变截面扫描"按钮▨，打开"可变截面扫描"操控板。

（2）选取刚绘制的草图作为轨迹线，再在操控板中单击"绘制截面"按钮▨，用来绘制扫描截面，单击"草绘器"工具栏中的"圆弧"按钮╮，绘制草图如图 7-92 所示。

（3）选择菜单栏中的"工具"→"关系"命令，弹出"关系"对话框，如图 7-93 所示。输入关系式 sd4=20+5*sin(trajpar*360*10)，其中 sd4 是扫描截面圆弧端点高度值的内部尺寸标记。单击"确定"按钮✔，完成草图绘制。

（4）在操控板中单击"完成"按钮✔，系统生成扫描曲面如图 7-94 所示。

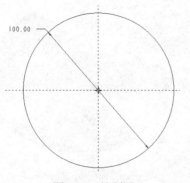

图 7-91　绘制圆

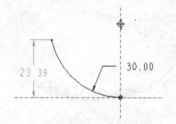

图 7-92　绘制扫描截面

图 7-93　输入关系式

图 7-94　可变截面扫描曲面

注意： 在输入关系式"sd4=20+5*sin(trajpar*360*10)"中，加了一个基数"20"，否则，当 trajpar=0 时，函数式等于零，圆弧高度也变为零，将会导致可变截面扫描失败。

4．加厚曲面

（1）使刚绘制的可变截面扫描曲面呈现选取状态。

（2）选择菜单栏中的"编辑"→"加厚"命令，打开"加厚"操控板，将加厚的厚度设置为 2.5mm，加厚的方向向外，单击"完成"按钮☑，如图 7-95 所示。

5．拉伸实体

（1）单击"基础特征"工具栏中的"拉伸"按钮，打开"拉伸"操控板。选取步骤 2 创建的草图为拉伸截面草图。

（2）在操控板中输入拉伸深度为 5mm，方向向下，单击操控板中的"完成"按钮☑，结果如图 7-96 所示。

6．创建孔

（1）单击"工程特征"工具栏中的"孔"按钮，打开"孔"操控板。

（2）选取中心轴和钻孔面（按 Ctrl 键选取），将孔的直径设置为 10，深度设置为"穿透"，在孔操控板中单击"完成"按钮☑，完成孔的创建，如图 7-97 所示。

7．阵列孔

（1）在"模型树"选项卡中选择步骤 6 创建的孔特征。

图 7-95　加厚曲面

图 7-96　拉伸实体

（2）单击"编辑特征"工具栏中的"阵列"按钮▦，打开"阵列"操控板，设置阵列类型为"填充"，选取"草绘1"为填充草绘。选择"方形"▦填充方式，输入阵列间距为20，到边界的间距为3。

（3）单击操控板中的"完成"按钮✓，完成阵列，如图7-98所示。

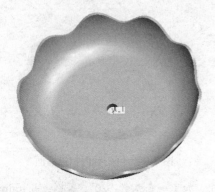

图 7-97　创建孔

图 7-98　阵列孔

8.　完全倒圆角

（1）单击"工程特征"工具栏中的"倒圆角"按钮◠，打开"倒圆角"操控板。

（2）选取可变截面扫描曲面的边和另外一条边缘边，再单击鼠标右键，在弹出的快捷菜单中选择"完全倒圆角"命令，如图7-99所示。

（3）单击操控板中的"完成"按钮✓，完成完全倒圆角，结果如图7-100所示。

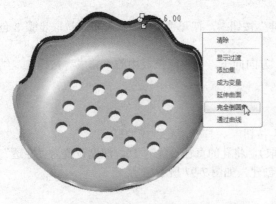

图 7-99　快捷菜单

图 7-100　完全倒圆角

7.5.2　打印模型

根据 6.1.2 节中步骤 2 和步骤 3 操作进行加载及查看模型，为获得较好的打印质量，可将模型旋转至合适位置。按步骤 4 中（2）的相应操作，单击图形编辑工具栏中的"旋转"按钮 ，弹出"旋转"对话框，将 X 轴设置为 90°，单击"应用"按钮即可实现对模型绕 X 轴旋转 90°，旋转后如图 7-101 所示。

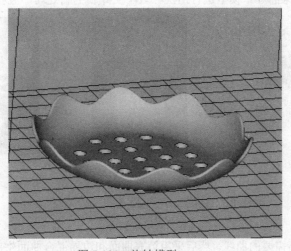

图 7-101　旋转模型 guopan

剩余步骤可参考 6.1.2 节中步骤 4～步骤 8，即可完成打印。

7.5.3　处理打印模型

处理打印模型有以下 4 个步骤：
（1）取出模型。取出后的水果盘模型如图 7-102 所示。
（2）清洗模型。
（3）去除支撑。
（4）打磨模型。打磨处理后的水果盘模型如图 7-103 所示。

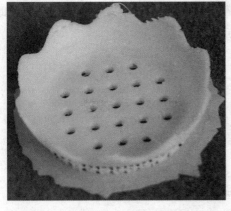

图 7-102　打印完毕的水果盘模型

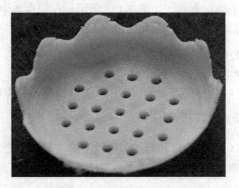

图 7-103　处理后的水果盘模型

7.6 灯 罩

首先利用 Pro/ENGINEER 软件创建灯罩模型，再利用 RPdata 软件打印灯罩的
3D 模型，最后对打印出来的灯罩模型进行清洗、去除支撑和毛刺处理，流程图如图 7-104 所示。

图 7-104 灯罩模型创建流程

7.6.1 创建模型

首先绘制灯罩曲面所需要的曲线，然后采用填充曲面和边界混合曲面生成灯罩的主体曲面；再将填充曲面和边界混合曲面合并，然后进行曲面倒圆角，最后将整个曲面进行加厚。

1. 新建文件

启动 Pro/ENGINEER 5.0，选择菜单栏中的"文件"→"新建"命令，或者单击"标准"工具栏中的"新建"按钮□，弹出"新建"对话框，在"类型"选项组中选中"零件"单选按钮，在"子类型"选项组中选中"实体"单选按钮，在"名称"文本框中输入文件名 dengzhao.prt，其他选项接受系统提供的默认设置，单击"确定"按钮，创建一个新的零件文件。

2. 绘制基准曲线

（1）单击"基准"工具栏中的"基准曲线"按钮~，在弹出的"基准曲线"菜单中选择"从方程"→"完成"命令，选取坐标系"PRT_CSYS_DEF"，并选取坐标类型为"笛卡尔"，系统即弹出方程编辑记事本，如图 7-105 所示。在记事本中输入方程：

$x = 100 * \cos(t * 360)$

$y = 10 * \sin(t * 360 * 8)$

$z = 100 * \sin(t * 360)$

（2）将此方程进行保存。系统根据方程生成曲线，如图 7-106 所示。

3. 建立基准平面

（1）单击"基准"工具栏中的"基准平面"按钮□，弹出"基准平面"对话框，如图 7-107 所示。选取 TOP 面作为参照，偏移距离为 100，单击"确定"按钮，建立基准平面为 DTM1。

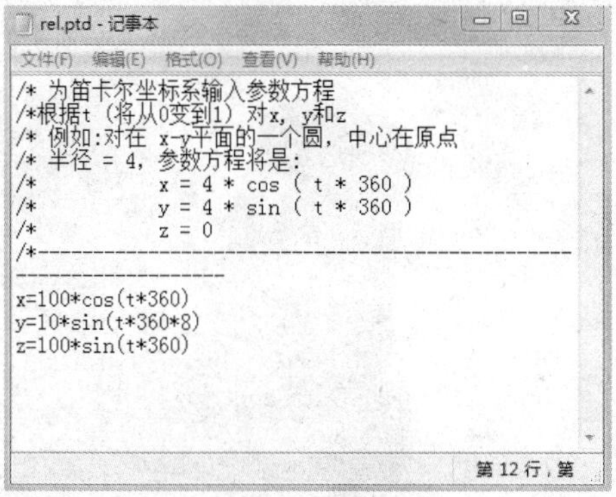

图 7-105　编辑方程

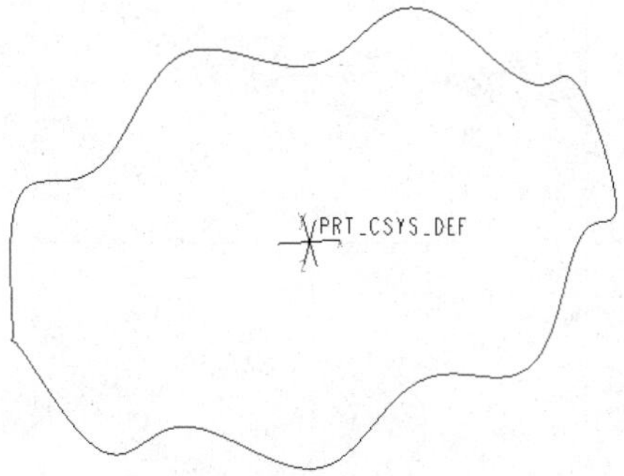

图 7-106　方程曲线

（2）依同样的步骤，选取 TOP 面作为参照，偏移距离为 200，建立基准平面为 DTM2，结果如图 7-108 所示。

4．绘制草图 1

（1）单击“基准”工具栏中的“草绘”按钮，打开“草绘”对话框，选取 DTM1 平面作为草绘面，RIGHT 面作为参考，参考方向向右。

（2）单击“草绘器”工具栏中的“圆”按钮○，绘制草图如图 7-109 所示。单击“确定”按钮✔，退出草图绘制环境。

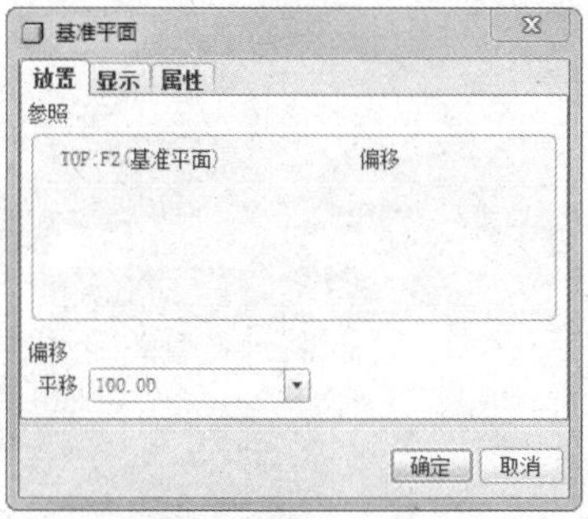

图 7-107　“基准平面”对话框

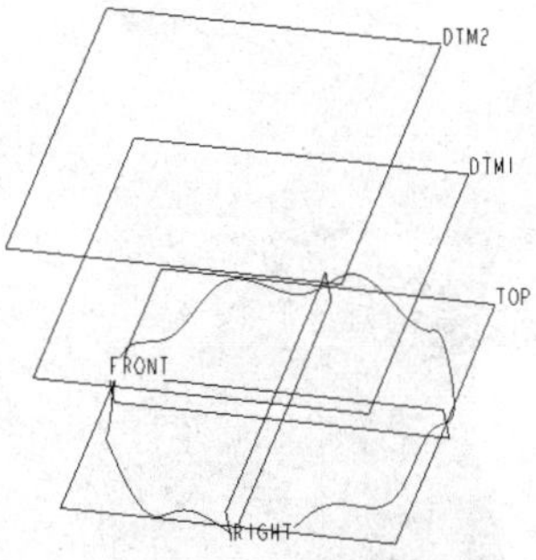

图 7-108　基准平面

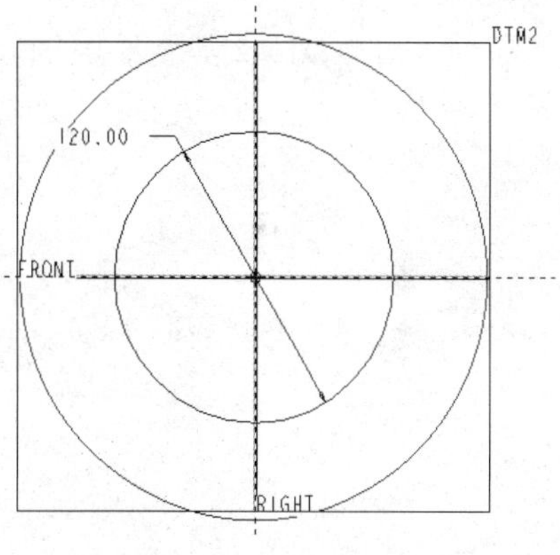

图 7-109　绘制草图

5．绘制草图 2

（1）单击“基准”工具栏中的“草绘”按钮，打开“草绘”对话框，选取 DTM2 平面作为草绘面，RIGHT 面作为参考，参考方向向右。

（2）单击“草绘器”工具栏中的“圆”按钮○，绘制草图如图 7-110 所示。单击“确定”按钮✔，退出草图绘制环境。

6．绘制边界混合曲面

（1）单击“基础特征”工具栏中的“边界混合”按钮，打开“边界混合”操控板。

（2）按住 Ctrl 键依次选取刚才绘制的 3 条曲线，结果如图 7-111 所示。

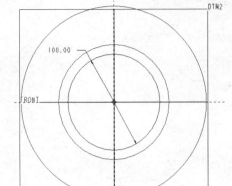

图 7-110　草绘

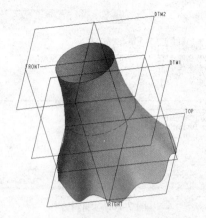

图 7-111　绘制边界混合曲面

7. 绘制填充曲面

（1）选择菜单栏中的"编辑"→"填充"命令，打开"填充"操控板，如图 7-112 所示。

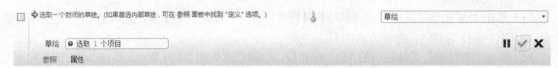

图 7-112　"填充"操控板

（2）选择 DTM2 基准面上绘制的草图为填充边界，单击"完成"按钮，结果如图 7-113 所示。

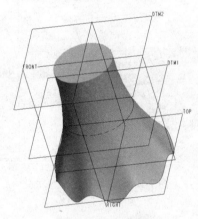

图 7-113　填充曲面

注意： 在绘制填充曲面时，可以先绘制好草图，再选择填充命令即可绘制填充曲面，也可以直接选择填充曲面命令后去草绘，而前面一种方法显得更加简捷。

知识点——填充

填充曲面是指由平整的闭环边界截面（即在某一个平面的封闭截面），注意任何填充特征都必须包括一个平整的封闭环草绘特征。填充特征用于生成平面。填充特征需要通过对平面的边界作草绘，用来实现对平面的定义。创建填充曲面，既可以选择已存在的平整的闭合基准曲线，也可以进入内部草绘器定义新的封闭截面。

8. 合并曲面

（1）按住 Ctrl 键依次选取边界混合曲面和填充曲面。

（2）单击"编辑特征"工具栏中的"合并"按钮 ，打开"合并"操控板，单击操控板中的"完成"按钮 ，完成曲面合并。

9. 曲面倒圆角

（1）单击"工程特征"工具栏中的"倒圆角"按钮 ，打开"倒圆角"操控板。

（2）选取顶面边线为倒圆角边，输入倒圆角半径为 44mm，单击操控板中的"完成"按钮 ，结果如图 7-114 所示。

📢 **注意**：在进行两个曲面倒圆角时，两曲面必须先合并成一个曲面，否则生成的倒圆角曲面就是一个独立的面片，在后来需要经过多次合并操作才能达到需要的效果。

10. 曲面加厚

（1）选取整个曲面，再选择菜单栏中的"编辑"→"加厚"命令，打开"加厚"操控板，输入加厚的厚度为 4mm，加厚方向朝外。

（2）单击操控板中的"完成"按钮 ，结果如图 7-115 所示。

图 7-114 曲面倒圆角 图 7-115 加厚曲面

7.6.2 打印模型

根据 6.1.2 节中步骤 2 和步骤 3 操作进行加载及查看模型，为获得较好的打印质量，可将模型旋转至合适位置。按步骤 4 中（2）的相应操作，单击图形编辑工具栏中的"旋转"按钮 ，弹出"旋转"对话框，将 X 轴设置为 270°，单击"应用"按钮即可实现对模型绕 X 轴旋转 270°，旋转后如图 7-116 所示。

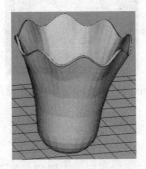

图 7-116 旋转模型 dengzhao

剩余步骤可参考 6.1.2 节中步骤 4～步骤 8，即可完成打印。

7.6.3　处理打印模型

处理打印模型有以下 4 个步骤：

（1）取出模型。取出后的灯罩模型如图 7-117 所示。

（2）清洗模型。

（3）去除支撑。

（4）打磨模型。打磨处理后的灯罩模型如图 7-118 所示。

图 7-117　打印完毕的灯罩模型　　　　图 7-118　处理后的灯罩模型

7.7　塑　料　壶

扫码看视频

7.7　塑料壶

首先利用 Pro/ENGINEER 软件创建塑料壶模型，再利用 RPdata 软件打印
塑料壶的 3D 模型，最后对打印出来的塑料壶模型进行清洗、去除支撑和毛刺处理，流程图如图 7-119
所示。

图 7-119　塑料壶模型创建流程

7.7.1　创建模型

首先绘制塑料壶的主干曲线，然后变截面扫描生成塑料壶的侧面；再镜像到另一侧，然后将左右

的曲面封闭起来以及生成上部分的曲面；最后扫描生成塑料壶的手柄。

1. 新建文件

启动 Pro/ENGINEER 5.0，选择菜单栏中的"文件"→"新建"命令，或者单击"标准"工具栏中的"新建"按钮□，弹出"新建"对话框，在"类型"选项组中选中"零件"单选按钮，在"子类型"选项组中选中"实体"单选按钮，在"名称"文本框中输入文件名 suliaohu.prt，其他选项接受系统提供的默认设置，单击"确定"按钮，创建一个新的零件文件。

2. 绘制轨迹 1

（1）单击"基准"工具栏中的"草绘"按钮，打开"草绘"对话框，选取 FRONT 面作为草绘面，RIGHT 面作为参考，参考方向向顶。进入草图绘制环境。

（2）单击"草绘器"工具栏中的"线"按钮，绘制如图 7-120 所示的截面并修改尺寸。单击"确定"按钮✔，退出草图绘制环境。

3. 创建基准平面 DTM1 和 DTM2

（1）单击"基准"工具栏中的"基准平面"按钮▱，打开"基准平面"对话框，选取 FRONT 面作为参照，输入偏移距离为 1.63mm，单击"确定"按钮，完成基准平面 DTM1 的创建。

（2）采用同样的方法创建 DTM2，偏移距离为 1.75mm。

4. 绘制轨迹 2

（1）单击"基准"工具栏中的"草绘"按钮，打开"草绘"对话框，选取 DTM1 面作为草绘面，RIGHT 面作为参考，参考方向向顶，进入草图绘制环境。

（2）单击"草绘器"工具栏中的"线"按钮、"圆弧"按钮和"样条"按钮，绘制如图 7-121 所示的截面并修改尺寸。单击"确定"按钮✔，退出草图绘制环境。

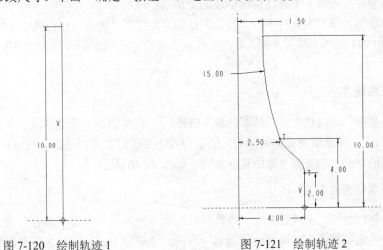

图 7-120　绘制轨迹 1　　　　　　　图 7-121　绘制轨迹 2

5. 绘制轨迹 3

（1）单击"基准"工具栏中的"草绘"按钮，打开"草绘"对话框，选取 DTM2 面作为草绘面，RIGHT 面作为参考，参考方向向顶，进入草图绘制环境。

（2）单击"草绘器"工具栏中的"线"按钮和"圆弧"按钮，绘制如图 7-122 所示的截面并修改尺寸。单击"确定"按钮✔，退出草图绘制环境。

6. 创建变截面扫描曲面1

（1）单击"基础特征"工具栏中的"可变截面扫描"按钮，打开"可变截面扫描"操控板。

（2）选取刚绘制的轨迹1作为原点轨迹线，轨迹2和轨迹3作为额外轨迹线，在变截面扫描操控板中单击"绘制截面"按钮，单击"草绘器"工具栏中的"圆弧"按钮，绘制扫描截面如图7-123所示。单击"确定"按钮✔，退出草图绘制环境。

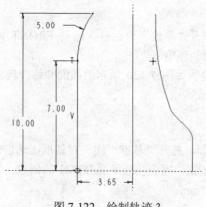

图7-122 绘制轨迹3

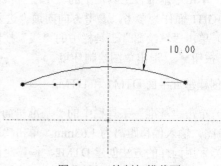

图7-123 绘制扫描截面

（3）在操控板中单击"曲面"按钮，单击"完成"按钮✔，生成变截面扫描曲面，如图7-124所示。

7. 镜像曲面特征

（1）在"模型树"选项卡中选择前面创建的变截面扫描曲面。

（2）单击"编辑特征"工具栏中的"镜像"按钮，打开"镜像"操控板。

（3）选取FRONT面作为镜像平面，单击操控板中的"完成"按钮✔，完成镜像，结果如图7-125所示。

8. 绘制基准曲线1

（1）单击"基准"工具栏中的"基准曲线"按钮，在弹出的"基准曲线"菜单中选择"通过点"→"完成"命令，再选取变截面曲面的左侧下端点为要经过的点，并定义端点相切条件。

（2）依同样的步骤绘制左侧上方的基准曲线，如图7-126所示。

9. 创建边界混合曲面1

（1）单击"基础特征"工具栏中的"边界混合"按钮，打开"边界混合"操控板。

（2）选取变截面扫描曲面的两条边线为第一方向，选取刚才绘制的两条基准曲线为第二方向，如图7-127所示。

（3）在"约束"下滑面板中将方向1的约束条件修改为"相切"，如图7-128所示。则约束的圆把手由虚线变为实线，表示相切。

（4）单击操控板中的"完成"按钮✔，完成边界混合曲面的创建，如图7-129所示。

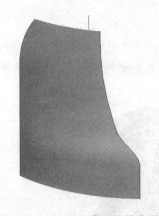

图 7-124　绘制变截面扫描曲面

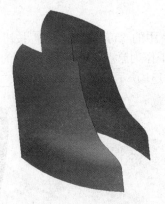

图 7-125　镜像曲面特征

图 7-126　绘制基准曲线

图 7-127　选取曲线和边线

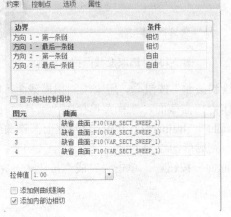

图 7-128　修改边界约束条件

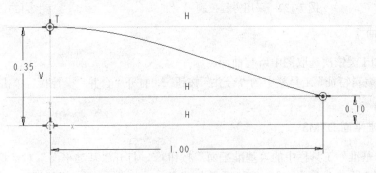

图 7-129　创建边界混合曲面

10. 创建基准图形

（1）选择菜单栏中的"插入"→"模型基准"→"图形"命令，在打开的消息窗口中输入图形名称"g"，单击"接受值"按钮。

（2）新建一个草绘环境，单击"草绘器"工具栏中的"坐标系"按钮，在视图中的适当位置创建一个坐标系，然后单击"草绘器"工具栏中的"中心线"按钮和"样条"按钮，绘制基准图形，如图 7-130 所示。单击"确定"按钮，退出草图绘制环境。

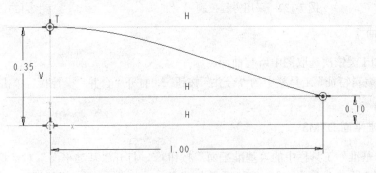

图 7-130　创建基准图形

11. 创建变截面扫描曲面 2

（1）单击"基础特征"工具栏中的"可变截面扫描"按钮，打开"可变截面扫描"操控板。

（2）选取步骤 1 绘制的轨迹 1 作为原点轨迹线，两曲面的边界作为额外轨迹线，并将两条额外轨迹线设置为相切轨迹线，如图 7-131 所示。

图 7-131　选取变截面扫描轨迹线

（3）在操控板中单击"绘制截面"按钮，用来绘制扫描截面，单击"草绘器"工具栏中的"圆锥"按钮，绘制圆锥曲线作为扫描截面，选择菜单栏中"工具"→"关系"命令，在弹出的关系编辑器中输入方程 sd7=evalgraph("g",trajpar*1)，其中 sd7 是截面圆锥曲线的 rho 的尺寸标记，如图 7-132 所示。单击"确定"按钮，完成草图绘制。

（4）在操控板中单击"曲面"按钮，单击"完成"按钮，完成结果如图 7-133 所示。

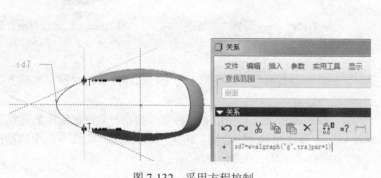

图 7-132　采用方程控制

图 7-133　变截面扫描结果

12. 合并曲面 1

（1）按住 Ctrl 键依次选取图中所有曲面。

（2）单击"编辑特征"工具栏中的"合并"按钮，打开"合并"操控板，单击"完成"按钮，完成曲面的合并。

13. 创建基准平面 DTM3

（1）单击"基准"工具栏中的"基准平面"按钮，打开"基准平面"对话框。

（2）选取 TOP 面作为参照，输入偏移距离为 10.375mm，单击"确定"按钮，完成基准平面 DTM3 的创建，如图 7-134 所示。

14. 绘制草图 1

（1）单击"基准"工具栏中的"草绘"按钮，打开"草绘"对话框，选取 DTM3 面作为草绘面，RIGHT 面作为参考，参考方向向顶。进入草图绘制环境。

（2）单击"草绘器"工具栏中的"偏移"按钮，在打开的类型菜单中选择"链"选项，选取曲面的上边线为参照，在消息窗口中输入偏移距离为-0.5mm，单击"接受值"按钮，绘制如图 7-135 所示的截面。单击"确定"按钮，退出草图绘制环境。

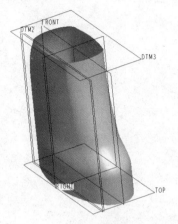

图 7-134 创建基准平面 DTM3

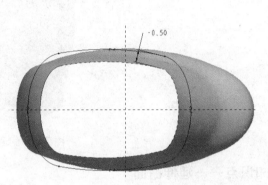

图 7-135 绘制草图

15. 创建边界混合曲面 2

（1）单击"基础特征"工具栏中的"边界混合"按钮，打开"边界混合"操控板。

（2）选取刚才绘制的曲线和曲面的上边线，结果如图 7-136 所示。

16. 创建基准平面 DTM4

（1）单击"基准"工具栏中的"基准平面"按钮，打开"基准平面"对话框。

（2）选取 TOP 面作为参照，输入偏移距离为 11.5mm，单击"确定"按钮，完成基准平面 DTM4 的创建，如图 7-137 所示。

图 7-136 创建边界混合曲面

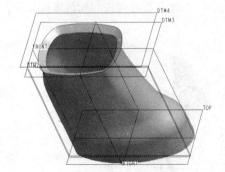

图 7-137 创建基准平面 DTM4

17. 延伸曲面 1

（1）按住 Shift 键，选取曲面的上边线，再选择菜单栏中的"编辑"→"延伸"命令，打开"延伸"操控板，如图 7-138 所示。

选取了 1 项   曲面

参照   重度   选项   属性

图 7-138   "延伸"操控板

（2）单击"延伸到面"按钮 ，选取刚创建的基准平面 DTM4 作为延伸终止面，结果如图 7-139 所示。

图 7-139   延伸曲面

☆知识点——延伸曲面

延伸工具用于延伸曲面，选择曲面的边界将曲面延伸，延伸的模式有两种：至平面和沿曲面。

1. 至平面

"至平面"模式是将曲面延伸到指定的平面。

2. 沿曲面

以沿曲线方法延伸曲面时，具体有 3 种沿曲面的方式，即相同、相切和逼近方式，其中前两种方式在设计中较为常用。

（1）相同：创建相同类型的延伸类型的延伸作为原始曲面，即通过选定的边界，以相同类型来延伸原始曲面，所述的原始曲面可以是平面、圆柱面、圆锥面或者样条曲面。根据"延伸"的方向，将以指定距离并经过其选定边界延伸原始曲面，或以指定距离对其进行修剪，如图 7-140 所示。

（2）相切：创建与原始曲面相切的直纹曲面，如图 7-141 所示。

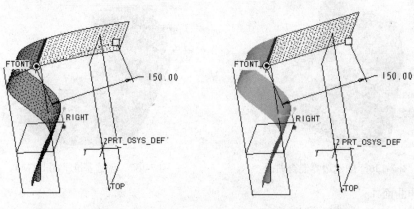

图 7-140   相同方式   图 7-141   相切方式

（3）逼近：以逼近选定边界的方式来创建边界混合曲面。另外，可以通过"量度"上滑面板来增加一些测量点，并设置这些测量点的距离类型和距离值，可以创建一些复杂的延伸曲面，如图 7-142 所示。

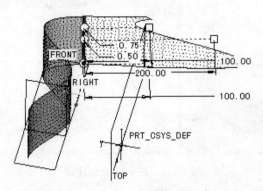

图 7-142　具有多测量值的延伸曲面

18．创建基准平面 DTM5

（1）单击"基准"工具栏中的"基准平面"按钮⬜，打开"基准平面"对话框。

（2）选取 DTM4 平面作为参照，输入偏移距离为 1mm，单击"确定"按钮，完成基准平面 DTM5 的创建。

19．绘制草图 2

（1）单击"基准"工具栏中的"草绘"按钮～，打开"草绘"对话框，选取 DTM5 平面作为草绘面，RIGHT 面作为参考，参考方向向右，进入草图绘制环境。

（2）单击"草绘器"工具栏中的"圆"按钮〇，绘制如图 7-143 所示的截面并修改尺寸。单击"确定"按钮✔，退出草图绘制环境。

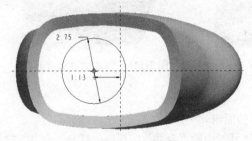

图 7-143　绘制圆

20．创建基准点

（1）单击"基准"工具栏中的"基准轴"按钮✕✕，打开"基准点"对话框，选取步骤 19 绘制的曲线，在比率 0.25 处创建点，如图 7-144 所示。

（2）单击"新点"，然后选取曲线，分别在 0.75 和另一侧的 0.25 和 0.75 处创建点，结果如图 7-145 所示。

21．创建边界混合曲面 3

（1）单击"基础特征"工具栏中的"边界混合"按钮⬡，打开"边界混合"操控板。

（2）选取刚才绘制的圆和曲面的边线，再单击鼠标右键，在弹出的快捷菜单中选择"控制点"

命令，依次选取对应点，单击"完成"按钮☑，结果如图 7-146 所示。

图 7-144 在 0.25 处创建点

22. 拉伸曲面

（1）单击"基础特征"工具栏中的"拉伸"按钮☑，打开"拉伸"操控板。

（2）选取图 7-146 中的圆为拉伸截面。

（3）在操控板中输入拉伸深度为 0.375mm，单击"曲面"按钮☑，单击操控板中的"完成"按钮☑，结果如图 4-147 所示。

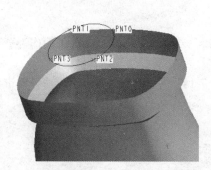

图 7-145 创建基准点

图 7-146 创建边界混合曲面

图 7-147 拉伸曲面

23. 合并曲面 2

（1）按 Ctrl 键选取所有的面组。

（2）单击"编辑特征"工具栏中的"合并"按钮☑，打开"合并"操控板，单击"完成"按钮☑，合并曲面。

24. 创建拉伸曲面

（1）单击"基础特征"工具栏中的"拉伸"按钮☑，在打开的"拉伸"操控板中单击"曲面"按钮☑，依次单击"放置"→"定义"按钮，打开"草绘"对话框。选取 FRONT 平面作为草绘面，RIGHT 面作为参考，参考方向向右，单击"草绘"按钮，进入草绘环境。

（2）单击"草绘器"工具栏中的"线"按钮＼，绘制如图 7-148 所示的截面并修改尺寸。单击"确定"按钮✔，退出草图绘制环境。

（3）在操控板中输入拉伸深度为 8mm，设置拉伸方式为"对称"☐，单击操控板中的"完成"按钮☑，结果如图 7-149 所示。

25. 合并曲面 3

按 Ctrl 键选取先前整个曲面面组和刚绘制的曲面，单击"编辑特征"工具栏中的"合并"按钮，单击"完成"按钮，合并曲面，结果如图 7-150 所示。

图 7-148　绘制直线　　　　　图 7-149　拉伸曲面　　　　　图 7-150　合并曲面

26. 创建基准点 PNT4

（1）单击"基准"工具栏中的"基准轴"按钮，打开"基准点"对话框。

（2）选取圆弧面作为参照面，TOP 面和 FRONT 面作为偏移参照面，输入偏移距离分别为 11mm 和 0mm，如图 7-151 所示。

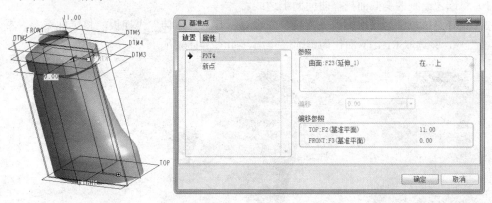

图 7-151　创建基准点

27. 创建基准点 PNT5

单击"基准"工具栏中的"基准轴"按钮，打开"基准点"对话框。选取曲面的边作为参照，输入比例为 0.5，如图 7-152 所示。

28. 绘制基准曲线 2

（1）单击"基准"工具栏中的"基准曲线"按钮，并选择"经过点" → "完成"命令，选取刚才创建的基准点 PNT4 作为起始点，基准点 PNT5 作为终点，创建一条基准曲线。

（2）设置起始点的相切条件为"垂直"于曲面，终点相切条件为"相切"于曲面，结果如图 7-153 所示。

图 7-152　创建基准点 PNT5　　　　图 7-153　创建基准曲线

29. 创建变截面扫描曲面 3

（1）单击"基础特征"工具栏中的"可变截面扫描"按钮，打开"可变截面扫描"操控板。

（2）选取刚绘制的曲线作为轨迹线，再在操控板中单击"绘制截面"按钮，用来绘制扫描截面，单击"草绘器"工具栏中的"圆心和端点"按钮和"线"按钮，绘制草图如图 7-154 所示。单击"确定"按钮，完成草图绘制。

（3）在操控板中单击"曲面"按钮，单击"完成"按钮，完成结果如图 7-155 所示。

30. 延伸曲面 2

（1）将刚才绘制的变截面扫描曲面的上边线。

（2）选择菜单栏中的"编辑"→"延伸"命令，打开"延伸"操控板，将延伸类型设置为"延伸到平面"，并选取 RIGHT 面作为延伸终止面，如图 7-156 所示。

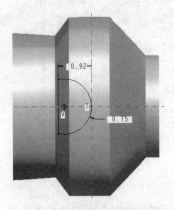

图 7-154　绘制扫描截面　　　　图 7-155　创建变截面扫描曲面　　　　图 7-156　延伸曲面

（3）单击操控板中的"完成"按钮，完成延伸曲面操作。

31. 合并曲面 4

（1）选取要合并的两曲面。

（2）单击"编辑特征"工具栏中的"合并"按钮，打开"合并"操控板。单击"完成"按钮，系统即将两曲面合并成一个面组，如图 7-157 所示。

32. 创建倒圆角特征

（1）单击"工程特征"工具栏中的"倒圆角"按钮 ，打开"倒圆角"操控板。

（2）选取曲面的交线，输入倒圆角半径为 0.2mm，单击操控板中的"完成"按钮☑，倒圆角结果如图 7-158 所示。

33. 加厚曲面

（1）选取整个曲面特征。

（2）选择主菜单"编辑"→"加厚"命令，打开"加厚"操控板，输入加厚厚度为 0.1mm，结果如图 7-159 所示。

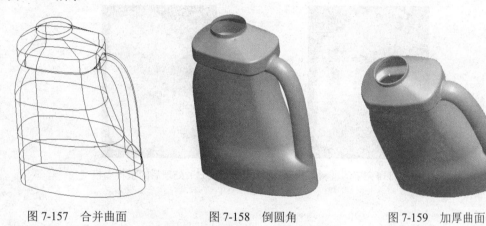

图 7-157 合并曲面   图 7-158 倒圆角   图 7-159 加厚曲面

📢 注意：Pro/ENGINEER 5.0 版本在合并时可以一次性合并多个曲面，这样大大节约了时间，提高了效率，并且避免了像以前老版本那样一次只能合并一个曲面的麻烦，用户注意利用。

7.7.2 打印模型

根据 6.1.2 节中步骤 2 和步骤 3 操作进行加载及查看模型，为获得较好的打印质量，可将模型旋转至合适位置。按 6.1.2 节步骤 4 中（2）的相应操作，单击图形编辑工具栏中的"旋转"按钮，弹出"旋转"对话框，将 X 轴设置为 90°，单击"应用"按钮即可实现对模型绕 X 轴旋转 90°，旋转后如图 7-160 所示。

图 7-160 旋转模型 suliaohu

剩余步骤可参考 6.1.2 节中步骤 4~步骤 8,即可完成打印。

7.7.3 处理打印模型

处理打印模型有以下 4 个步骤:

(1)取出模型。取出后的塑料壶模型如图 7-161 所示。

(2)清洗模型。

(3)去除支撑。

(4)打磨模型。打磨处理后的塑料壶模型如图 7-162 所示。

图 7-161　打印完毕的塑料壶模型　　　图 7-162　处理后的塑料壶模型

电热水壶设计与 3D 打印实例

本章综合运用各种曲面功能绘制电热水壶，使读者更进一步地掌握曲面的绘制和编辑功能。首先利用 Pro/ENGINEER 软件创建热水壶模型，再利用 Magics 软件打印热水壶的 3D 模型，最后对打印出来的热水壶模型进行清洗、去除支撑和毛刺处理，流程图如图 8-1 所示。

图 8-1　电热水壶模型创建流程

8.1 创 建 模 型

电热水壶分为热水壶体和热水壶座两部分，由于热水壶座与热水壶体尺寸是相关的，所以要一起绘制。电热水壶的绘制是先绘制主体轮廓，再绘制把手，最后绘制热水壶座。

8.1.1 创建热水壶主体曲面

扫码看视频

8.1.1 创建热水壶
主体曲面

1．新建文件

启动 Pro/ENGINEER 5.0，选择菜单栏中的"文件"→"新建"命令，或者单击"标准"工具栏中的"新建"按钮，弹出"新建"对话框，在"类型"选项组中选中"零件"单选按钮，在"子类型"选项组中选中"实体"单选按钮，在"名称"文本框中输入文件名 dian-re-shui-qi.prt，取消选中"使用默认模板"复选框，单击"确定"按钮，在打开的"新文件选项"中选择模板 mmns-part-solid，单击"新建"按钮，创建一个新的零件文件。

2．绘制草图 1

（1）单击"基准"工具栏中的"草绘"按钮，弹出"草绘"对话框，选择 FRONT 基准平面为草绘平面，RIGHT 基准平面为参照平面，参考方向向右，单击"草绘"按钮，进入草绘环境。

（2）单击"草绘器"工具栏中的"圆心和轴椭圆"按钮⊘和"删除段"按钮，绘制如图 8-2 所示的两个半椭圆截面形状，单击"确定"按钮，退出草图绘制环境。

3．创建基准平面 DTM1

（1）单击"基准"工具栏中的"基准平面"按钮，弹出"基准平面"对话框。

（2）选择 FRONT 基准平面作为参照，输入偏移距离为 200，如图 8-3 所示，然后单击"确定"按钮，完成基准平面 DTM1 的创建

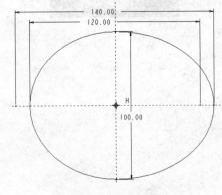

图 8-2　草绘参照图形

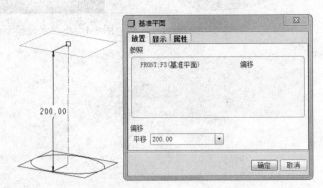

图 8-3　"基准平面"对话框设置

4．绘制草图 2

（1）单击"基准"工具栏中的"草绘"按钮，弹出"草绘"对话框，选择 DTM1 基准平面为草绘平面，RIGHT 基准平面为参照平面，方向向右，单击"草绘"按钮，进入草绘环境。

（2）单击"草绘器"工具栏中的"圆心和轴椭圆"按钮◎和"删除段"按钮≠，绘制如图 8-4 所示的截面形状，然后单击"确定"按钮✔，退出草图绘制环境。

5. 创建曲线1

（1）单击"基础特征"工具栏中的"造型"按钮□，进入造型模块。系统默认以 TOP 基准平面为活动平面，如图 8-5 所示。

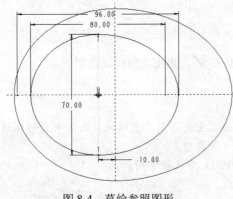

图 8-4 草绘参照图形

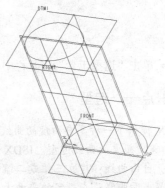

图 8-5 设置活动平面

（2）单击"造型工具"工具栏中的"曲线"按钮～，打开"创建曲线"操控板，单击"创建平面曲线"按钮⬚，如图 8-6 所示。

图 8-6 "创建曲线"操控板

（3）绘制如图 8-7 所示的两条曲线。单击操控板中的"完成"按钮✔，完成曲线绘制。

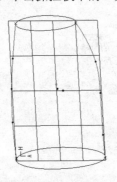

图 8-7 绘制的曲线

（4）单击"造型工具"工具栏中的"编辑曲线"按钮↗，打开"编辑曲线"操控板，选中步骤（5）创建的曲线，如图 8-8 所示。用鼠标选中曲线的控制点，按住鼠标左键移动鼠标，调整曲线的形状如图 8-9 所示。然后单击操控板中的"完成"按钮✔，完成曲线的编辑。

图 8-8 "编辑曲线"操控板

图 8-9　绘制曲线

（5）单击"造型工具"工具栏中的"完成"按钮 ✔，退出当前特征造型。

☆知识点——造型

ISDX 提供了一种高自由度的曲线建立方法，并且它允许用户直接拖拉曲线来进行编辑，从而能轻松地构建出想要的曲线造型。ISDX 曲线有以下 4 种类型。

（1）自由曲线：建立三维或二维的曲线，是 ISDX 中比较常用的。

（2）平面曲线：在指定的平面上建立二维曲线。

（3）COS 曲线：在曲面创建曲线。

（4）下落曲线：将曲线投影到指定的曲面上。

6. 创建曲线 2

（1）单击"基础特征"工具栏中的"边界混合"按钮 ，打开"边界混合"操控板。按住 Ctrl 键，选取如图 8-10 所示的曲线为第一方向曲线。

（2）单击"第二方向"下的选择框，按住 Ctrl 键，选取如图 8-10 所示的曲线为第二方向曲线。然后单击操控面板的"完成"按钮 ，结果如图 8-11 所示。

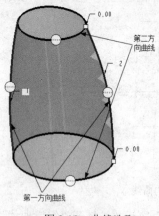

图 8-10　曲线选取

图 8-11　创建的曲面

8.1.2　创建热水壶出水口

1. 绘制扫描轨迹线

（1）单击"基准"工具栏中的"草绘"按钮 ，弹出"草绘"对话框，选择

扫码看视频

8.1.2　创建热水壶出水口

TOP 基准平面为草绘平面，RIGHT 基准平面为参照平面，参考方向向右，单击"草绘"按钮，进入草绘环境。

（2）单击"草绘器"工具栏中的"样条"按钮〜，绘制如图 8-12 所示的截面形状，然后单击"确定"按钮✔，退出草图绘制环境。

2. 创建扫描曲面

（1）选择菜单栏中的"插入"→"扫描"→"曲面"命令，弹出"曲面：扫描"对话框，如图 8-13 所示。在菜单管理器中选择"扫描轨迹"→"依次"→"选取"命令，如图 8-14 所示，选取如图 8-15 所示的曲线为扫描轨迹，选择"完成"→"开放端"→"完成"命令，进入草绘环境。

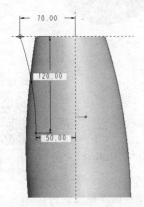

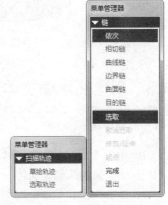

图 8-12 草绘参照图形   图 8-13 "曲面：扫描"对话框   图 8-14 菜单管理器

（2）单击"草绘器"工具栏中的"圆锥"按钮◠，绘制如图 8-16 所示的圆弧，单击"确定"按钮✔，退出草图绘制环境。单击"曲面：扫描"对话框中的"确定"按钮，扫描结果如图 8-17 所示。

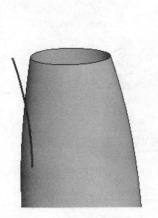

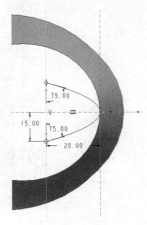

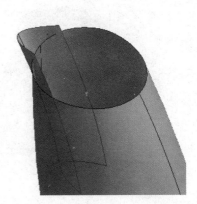

图 8-15 扫描轨迹选取   图 8-16 扫描截面   图 8-17 扫描结果

3. 合并曲面

（1）按住 Ctrl 键，在绘图区选取如图 8-18 所示的曲面。

（2）单击"编辑特征"工具栏中的"合并"按钮◌，打开"合并"操控板，单击"改变要保留的曲面侧"按钮✕，调整保留曲面的方向。

（3）单击操控板中的"完成"按钮✔，结果如图 8-19 所示。

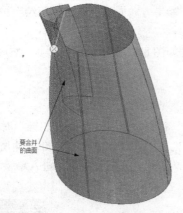

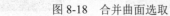

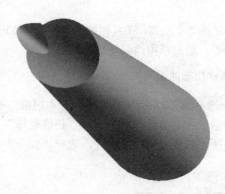

图 8-18　合并曲面选取　　　　　　　　　　图 8-19　合并结果

8.1.3　创建热水壶主体上端造型

扫码看视频

8.1.3　创建热水壶
主体上端造型

1. 创建曲线

（1）单击"基础特征"工具栏中的"造型"按钮 ，进入造型模块。系统默认以 TOP 基准平面为活动平面。

（2）单击"造型工具"工具栏中的"曲线"按钮 ，在弹出的"创建曲线"操控面板中单击"创建平面曲线"按钮 ，然后绘制如图 8-20 的曲线。

（3）单击"造型工具"工具栏中的"编辑曲线"按钮 ，选中步骤（2）创建的曲线，单击"更改为平面曲线"按钮 ，用鼠标选中曲线的控制点，按住鼠标左键移动鼠标，调整曲线的形状如图 8-21 所示。单击操控板中的"完成"按钮 ，完成曲线的编辑。

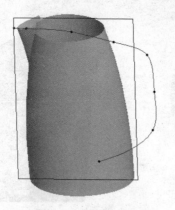

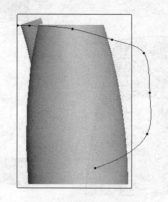

图 8-20　绘制的曲线　　　　　　　　　　图 8-21　调整曲线形状

（4）单击"造型工具"工具栏中的"完成"按钮 ，退出当前特征造型。

2. 创建基准平面 DTM2

（1）单击"基准"工具栏中的"基准平面"按钮 ，弹出"基准平面"对话框。

（2）选取 RIGHT 基准平面和曲线端点作为参照，如图 8-22 所示，然后单击"确定"按钮，完成基准平面 DTM2 的创建。

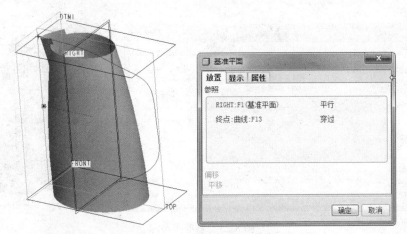

图 8-22 新基准平面参照

3. 绘制草图 1

（1）单击"基准"工具栏中的"草绘"按钮 ，弹出"草绘"对话框，选择 DTM2 基准平面为草绘平面，TOP 基准平面为参照平面，参考方向向左，单击"草绘"按钮，进入草绘环境。

（2）单击"草绘器"工具栏中的"圆心和端点"按钮 ，绘制如图 8-23 所示的截面形状，然后单击"确定"按钮 ，退出草图绘制环境。

4. 创建基准平面 DTM3

（1）单击"基准"工具栏中的"基准平面"按钮 ，弹出"基准平面"对话框。

（2）选取 RIGHT 基准平面作为参照，输入偏移距离为 50，如图 8-24 所示，然后单击"确定"按钮，完成基准平面 DTM3 的创建。

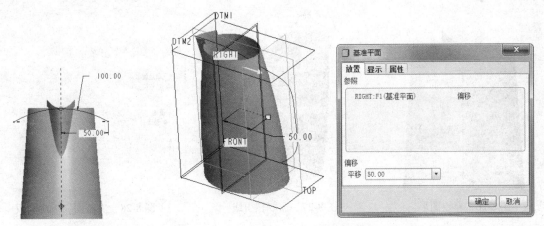

图 8-23 草绘图形   图 8-24 新基准平面参照

5. 创建基准点

（1）单击"基准"工具栏中的"基准轴"按钮 ，弹出"基准点"对话框。

（2）选取步骤 1 创建的曲线和步骤 4 创建的基准平面 DTM3 为参照，如图 8-25 所示。单击"确定"按钮，创建点 PNT1。

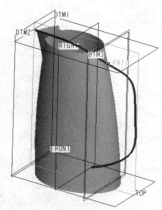

图 8-25　基准点参照

6. 绘制草图 2

（1）单击"基准"工具栏中的"草绘"按钮 ，弹出"草绘"对话框，选择 DTM3 基准平面为草绘平面，TOP 基准平面为参照平面，参考方向向左，单击"草绘"按钮，进入草绘环境。

（2）单击"草绘器"工具栏中的"圆心和端点"按钮 ，绘制如图 8-26 所示的圆弧截面形状，然后单击"确定"按钮 ，退出草图绘制环境。

7. 创建扫描混合曲面

（1）选择菜单栏中的"插入"→"扫描混合"命令，弹出"扫描混合"操控板，单击"曲面"按钮 。

（2）在绘图区单击选取草绘 1 创建的曲线作为轨迹线，如图 8-27 所示。

（3）在"截面"下滑面板中选中"所选截面"单选按钮，如图 8-28 所示。

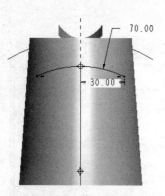

图 8-26　草绘图形

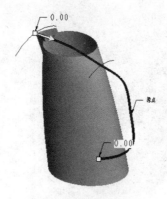

图 8-27　选取扫引线

图 8-28　"截面"下滑面板

（4）在绘图区单击选取如图 8-29 所示的草绘圆弧作为第一个扫描混合截面。

（5）在"截面"下滑面板中单击"插入"按钮，在"截面"列表框内显示"截面 2"。在绘图区单击选取如图 8-30 所示草绘的圆弧作为第二个扫描混合截面。

（6）在"截面"下滑面板单击"细节"按钮，弹出"链"对话框，在"选项"选项卡内单击"反向"按钮，如图 8-31 所示。

（7）单击操控板中的"完成"按钮 ，完成扫描曲面的创建，结果如图 8-32 所示。

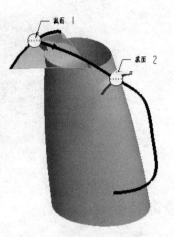

图 8-31 "链"对话框

图 8-29 选取第一个截面　　　图 8-30 选取第二个截面

8. 修剪曲面

（1）在绘图区选取如图 8-33 所示的曲面 1，单击"编辑特征"工具栏中的"修剪"按钮 ，打开"修剪"操控板。

（2）选取如图 8-33 所示的曲面 2，单击"改变要保留的曲面侧"按钮 ，调整修剪方向，然后单击操控板中的"完成"按钮 ，结果如图 8-34 所示。

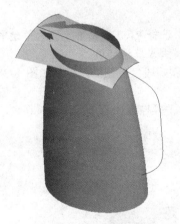

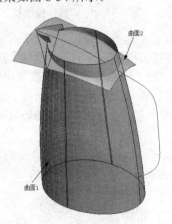

图 8-32 扫描曲面　　　　　　图 8-33 曲面选取　　　　　　图 8-34 曲面修剪结果

（3）在模型树中选取"扫描混合 1"特征，单击鼠标右键，在弹出的快捷菜单中选择"隐藏"命令，隐藏曲面，结果如图 8-35 所示。

9. 倒圆角处理

（1）单击"工程特征"工具栏中的"倒圆角"按钮 ，打开"倒圆角"操控板。

（2）选取如图 8-36 所示的合并曲面的交线，输入圆角半径为 15mm，然后单击操控板中的"完成"按钮 ，完成倒圆角。

图 8-35　隐藏曲面

图 8-36　倒圆角棱边选取

8.1.4　创建热水壶主体的修饰特征

扫码看视频

8.1.4　创建热水壶
主体的修饰特征

1. 创建偏移曲面 1

（1）选取视图中的曲面，然后选择菜单栏中的"编辑"→"偏移"命令，打开
"偏移"操控板，单击"具有拔模特征"按钮，如图 8-37 所示。

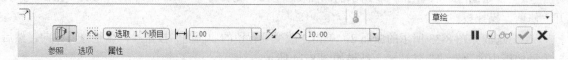

图 8-37　"偏移"操控板

（2）依次选择"参照"→"定义"命令，打开"草绘"对话框，选择 RIGHT 基准平面为草绘平面，TOP 基准平面为参照平面，参考方向向右，单击"草绘"按钮，进入草绘环境。

（3）单击"草绘器"工具栏中的"圆心和轴椭圆"按钮和"删除段"按钮，绘制如图 8-38
所示的图形。然后单击"确定"按钮，退出草图绘制环境。

（4）在操控面板内输入偏移距离为 1，拔模角度为 10，然后单击操控板中的"完成"按钮，
结果如图 8-39 所示。

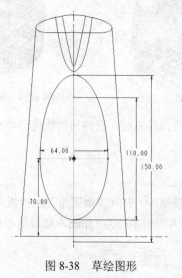

图 8-38　草绘图形

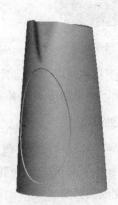

图 8-39　偏移结果

🌟知识点——偏移曲面

Pro/ENGINEER 提供了 4 种偏移方式：🔲标准偏移特征、🔳具有拔模特征、🔳展开类型和🔳替换型。在"选项"下滑面板中提供了 3 种控制偏移的方式，如图 8-40 所示。

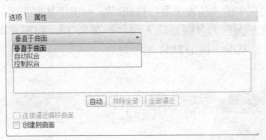

图 8-40　"选项"下滑面板

（1）垂直于曲面：垂直于原始曲面偏移曲面。

（2）自动拟合：系统根据自动决定的坐标系缩放相关的曲面。

（3）控制拟合：在指定坐标系下将原始曲面进行缩放并沿指定轴移动。

2．创建偏移曲面 2

（1）选取视图中的曲面，然后选择菜单栏中的"编辑"→"偏移"命令，打开"偏移"操控板，在操控面板中单击"具有拔模特征"按钮🔳。

（2）依次选择"参照"→"定义"命令，弹出"草绘"对话框，选择 TOP 基准平面为草绘平面，RIGHT 基准平面为参照平面，参考方向向左，单击"草绘"按钮，进入草绘环境。

（3）单击"草绘器"工具栏中的"圆心和轴椭圆"按钮⭕，绘制如图 8-41 所示的图形。然后单击"确定"按钮✔，退出草图绘制环境。

（4）在操控面板内输入偏移距离为 1.53，拔模角度为 0，然后单击操控板中的"完成"按钮✔，结果如图 8-42 所示。

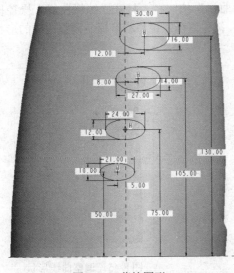

图 8-41　草绘图形

图 8-42　偏移结果

8.1.5　创建热水壶的把手

1. 创建基准平面 DTM4

（1）单击"基准"工具栏中的"基准平面"按钮□，弹出"基准平面"对话框。

（2）选取 RIGHT 基准平面作为参照，输入偏移距离为 30，如图 8-43 所示，然后单击"确定"按钮，完成基准平面 DTM4 的创建。

图 8-43　新基准平面参照

2. 创建曲线

（1）单击"基础特征"工具栏中的"造型"按钮⌒，进入造型模块。系统默认以 TOP 基准平面为活动平面。

（2）单击"造型工具"工具栏中的"曲线"按钮∽，打开"创建曲线"操控板，单击"创建平面曲线"按钮⊘，然后绘制如图 8-44 所示的两条曲线。单击操控板中的"完成"按钮✔，完成曲线绘制。

（3）单击"造型工具"工具栏中的"编辑曲线"按钮✎，打开"编辑曲线"操控板，选中步骤（2）创建的曲线，用鼠标选中曲线的控制点，按住鼠标左键移动鼠标，调整曲线的形状如图 8-45 所示。然后单击操控板中的"完成"按钮✔。

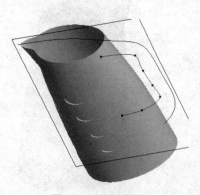
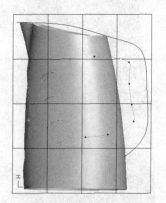

图 8-44　绘制曲线　　　　　　　　图 8-45　调整曲线形状

（4）单击"造型工具"工具栏中的"完成"按钮✔，退出当前特征造型。

3. 创建变截面曲面

（1）单击"基础特征"工具栏中的"可变截面扫描"按钮 ，在弹出的操控板中单击"曲面"按钮 ，按住 Ctrl 键，选取造型曲线作为"原点""链 1"轨迹线，如图 8-46 所示。

（2）单击"绘制截面"按钮 ，进入草绘环境，单击"草绘器"工具栏中的"圆"按钮 ，草绘如图 8-47 所示的圆形扫描截面。然后单击"确定"按钮 ，退出草图绘制环境。

（3）单击操控板中的"完成"按钮 ，创建可变剖面扫描曲面，结果如图 8-48 所示。

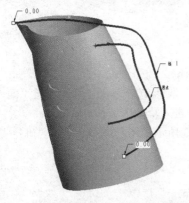
图 8-46 轨迹线选取

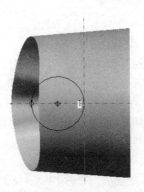
图 8-47 扫描截面

图 8-48 可变剖面扫描曲面

4. 合并曲面

（1）按住 Ctrl 键，在绘图区选取如图 8-49 所示的曲面。

（2）单击"编辑特征"工具栏中的"合并"按钮 ，打开"合并曲面"操控板，单击"改变要保留的曲面侧"按钮 ，然后单击操控板中的"完成"按钮 ，结果如图 8-50 所示。

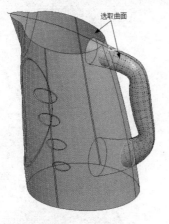
图 8-49 合并曲面选取

图 8-50 合并结果

8.1.6 创建热水壶主体的底面

1. 创建填充曲面

（1）依次选择"编辑"→"填充"命令，在弹出的操控板内选择"参照"→"定义"命令，弹出"草绘"对话框，选择 TOP 基准平面为草绘平面，RIGHT 基准平

扫码看视频

8.1.6 创建热水壶
主体的底面

面为参照平面，参考方向向右，单击"草绘"按钮，进
入草绘环境。

（2）单击"草绘器"工具栏中的"使用"按钮▢，
绘制如图 8-51 所示的截面形状，然后单击"确定"按
钮✔，退出草图绘制环境。

（3）单击操控板中的"完成"按钮☑，创建底部
填充曲面，结果如图 8-52 所示。

2. 创建偏移曲面

（1）选取视图窗口中的曲面，然后依次选择"编
辑"→"偏移"命令，在打开的操控面板中单击"具有拔模特征的偏移"按钮▥。

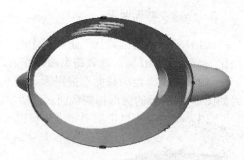

图 8-51　截面绘制

（2）依次选择"参照"→"定义"命令，弹出"草绘"对话框，选择 TOP 基准平面为草绘平面，
RIGHT 基准平面为参照平面，参考方向向右，单击"草绘"按钮，进入草绘环境。

（3）单击"草绘器"工具栏中的"圆"按钮〇，绘制如图 8-53 所示的图形。然后单击"确定"
按钮✔，退出草图绘制环境。

图 8-52　创建的填充曲面

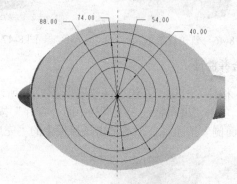

图 8-53　草绘图形

（4）在操控面板内输入偏移距离为 1.5，拔模角度为 10，然后单击操控板中的"完成"按钮☑，
完成曲面偏移，结果如图 8-54 所示。

3. 合并曲面

（1）按住 Ctrl 键，在绘图区选取如图 8-55 所示的曲面。

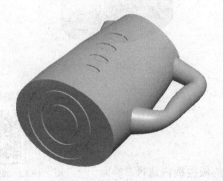

图 8-54　偏移结果

图 8-55　选取合并曲面

（2）单击"编辑特征"工具栏中的"合并"按钮 🖰，在打开的操控板中单击"改变要保留的曲面侧"按钮 ∕，然后单击操控板中的"完成"按钮 ☑。

4. 倒圆角

（1）单击"工程特征"工具栏中的"倒圆角"按钮 🝆，打开"倒圆角"操控板。

（2）选取如图 8-56 所示的边，输入圆角半径为 5，然后单击操控板中的"完成"按钮 ☑，结果如图 8-57 所示。

图 8-56 倒圆角棱边选取

图 8-57 倒圆角

8.1.7 热水壶底座的曲面

扫码看视频

8.1.7 热水壶底座的曲面

1. 绘制草图 1

（1）单击"基准"工具栏中的"草绘"按钮 🗠，弹出"草绘"对话框，选择 TOP 基准平面为草绘平面，RIGHT 基准平面为参照平面参考，参考方向向右，单击"草绘"按钮，进入草绘环境。

（2）单击"草绘器"工具栏中的"线"按钮 ╲，绘制如图 8-58 所示的直线，然后单击"确定"按钮 ☑，退出草图绘制环境。

2. 投影曲线

（1）选中刚刚创建的曲线，选择菜单栏中的"编辑"→"投影"命令，打开"投影"操控板，选择如图 8-59 所示曲面为投影曲面，然后单击操控板中的"完成"按钮 ☑，

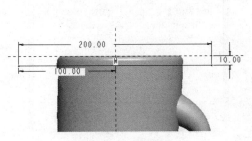

图 8-58 草绘图形 1

图 8-59 投影曲面选取 1

（2）选中刚刚创建的曲线，选择菜单栏中的"编辑"→"投影"命令，打开"投影"操控板，选择如图8-60所示曲面为投影曲面，然后单击操控板中的"完成"按钮☑，结果如图8-61所示。

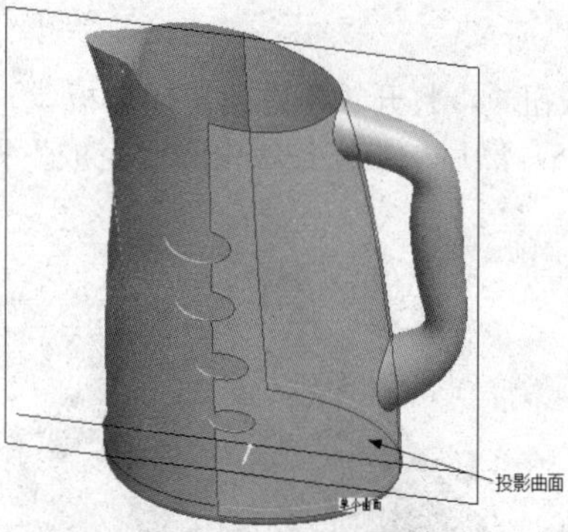

图8-60　投影曲面选取2

图8-61　投影结果

3. 创建基准平面 DTM5 和 DTM6

（1）单击"基准"工具栏中的"基准平面"按钮☐，弹出"基准平面"对话框。选取 FRONT 基准平面作为参照，输入偏移距离为10，如图8-62所示，然后单击"确定"按钮，完成基准平面 DTM5 的创建。

图8-62　基准平面参照1

（2）单击"基准"工具栏中的"基准平面"按钮☐，弹出"基准平面"对话框。选取如图8-63 所示曲线作为参照，如图8-64所示，然后单击"确定"按钮，完成基准平面 DTM6 的创建。

图8-63　基准平面参照2

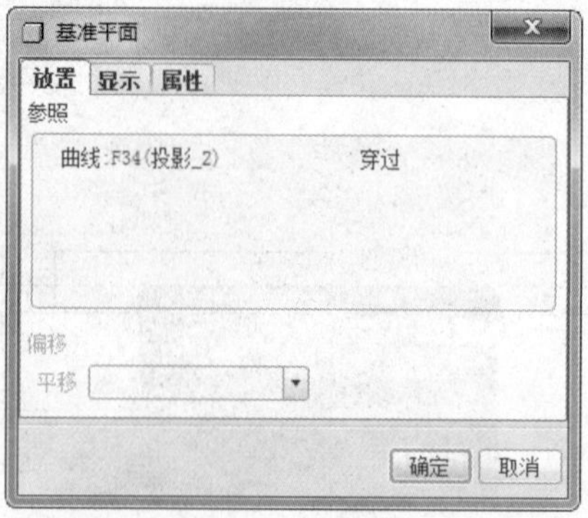

图8-64　"基准平面"对话框设置

4. 绘制草图 2

（1）单击"基准"工具栏中的"草绘"按钮，弹出"草绘"对话框，选择 DTM6 基准平面为草绘平面，RIGHT 基准平面为参照平面，参考方向向右，单击"草绘"按钮，进入草绘环境。

（2）单击"草绘器"工具栏中的"使用"按钮，绘制如图 8-65 所示的截面，然后单击"确定"按钮，退出草图绘制环境。

5. 绘制草图 3

（1）单击"基准"工具栏中的"草绘"按钮，弹出"草绘"对话框，选择 DTM6 基准平面为草绘平面，RIGHT 基准平面为参照平面，参考方向向右，单击"草绘"按钮，进入草绘环境。

（2）单击"草绘器"工具栏中的"偏移"按钮，绘制如图 8-66 所示的截面，然后单击"确定"按钮，退出草图绘制环境。

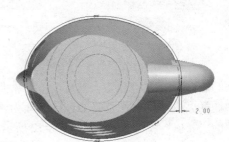

图 8-65　草绘图形 2　　　　　　　　　图 8-66　草绘图形 3

6. 绘制草图 4

（1）单击"基准"工具栏中的"草绘"按钮，弹出"草绘"对话框，选择 DTM5 基准平面为草绘平面，RIGHT 基准平面为参照平面，参考方向向右，单击"草绘"按钮，单击"确定"按钮，退出草图绘制环境。

（2）单击"草绘器"工具栏中的"偏移"按钮，绘制如图 8-67 所示的截面，然后单击"确定"按钮，退出草图绘制环境。

7. 绘制曲线

（1）单击"基础特征"工具栏中的"造型"按钮，进入造型模块。系统默认以 TOP 基准平面为活动平面。

（2）单击"造型工具"工具栏中的"曲线"按钮，在弹出的操控板中单击"创建平面曲线"按钮，绘制如图 8-68 所示的曲线，然后单击操控板中的"完成"按钮。

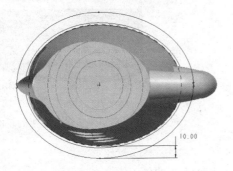

图 8-67　草绘图形 4　　　　　　　　图 8-68　绘制曲线

（3）选中步骤（2）创建的曲线，单击"造型工具"工具栏中的"编辑曲线"按钮 ，在弹出的操控面板中单击"更改为平面曲线"按钮 ，选中曲线的上端点，然后单击操控板中的"相切"按钮，在"约束"后的"第一"下拉列表框中选择"法向"，然后选择 RIGHT 平面为参照平面。输入长度为 6，如图 8-69 所示，结构如图 8-70 所示。

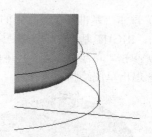

图 8-69　设置约束 1　　　　　　　　　　图 8-70　约束结果 1

（4）选中曲线的下端点，然后单击操控板中的"相切"按钮，在"约束"后的"第一"下拉列表框中选择"法向"。然后选择 DTM5 平面为参照平面。输入长度为 5，如图 8-71 所示。然后单击操控板中的"完成"按钮 ，结果如图 8-72 所示。

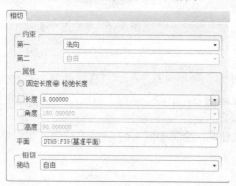

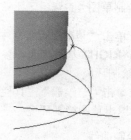

图 8-71　设置约束 2　　　　　　　　　　图 8-72　约束结果 2

（5）使用同样的方法创建左侧的曲线，结果如图 8-73 所示。

（6）单击"造型工具"工具栏中的"设置活动平面"按钮 ，然后选择 RIGHT 基准平面作为活动基准平面。用同样的方法绘制如图 8-74 所示的两条曲线。

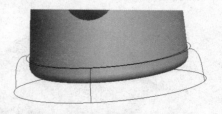

图 8-73　创建的曲线　　　　　　　　　　图 8-74　热水壶底座的轮廓线

8.　创建边界混合曲面

（1）单击"特征"工具栏中的"边界混合"按钮 ，打开"边界混合"操控板。

Note

（2）在操控板中单击"曲线"按钮，然后单击"第一方向"下的选择框，按住 Ctrl 键，选取如图 8-75 所示的曲线。

（3）单击"第二方向"下的选择框，按住 Ctrl 键，选取如图 8-75 所示的曲线。然后单击操控板中的"完成"按钮✔️，结果如图 8-76 所示。

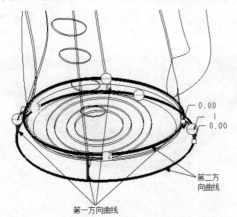

图 8-75 曲线选取

图 8-76 创建的曲面

9. 填充曲面

（1）选择"编辑"→"填充"命令，在弹出的操控板内选择"参照"→"定义"命令，弹出"草绘"对话框，选择 DTM5 基准平面为草绘平面，RIGHT 基准平面为参照平面，参考方向向右。单击"草绘"按钮，进入草绘环境。

（2）单击"草绘器"工具栏中的"使用"按钮⬜，绘制如图 8-77 所示的截面形状，然后单击"确定"按钮✔️，退出草图绘制环境。

（3）单击操控板中的"完成"按钮✔️，结果如图 8-78 所示。

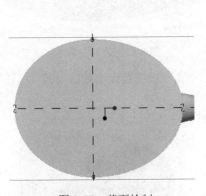

图 8-77 截面绘制

图 8-78 创建的填充曲面

10. 合并曲面 1

（1）按住 Ctrl 键，在绘图区选取如图 8-79 所示的曲面。

（2）单击"编辑特征"工具栏中的"合并"按钮▱，单击"改变要保留的曲面侧"按钮✂️，然后单击操控板中的"完成"按钮✔️。

11. 拉伸曲面

（1）单击"基础特征"工具栏中的"拉伸"按钮，在弹出的操控板内单击"曲面"按钮，然后选择"放置"→"定义"命令，弹出"草绘"对话框，选择 DTM5 基准平面为草绘平面，RIGHT 基准平面为参照平面，参考方向向右，单击"草绘"按钮，进入草绘环境。

（2）单击"草绘器"工具栏中的"线"按钮，绘制如图 8-80 所示的截面，然后单击"确定"按钮，退出草图绘制环境。

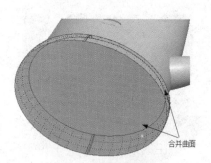

图 8-79　合并曲面选取 1

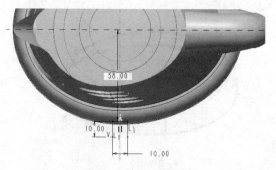

图 8-80　草绘截面

（3）在操控板内选择拉伸方式为"盲孔"，输入拉伸长度为 30。单击操控板中的"完成"按钮，结果如图 8-81 所示。

12. 合并曲面 2

（1）按住 Ctrl 键，在绘图区选取如图 8-82 所示的曲面。

图 8-81　拉伸结果

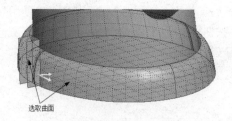

图 8-82　合并曲面选取 2

（2）单击"编辑特征"工具栏中的"合并"按钮，单击"改变要保留的曲面侧"按钮，然后单击操控板中的"完成"按钮，结果如图 8-83 所示。

（3）用同样的方法创建如图 8-84 所示的其余 3 个拉伸，合并特征。

图 8-83　合并结果

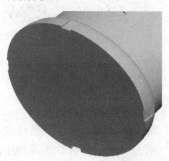

图 8-84　创建的底座修饰特征

8.1.8 加厚倒圆角

1. 加厚曲面

（1）选取如图 8-85 所示的曲面。

（2）选择菜单栏中的"编辑"→"加厚"命令，打开"加厚"操控板，输入厚度为 2，然后单击操控板中的"完成"按钮☑，结果如图 8-86 所示。

图 8-85　曲面选取 1

图 8-86　加厚结果 1

2. 倒圆角

（1）单击"工程特征"工具栏中的"倒圆角"按钮，打开"倒圆角"操控板，选取如图 8-87 所示的棱边。输入圆角半径为 10，然后单击操控板中的"完成"按钮☑。

（2）重复"倒圆角"命令，选取如图 8-88 所示的棱边。输入圆角半径为 8，然后单击操控板中的"完成"按钮☑。

（3）重复"倒圆角"命令，选取如图 8-89 所示的棱边。输入圆角半径为 1，然后单击操控板中的"完成"按钮☑。

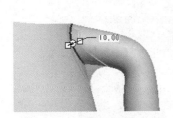

图 8-87　倒圆角棱边选取 1

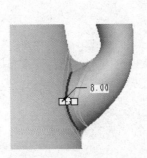

图 8-88　倒圆角棱边选取 2

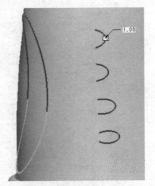

图 8-89　倒圆角棱边选取 3

（4）重复"倒圆角"命令，选取如图 8-90 所示的偏移特征下部的棱。输入圆角半径为 1，然后单击操控板中的"完成"按钮☑。

3. 加厚曲面

（1）选取如图 8-91 所示的曲面。

（2）选择菜单栏中的"编辑"→"加厚"命令，在打开的操控板中输入加厚厚度为 2，然后单击操控板中的"完成"按钮✔，结果如图 8-92 所示。

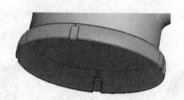

| 图 8-90 倒圆角棱边选取 4 | 图 8-91 曲面选取 2 | 图 8-92 加厚结果 2 |

8.2 打印模型

Magics 是一个能很好满足快速成型工艺要求和特点的软件，此软件可提供在一个表面上同时生成几种不同支撑类型，以及不同支撑结构的组合支撑类型，并可以快速地对含有各种错误的 STL 文件进行修复，使文件格式转换过程中产生的损坏三角面片得以修复。除此之外，Magics 软件兼容所有主要的 CAD 文件格式，如 IGES、VDA 和 STL，结合 STL 修改器，Magics 可以让用户输出任何文件给快速成型系统。

1. 打开 Magics 软件

双击 Magics 软件图标，打开 Magics 软件界面，如图 8-93 所示。

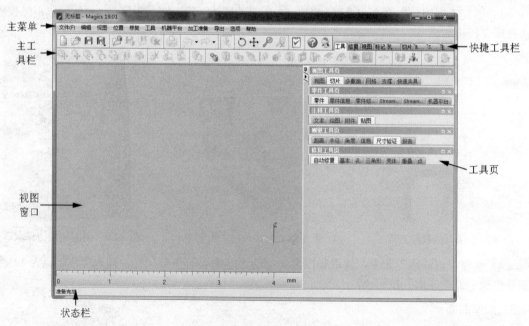

图 8-93 Magics 软件界面

知识点——Magics 软件界面

Magics 软件界面中各部分简单介绍如下。

（1）主菜单：软件的各项具体操作命令。

（2）主工具栏：可对模型进行加载、保存、打印、撤销等操作。

（3）快捷工具栏：可快速调出工具、修复、视图、标记、机器平台、切片、RM 切片、Streamics 和生成支撑所对应的工具条，右击此工具栏，可选择关闭不需要的工具栏。

（4）工具页：可选择视图、零件、注释、测量和修复工具页，并根据模型的操作要求选择工具页中具体的参数。

（5）视图窗口：显示当前对模型操作的结果。

（6）状态栏：显示正在进行的操作。

2. 基本操作

（1）加载新零件。选择主菜单中的"文件"→"加载新零件"命令，弹出如图 8-94 所示的"加载"新零件对话框，选择相应零件后，单击"打开"按钮即可加载零件，或者单击主工具栏中的"导入零件"按钮 ，也可以加载新零件。

图 8-94　"加载"新零件对话框

注意：Magics 软件除了支持*.stl 类型文件，还支持很多其他格式的文件，用户可根据自己需求选择相应类型文件，本书主要以*.stl 类型文件为例进行介绍。

选择 dian-re-shui-qi 文件，然后单击"打开"按钮，打开文件，如图 8-95 所示。

（2）载入平台。Magics 中的平台是指一个虚拟的加工机器，用户可根据自己的快速成型设备选择适合于自己的平台。

① 添加机器。单击主菜单中"机器平台"按钮，选择"机器库"选项，弹出"添加机器"对话

框，如图 8-96 所示。

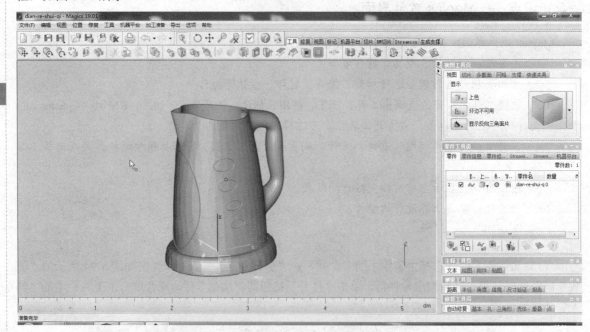

图 8-95 打开 dian-re-shui-qi 模型

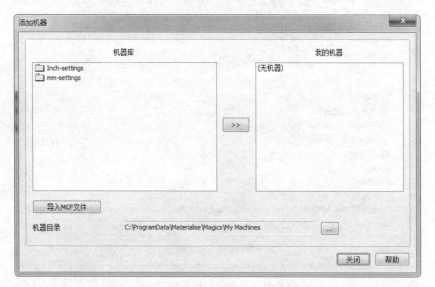

图 8-96 "添加机器"对话框

选择 mm-settings，根据自己的机器类型选择相应类型，单击中间的"添加"按钮 >> ，将其加入到"我的机器"中。本书以 Object Eden 250 为例，如图 8-97 所示。

单击"关闭"按钮，弹出"机器库"对话框，选中 Object Eden 250，单击"关闭"按钮，退出"添加机器"对话框，单击"添加机器"按钮可继续添加相应机器，如图 8-98 所示。如果想在每次启动软件后就存在机器平台，可选中相应机器并将其添加到收藏夹。

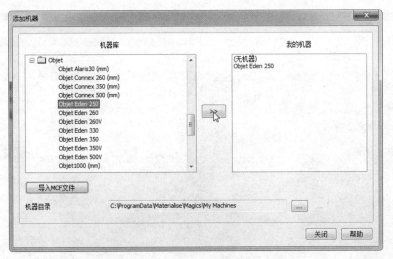

图 8-97　添加机器 Object Eden 250

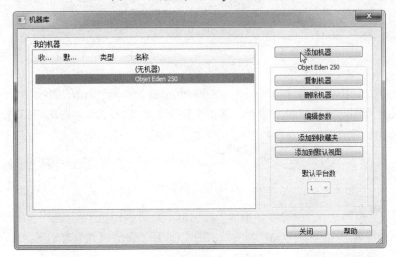

图 8-98　在机器库中选择机器

② 生成平台。单击主菜单"机器平台"→"从设计者视图创建平台"按钮，弹出"选择机器"对话框，选择相应机器，如图 8-99 所示，单击"确认"按钮，则完成生成平台，如图 8-100 所示。

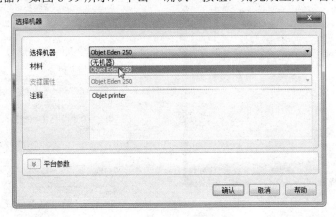

图 8-99　选择机器

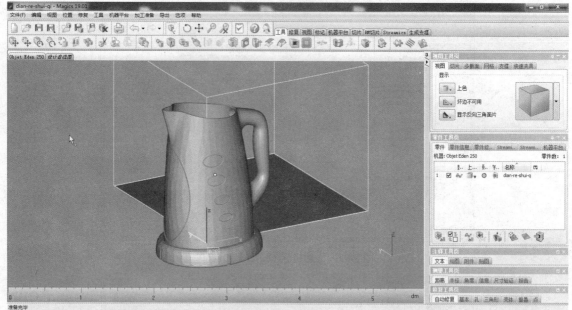

图 8-100　生成平台

（3）模型的缩放。由于本书选择的平台为 Object Eden 250，而模型的实际尺寸已经超过平台所能打印的最大尺寸，因此需要将模型缩小。单击快捷工具栏上"工具"选项后，出现"模型编辑"工具栏，如图 8-101 所示。

![模型编辑工具栏]

图 8-101　"模型编辑"工具栏

单击"重缩放"按钮，打开"零件缩放"对话框，如图 8-102 所示，选中"统一缩放"复选框，将"缩放系数"设置为 0.5，然后单击"确定"按钮，打开"存储模式"对话框，如图 8-103 所示，单击"是"按钮，模型将被缩小 0.5 倍，如图 8-104 所示。

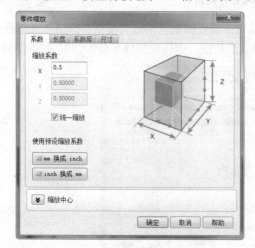

图 8-102　"零件缩放"对话框

图 8-103　"存储模式"对话框

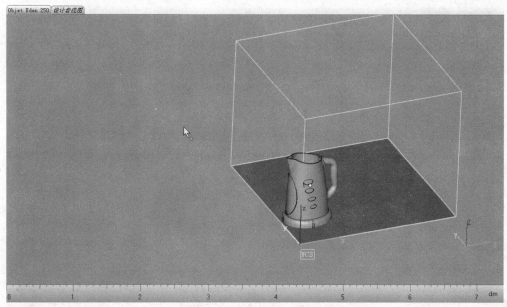

图 8-104　模型缩小 0.5 倍

3. 模型的放置

模型的放置方向决定着支撑的生成方向，而生成支撑会对表面质量带来影响，在立体光固化中尤为明显。模型加工完成后，需要对与支撑面相接触的模型底面进行打磨，所以在满足加工质量的前提要求下，应合理选择模型的摆放方向，以便尽量减少后期对模型底面的打磨工作。

用户可根据自己的要求，单击"移动和摆放"按钮 ，然后移动和旋转零件到自己想要放置的位置。也可单击"自动摆放"按钮 ，打开"自动摆放"对话框，选中"平台中心"单选按钮，如图 8-105 所示，可将模型摆放在平台中心，如图 8-106 所示。

图 8-105　"自动摆放"对话框

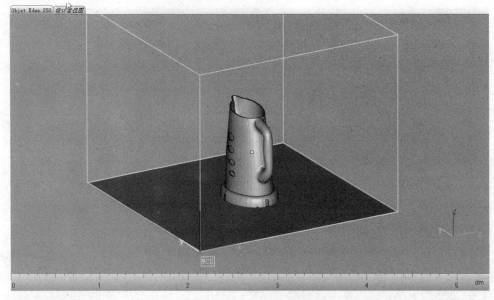

图 8-106　模型摆放在平台中心

4．生成模型支撑

根据相应机器，设置机器属性后，单击快捷工具栏中的"生成支撑"按钮，即可生成模型对应的支撑，如图 8-107 所示。

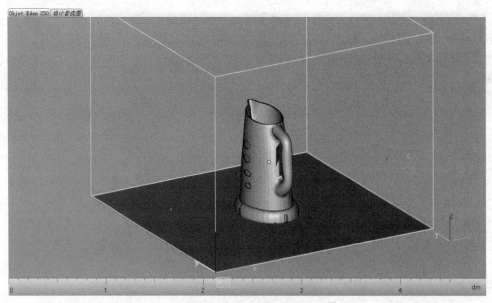

图 8-107　生成模型支撑

5．输出模型

按照上述步骤操作后，单击主工具栏中的"退出支撑生成模式"按钮，弹出"平台文件"对话框，单击"是"按钮，则保存支撑并退出生成支撑界面，如图 8-108 所示。

单击快捷工具栏中的"切片"按钮，对所有零件进行切片后输出，弹出"切片属性"对话框，

·310·

如图 8-109 所示。

图 8-108 "平台文件"对话框

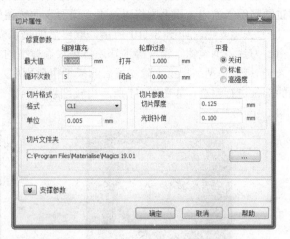

图 8-109 "切片属性"对话框

按如图 8-109 所示设定相应属性数值，切片格式选择为 SLC 模式，支撑参数格式同样选择 SLC 格式，选择需要保存的切片文件夹，就可以将切片后的模型文件输出。将输出的模型导入到相应机器中，便可以开始打印。

8.3 处理打印模型

使用 Magics 软件对模型进行分层处理，并使用相应打印机器进行打印，打印完毕后需要将模型从打印平台中取下，并对模型清洗并去除支撑，模型与支撑接触的部分还需要进行打磨处理等，才能得到理想的打印模型。处理打印模型有以下 4 个步骤：

（1）取出模型。打印完毕后，将工作台调整至液态树脂平面之上，用平铲等工具将模型底部与平台底部撬开，以便于取出模型。取出后的电热水壶模型如图 8-110 所示。

图 8-110 打印完毕的电热水壶模型

注意：取出模型时，请注意不要损坏模型比较薄弱的地方，如果不方便撬动模型，可适当除去部分支撑，以便于热水壶模型的顺利取出。

（2）清洗模型。打印完毕模型的表面需要使用酒精等溶剂将其清洗，以防止影响模型表面质量。将适量酒精倒入盆内，用毛刷将电热水壶模型表面残留的液态树脂进行清洗。

（3）去除支撑。如图 8-110 所示，取出后的热水壶模型存在一些打印过程中生成的支撑，使用尖嘴钳、刀片、钢丝钳、镊子等工具，将热水壶模型的支撑去除。

（4）打磨模型。根据去除支撑后的模型粗糙程度，可先使用锉刀、粗砂纸等工具对支撑与模型接触的部位进行粗磨，如图 8-111 所示用较细粒度的砂纸对模型进一步打磨。处理后的热水壶模型如图 8-112 所示。

图 8-111　打磨热水壶模型

图 8-112　处理后的热水壶模型

第 9 章

切割机设计与 3D 打印实例

切割机由砂轮、把手、砂轮盖、电动机、底座等组成，如图 9-1 所示。

图 9-1 切割机

本章主要介绍切割机各个零件在 Pro/ENGINEER 软件中的建模过程以及如何利用 Magics 软件打印出 3D 模型。

9.1 砂 轮

首先利用 Pro/ENGINEER 软件创建传动轴模型，再利用 Magics 软件打印传动轴的 3D 模型，最后对打印出来的砂轮模型进行清洗、去除支撑和毛刺处理，流程图如图 9-2 所示。

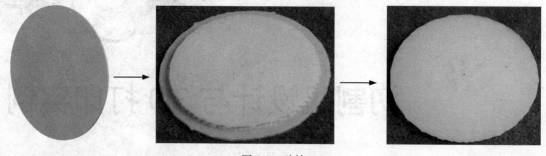

图 9-2　砂轮

9.1.1　创建模型

1. 新建文件

启动 Pro/ENGINEER 5.0，选择菜单栏中的"文件"→"新建"命令，或者单击"标准"工具栏中的"新建"按钮，弹出"新建"对话框，在"类型"选项组中选中"零件"单选按钮，在"子类型"选项组中选中"实体"单选按钮，在"名称"文本框中输入文件名 shalun.prt，其他选项接受系统提供的默认设置，单击"确定"按钮，创建一个新的零件文件。

2. 创建旋转特征

（1）单击"基础特征"工具栏中的"旋转"按钮，在打开的"旋转"操控板中依次单击"放置"→"定义"按钮，打开"草绘"对话框。选取 RIGHT 基准平面作为草绘平面，单击"草绘"按钮，进入草绘环境。

（2）单击"草绘器"工具栏中的"几何中心线"按钮，绘制一条水平中心线作为旋转轴；单击"草绘器"工具栏中的"线"按钮，绘制如图 9-3 所示的截面并修改尺寸。单击"确定"按钮，退出草图绘制环境。

（3）在操控板中设置旋转方式为"变量"，给定旋转角度值为 360°，单击操控板中的"完成"按钮，结果如图 9-4 所示。

3. 创建拉伸特征

（1）单击"基础特征"工具栏中的"拉伸"按钮，在打开的"拉伸"操控板中依次单击"放置"→"定义"按钮，打开"草绘"对话框。选取如图 9-4 所示的面作为草绘面，RIGHT 面作为参考，参考方向向右，单击"草绘"按钮，进入草绘环境。

（2）单击"草绘器"工具栏中的"圆"按钮，绘制一个以砂轮的中心为圆心、直径为 2mm 的圆。单击"确定"按钮，退出草图绘制环境。

（3）在操控板中输入拉伸深度为 5mm，单击"去除材料"按钮，单击操控板中的"完成"按钮☑，使其砂轮中心生成一个孔，结果如图 9-5 所示。

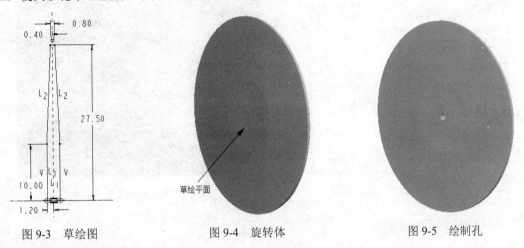

图 9-3　草绘图　　　　　图 9-4　旋转体　　　　　图 9-5　绘制孔

4. 创建六角星

（1）单击"基础特征"工具栏中的"拉伸"按钮，在打开的"拉伸"操控板中依次单击"放置"→"定义"按钮，打开"草绘"对话框。选取如图 9-4 所示的面作为草绘面，RIGHT 面作为参考，参考方向向右，单击"草绘"按钮，进入草绘环境。

（2）单击"草绘器"工具栏中的"调色板"按钮，在打开的"草绘器调色板"对话框中选取六角星形，双击然后放置到圆心位置，绘制如图 9-6 所示的截面并修改尺寸。单击"确定"按钮☑，退出草图绘制环境。

（3）在操控板中输入拉伸深度为 0.2mm，单击操控板中的"完成"按钮☑，结果如图 9-7 所示。

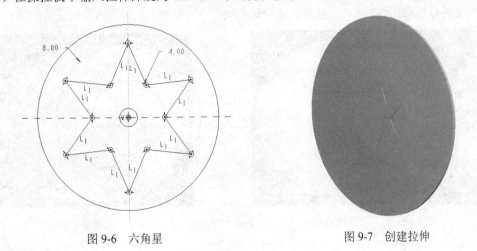

图 9-6　六角星　　　　　　　　图 9-7　创建拉伸

9.1.2　打印模型

根据 8.2 节操作步骤 1～4 进行操作，为减少支撑，需要将模型旋转至合适位置。单击"旋转零件"按钮，出现如图 9-8 所示的"旋转零件"对话框，将 Y 轴所对应数值设置为 270，也就是绕 Y 轴旋转 270°，单击"确定"按钮，模型旋转完毕，如图 9-9 所示。然后按步骤 3 继续放置模型，再根据步骤 5 对生成支撑后的模型进行切片处理，并导入相应快速成型机器中，即可打印。

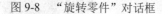

图 9-8　"旋转零件"对话框

图 9-9　旋转模型 shalun

9.1.3　处理打印模型

处理打印模型有以下 4 个步骤：

（1）取出模型。打印完毕后，将工作台调整至液态树脂平面之上，用平铲等工具将模型底部与平台底部撬开，以便于取出模型。取出后的砂轮模型如图 9-10 所示。

（2）清洗模型。打印完模型的表面需要使用酒精等溶剂将其清洗，以防止影响模型表面质量。将适量酒精倒入盆内，用毛刷将砂轮模型表面残留的液态树脂进行清洗。

（3）去除支撑。如图 9-10 所示，取出后的砂轮模型存在一些打印过程中生成的支撑，使用尖嘴钳、刀片、钢丝钳、镊子等工具，将砂轮模型的支撑去除。

（4）打磨模型。根据去除支撑后的模型粗糙程度，可先使用锉刀、粗砂纸等工具对支撑与模型接触的部位进行粗磨，然后用较细粒度的砂纸对模型进一步打磨。处理后的砂轮模型如图 9-11 所示。

图 9-10　打印完毕的砂轮模型

图 9-11　处理后的砂轮模型

9.2　把　　手

扫码看视频

9.2　把手

首先利用 Pro/ENGINEER 软件创建把手模型，再利用 Magics 软件打印把手的
3D 模型，最后对打印出来的把手模型进行清洗、去除支撑和毛刺处理，流程图如图 9-12 所示。

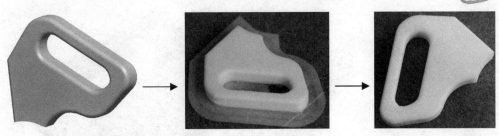

图 9-12　把手模型创建流程

9.2.1　创建模型

1．新建文件

启动 Pro/ENGINEER 5.0，选择菜单栏中的"文件"→"新建"命令，或者单击"标准"工具栏中的"新建"按钮，弹出"新建"对话框，在"类型"选项组中选中"零件"单选按钮，在"子类型"选项组中选中"实体"单选按钮，在"名称"文本框中输入文件名 bashou.prt，其他选项接受系统提供的默认设置，单击"确定"按钮，创建一个新的零件文件。

2．创建拉伸特征

（1）单击"基础特征"工具栏中的"拉伸"按钮，在打开的"拉伸"操控板中依次单击"放置"→"定义"按钮，打开"草绘"对话框。选取 RIGHT 基准平面作为草绘面，TOP 面作为参考，参考方向向右，单击"草绘"按钮，进入草绘环境。

（2）单击"草绘器"工具栏中的"线"按钮和"圆弧"按钮，绘制如图 9-13 所示的截面并修改尺寸。单击"确定"按钮，退出草图绘制环境。

（3）在操控板中输入拉伸深度为 4mm，单击操控板中的"完成"按钮，结果如图 9-14 所示。

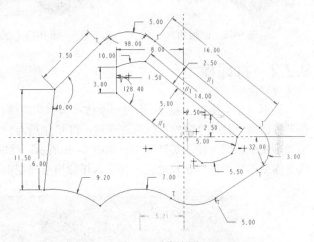

图 9-13　草绘图

3．创建倒圆角 1

（1）单击"工程特征"工具栏中的"倒圆角"按钮，打开"倒圆角"操控板。

（2）按住 Ctrl 键，选取如图 9-15 所示的边。在操控板中设置圆角半径为 2.5mm，单击操控板中的"完成"按钮，完成倒圆角特征的创建，结果如图 9-16 所示。

4．创建倒圆角 2

（1）单击"工程特征"工具栏中的"倒圆角"按钮，打开"倒圆角"操控板。

（2）按住 Ctrl 键，选取如图 9-17 所示的边。在操控板中设置圆角半径为 0.8mm，单击操控板中的"完成"按钮，完成倒圆角特征的创建，结果如图 9-18 所示。

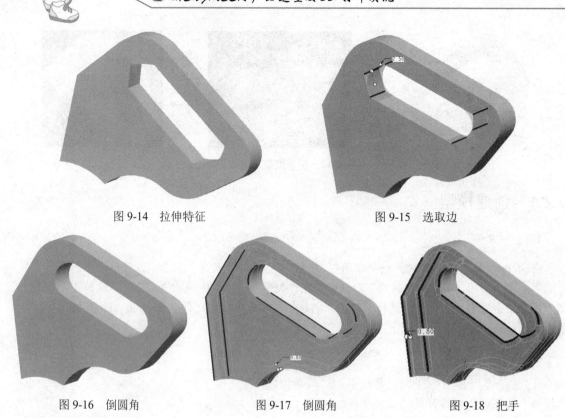

图 9-14　拉伸特征 　　　　　　　　　　　　　　　　图 9-15　选取边

图 9-16　倒圆角　　　　　　　图 9-17　倒圆角　　　　　　　图 9-18　把手

9.2.2　打印模型

　　根据 8.2 节操作步骤 1~4 进行操作，为减少支撑，需要将模型旋转至合适位置。单击"旋转零件"按钮 ，打开"旋转零件"对话框，将 Y 轴所对应数值设置为 90，也就是绕 Y 轴旋转 90°，单击"确定"按钮，模型旋转完毕，如图 9-19 所示。然后按步骤 3 继续放置模型，再根据步骤 5 对生成支撑后的模型进行切片处理，并导入相应快速成型机器中，即可打印。

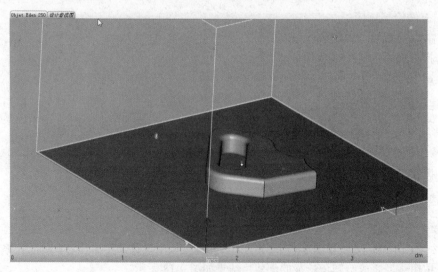

图 9-19　旋转模型 bashou

9.2.3 处理打印模型

处理打印模型有以下 4 个步骤：

（1）取出模型。取出后的把手模型如图 9-20 所示。

（2）清洗模型。

（3）去除支撑。

（4）打磨模型。打磨处理后的把手模型如图 9-21 所示。

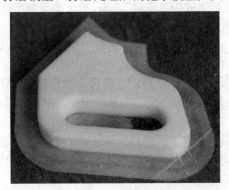

图 9-20　打印完毕的把手模型　　　　　图 9-21　处理后的把手模型

9.3　砂　轮　盖

扫码看视频

9.3　砂轮盖

首先利用 Pro/ENGINEER 软件创建砂轮盖模型，再利用 Magics 软件打印砂轮盖的 3D 模型，最后对打印出来的砂轮盖模型进行清洗、去除支撑和毛刺处理，流程图如图 9-22 所示。

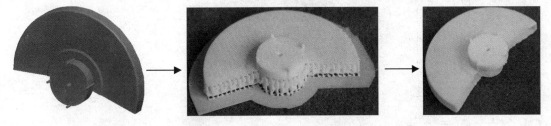

图 9-22　砂轮盖模型创建流程

9.3.1 创建模型

1. 新建文件

启动 Pro/ENGINEER 5.0，选择菜单栏中的"文件"→"新建"命令，或者单击"标准"工具栏中的"新建"按钮□，弹出"新建"对话框，在"类型"选项组中选中"零件"单选按钮，在"子类型"选项组中选中"实体"单选按钮，在"名称"文本框中输入文件名 shalungai.prt，其他选项接受系统提供的默认设置，单击"确定"按钮，创建一个新的零件文件。

2. 创建旋转特征1

（1）单击"基础特征"工具栏中的"旋转"按钮❀，在打开的"旋转"操控板中依次单击"放置"→"定义"按钮，打开"草绘"对话框。选取 TOP 基准平面作为草绘平面，单击"草绘"按钮，进入草绘环境。

（2）单击"草绘器"工具栏中的"几何中心线"按钮┋，绘制一条水平中心线作为旋转轴；单击"草绘器"工具栏中的"线"按钮╲和"镜像"按钮❑，绘制如图 9-23 所示的截面并修改尺寸。单击"确定"按钮✔，退出草图绘制环境。

（3）在操控板中单击"曲面"按钮❑，设置旋转方式为"变量"⊥，给定旋转角度值为200°，单击操控板中的"完成"按钮☑，结果如图 9-24 所示。

3. 创建旋转特征2

（1）单击"基础特征"工具栏中的"旋转"按钮❀，在打开的"旋转"操控板中依次单击"放置"→"定义"按钮，打开"草绘"对话框。选取 TOP 基准平面作为草绘平面，单击"草绘"按钮，进入草绘环境。

（2）单击"草绘器"工具栏中的"几何中心线"按钮┋，绘制一条水平中心线作为旋转轴；单击"草绘器"工具栏中的"线"按钮╲，绘制如图 9-25 所示的截面并修改尺寸。单击"确定"按钮✔，退出草图绘制环境。

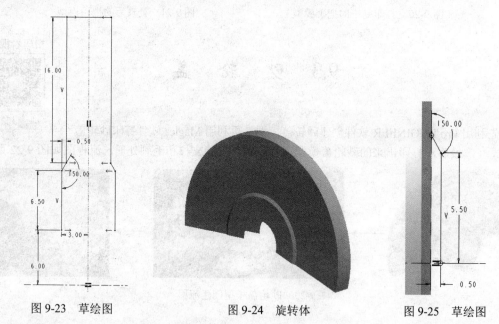

图 9-23　草绘图　　　　图 9-24　旋转体　　　　图 9-25　草绘图

（3）在操控板中单击"曲面"按钮❑，设置旋转方式为"变量"⊥，给定旋转角度值为360°，单击操控板中的"完成"按钮☑，结果如图 9-26 所示。

4. 合并旋转体

（1）按住 Ctrl 键选取上面创建的两个旋转曲面。

（2）单击"编辑特征"工具栏中的"合并"按钮❑，在打开的"合并"操控板中单击"完成"按钮☑，使两个旋转体合并成一个整体。

5. 加厚曲面

（1）选取步骤 4 创建的合并曲面。

（2）选择菜单栏中的"编辑"→"加厚"命令，在打开的"加厚"操控板中输入加厚值为 0.5mm，向外加厚，如图 9-27 所示，单击"完成"按钮☑，完成曲面的加厚。

图 9-26 旋转曲面   图 9-27 加厚

6. 创建倒圆角

（1）单击"工程特征"工具栏中的"倒圆角"按钮✎，打开"倒圆角"操控板。

（2）按住 Ctrl 键，选取如图 9-28 所示合并体外圆上的两条边。在操控板中设置圆角半径为 0.8mm，单击操控板中的"完成"按钮☑，完成倒圆角特征的创建，结果如图 9-29 所示。

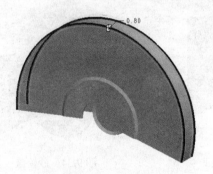
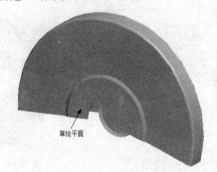

图 9-28 选取边   图 9-29 倒圆角

7. 创建拉伸特征

（1）单击"基础特征"工具栏中的"拉伸"按钮☞，在打开的"拉伸"操控板中依次单击"放置"→"定义"按钮，打开"草绘"对话框。选取如图 9-29 所示平面作为草绘面，单击"草绘"按钮，进入草绘环境。

（2）单击"草绘器"工具栏中的"圆"按钮〇，绘制如图 9-30 所示的截面并修改尺寸。单击"确定"按钮✔，退出草图绘制环境。

（3）在操控板中输入拉伸深度为 5mm，单击操控板中的"完成"按钮☑，结果如图 9-31 所示。

8. 创建拉伸

（1）单击"基础特征"工具栏中的"拉伸"按钮☞，在打开的"拉伸"操控板中依次单击"放置"→"定义"按钮，打开"草绘"对话框。选取如图 9-29 所示平面作为草绘面，单击"草绘"按钮，进入草绘环境。

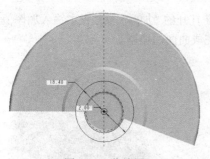

图 9-30　草绘图

图 9-31　拉伸特征

（2）单击"草绘器"工具栏中的"圆"按钮 O，绘制如图 9-32 所示的截面并修改尺寸。单击"确定"按钮 ✔，退出草图绘制环境。

（3）在操控板中输入拉伸深度为 7mm，单击操控板中的"完成"按钮 ✔，结果如图 9-33 所示。

9．阵列拉伸特征

（1）在"模型树"选项卡中选择前面创建的拉伸特征。

（2）单击"编辑特征"工具栏中的"阵列"按钮 ▦，打开"阵列"操控板，设置阵列类型为"轴"，在模型中选取轴 A_1 为参考。然后在操控板中给定阵列个数为 4，角度为 90°。

（3）单击操控板中的"完成"按钮 ✔，完成砂轮盖的创建，如图 9-34 所示。

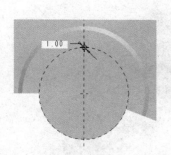

图 9-32　草绘图

图 9-33　拉伸特征

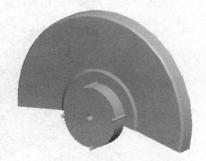

图 9-34　砂轮盖

9.3.2　打印模型

根据 8.2 节操作步骤 1～4 进行操作，为减少支撑，需要将模型旋转至合适位置。单击"旋转零件"按钮 ⟲，打开如图 9-35 所示的"旋转零件"对话框，将 X 轴所对应数值设置为 90，也就是绕 X 轴旋转 90°，单击"确定"按钮，模型旋转完毕，如图 9-36 所示。然后按步骤 3 继续放置模型，再根据步骤 5 对生成支撑后的模型进行切片处理，并导入相应快速成型机器中，即可打印。

图 9-35　"旋转零件"对话框

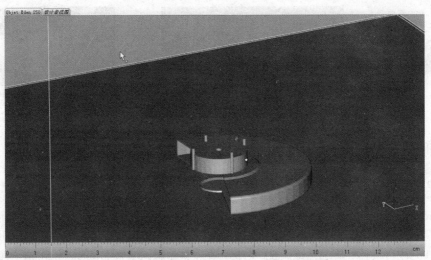

图 9-36　旋转模型 shalungai

9.3.3　处理打印模型

处理打印模型有以下 4 个步骤：
（1）取出模型。取出后的砂轮盖模型如图 9-37 所示。
（2）清洗模型。
（3）去除支撑。
（4）打磨模型。打磨处理后的砂轮盖模型如图 9-38 所示。

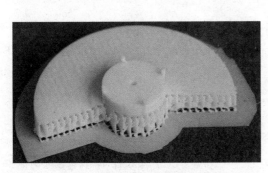

图 9-37　打印完毕的砂轮盖模型

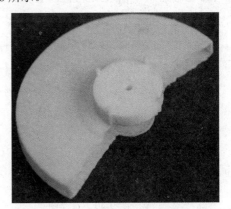

图 9-38　处理后的砂轮盖模型

9.4　电　动　机

扫码看视频

9.4　电动机

　　首先利用 Pro/ENGINEER 软件创建电动机模型，再利用 Magics 软件打印
电动机的 3D 模型，最后对打印出来的电动机模型进行清洗、去除支撑和毛刺处理，流程图如图 9-39
所示。

Note

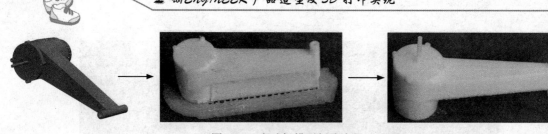

图 9-39　电动机模型创建流程

9.4.1　创建模型

1. 新建文件

启动 Pro/ENGINEER 5.0，选择菜单栏中的"文件"→"新建"命令，或者单击"标准"工具栏中的"新建"按钮，弹出"新建"对话框，在"类型"选项组中选中"零件"单选按钮，在"子类型"选项组中选中"实体"单选按钮，在"名称"文本框中输入文件名 diandongji.prt，其他选项接受系统提供的默认设置，单击"确定"按钮，创建一个新的零件文件。

2. 创建旋转轴

（1）单击"基础特征"工具栏中的"拉伸"按钮，在打开的"拉伸"操控板中依次单击"放置"→"定义"按钮，打开"草绘"对话框。选取 TOP 面作为草绘面，RIGHT 面作为参考，参考方向向右，单击"草绘"按钮，进入草绘环境。

（2）单击"草绘器"工具栏中的"线"按钮和"圆"按钮，绘制如图 9-40 所示的截面并修改尺寸。单击"确定"按钮，退出草图绘制环境。

（3）在操控板中输入拉伸深度为 10mm，单击操控板中的"完成"按钮，结果如图 9-41 所示。

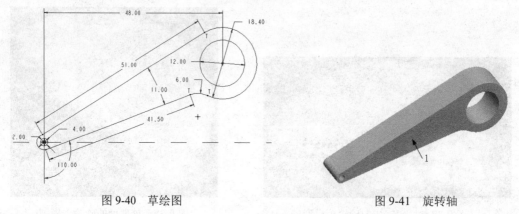

图 9-40　草绘图　　　　　　　　　　　　　　图 9-41　旋转轴

3. 创建拉伸特征 1

（1）单击"基础特征"工具栏中的"拉伸"按钮，在打开的"拉伸"操控板中依次单击"放置"→"定义"按钮，打开"草绘"对话框。选取图 9-41 所示的面 1 作为草绘面，RIGHT 面作为参考，参考方向向右，单击"草绘"按钮，进入草绘环境。

（2）单击"草绘器"工具栏中的"使用"按钮，选择视图中小圆的两个半圆；单击"草绘器"工具栏中的"圆"按钮，绘制如图 9-42 所示的截面并修改尺寸。单击"确定"按钮，退出草图绘制环境。

（3）在操控板中输入拉伸深度为 5mm，单击操控板中的"完成"按钮，结果如图 9-43 所示。

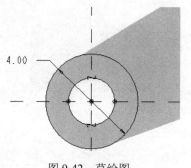

图 9-42　草绘图

图 9-43　拉伸

4．创建镜像平面

（1）单击"基准"工具栏中的"基准平面"按钮▱，打开"基准平面"对话框。

（2）选择 TOP 基准平面为参照，然后输入平移值为 5mm，方向向右，如图 9-44 所示，单击"确定"按钮，完成平面的创建。

5．镜像拉伸特征

（1）在"模型树"选项卡中选取步骤 3 创建的拉伸特征。

（2）单击"编辑特征"工具栏中的"镜像"按钮⫻，打开"镜像"操控板。选择步骤 4 创建的平面 DTM1 为镜像平面，单击"完成"按钮✔，将拉伸特征镜像到对称的位置上，如图 9-45 所示。

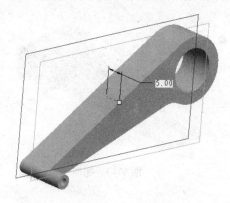

图 9-44　偏移平面

图 9-45　镜像

6．创建旋转面

（1）单击"基准"工具栏中的"基准平面"按钮▱，打开"基准平面"对话框。

（2）按住 Ctrl 键，选取如图 9-46 所示的轴，单击"确定"按钮，完成平面 DTM2 的创建。

7．创建旋转特征

（1）单击"基础特征"工具栏中的"旋转"按钮❖，在打开的"旋转"操控板中依次单击"放置"→"定义"按钮，打开"草绘"对话框。选取步骤 6 创建的基准平面作为草绘平面，单击"草绘"按钮，进入草绘环境。

（2）单击"草绘器"工具栏中的"几何中心线"按钮⋮，绘制一条与 A_2 轴线重合的中心线作为旋转轴；单击"草绘器"工具栏中的"线"按钮➘，绘制如图 9-47 所示的截面并修改尺寸。单击"确定"按钮✔，退出草图绘制环境。

图 9-46　选择轴

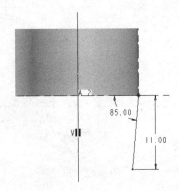

图 9-47　草绘图

（3）在操控板中单击"曲面"按钮 ，设置拉伸方式为"变量" ，给定旋转角度值为 360°，单击操控板中的"完成"按钮 ，结果如图 9-48 所示。

8. 加厚曲面

（1）在"模型树"选项卡中选择步骤 7 创建的旋转特征。

（2）选择菜单栏中的"编辑"→"加厚"命令，打开"加厚"操控板，输入厚度值为 0.5mm，方向向里。若不是，可以单击"反向"按钮 ，使加厚方向反向，单击"完成"按钮，结果如图 9-49 所示。

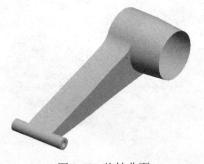

图 9-48　旋转曲面

图 9-49　加厚

9. 创建散热盖

（1）单击"基础特征"工具栏中的"旋转"按钮 ，在打开的"旋转"操控板中依次单击"放置"→"定义"按钮，打开"草绘"对话框。选取 DTM2 基准平面作为草绘平面，单击"草绘"按钮，进入草绘环境。

（2）单击"草绘器"工具栏中的"几何中心线"按钮 ，绘制一条与 A_2 轴线重合的中心线作为旋转轴；单击"草绘器"工具栏中的"线"按钮 ，绘制如图 9-50 所示的截面并修改尺寸。单击"确定"按钮 ，退出草图绘制环境。

（3）在操控板中单击"曲面"按钮 ，设置拉伸方式为"变量" ，给定旋转角度值为 360°，单击操控板中的"完成"按钮 ，结果如图 9-51 所示。

10. 创建矩形散热孔

（1）单击"基础特征"工具栏中的"拉伸"按钮 ，在打开的"拉伸"操控板中依次单击"放置"→"定义"按钮，打开"草绘"对话框。选取 DTM2 平面作为草绘面，RIGHT 面作为参考，参考方向向右，单击"草绘"按钮，进入草绘环境。

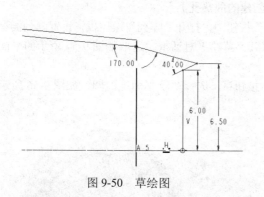

图 9-50 草绘图

图 9-51 旋转体

（2）单击"草绘器"工具栏中的"矩形"按钮□，绘制如图 9-52 所示的截面并修改尺寸。单击"确定"按钮✔，退出草图绘制环境。

（3）在操控板中单击"曲面"按钮，输入拉伸深度为 10mm，单击"去除材料"按钮，选取前面创建的旋转曲面。单击操控板中的"完成"按钮，完成散热孔的创建，结果如图 9-53 所示。

11. 阵列散热孔 1

（1）在"模型树"选项卡中选择步骤 10 创建的散热孔。

（2）单击"编辑特征"工具栏中的"阵列"按钮，打开"阵列"操控板，设置阵列类型为"轴"，在模型中选取轴 A_3 为参考。然后在操控板中给定阵列个数为 30，角度为 12°。

（3）单击操控板中的"完成"按钮✔，完成阵列，如图 9-54 所示。

图 9-52 参考及草绘图

图 9-53 散热孔

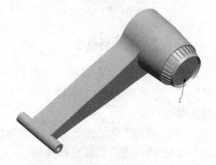

图 9-54 阵列

12. 创建圆形散热孔

（1）单击"基础特征"工具栏中的"拉伸"按钮，在打开的"拉伸"操控板中依次单击"放置"→"定义"按钮，打开"草绘"对话框。选取如图 9-54 所示的平面 1 作为草绘面，单击"草绘"按钮，进入草绘环境。

（2）单击"草绘器"工具栏中的"圆"按钮○，绘制如图 9-55 所示的截面并修改尺寸。单击"确定"按钮✔，退出草图绘制环境。

（3）在操控板中单击"曲面"按钮，输入拉伸深度为 5mm，单击"去除材料"按钮，选取步骤 9 创建的旋转曲面。单击操控板中的"完成"按钮✔，完成散热孔的创建。

13. 阵列散热孔 2

（1）在"模型树"选项卡中选择步骤 12 创建的散热孔。

（2）单击"编辑特征"工具栏中的"阵列"按钮，打开"阵列"操控板，设置阵列类型为"填充"，在参照下滑面板中单击"定义"按钮，打开"草绘"对话框。选取如图 9-54 所示的平面 1 作为草绘面，单击"草绘"按钮，进入草绘环境。

（3）单击"草绘器"工具栏中的"使用"按钮，选择草绘平面上的圆，如图 9-56 所示。单击"确定"按钮，退出草图绘制环境。

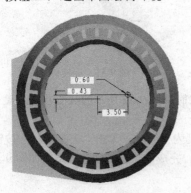
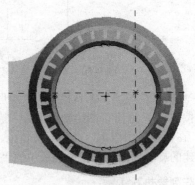

图 9-55　圆　　　　　　　　图 9-56　提取图元

（4）在操控板中输入成员间隔为 1，其他采用默认设置，如图 9-57 所示。单击操控板中的"完成"按钮，完成阵列，如图 9-58 所示。

图 9-57　"阵列"操控板

14. 创建拉伸特征 2

（1）单击"基础特征"工具栏中的"拉伸"按钮，在打开的"拉伸"操控板中依次单击"放置"→"定义"按钮，打开"草绘"对话框。选取旋转轴的另一侧面作为草绘面，单击"草绘"按钮，进入草绘环境。

（2）单击"草绘器"工具栏中的"圆"按钮，绘制如图 9-59 所示的截面并修改尺寸。单击"确定"按钮，退出草图绘制环境。

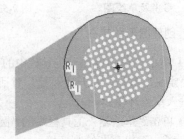

图 9-58　阵列　　　　　　　　图 9-59　绘制草图

（3）在操控板中输入拉伸深度为 2mm，单击操控板中的"完成"按钮，结果如图 9-60 所示。

Note

15. 创建拉伸特征 3

（1）单击"基础特征"工具栏中的"拉伸"按钮，在打开的"拉伸"操控板中依次单击"放置"→"定义"按钮，打开"草绘"对话框。选取与步骤 14 相同的旋转轴侧面作为草绘面，单击"草绘"按钮，进入草绘环境。

（2）单击"草绘器"工具栏中的"圆"按钮○，绘制如图 9-61 所示的截面并修改尺寸。单击"确定"按钮✔，退出草图绘制环境。

（3）在操控板中输入拉伸深度为 2.5mm，单击操控板中的"完成"按钮✔，结果如图 9-62 所示。

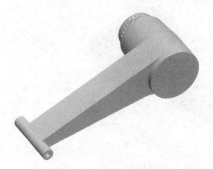

图 9-60　拉伸

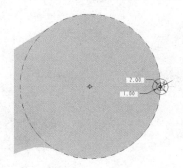

图 9-61　绘制同心圆

图 9-62　拉伸特征

16. 阵列拉伸特征

（1）在"模型树"选项卡中选择步骤 15 创建的拉伸特征。

（2）单击"编辑特征"工具栏中的"阵列"按钮，打开"阵列"操控板，设置阵列类型为"轴"，在模型中选取轴 A_2 为参考。然后在操控板中给定阵列个数为 4，角度为 90°。

（3）单击操控板中的"完成"按钮✔，完成阵列，如图 9-63 所示。

17. 切除圆柱内多余的部分

（1）单击"基础特征"工具栏中的"拉伸"按钮，在打开的"拉伸"操控板中依次单击"放置"→"定义"按钮，打开"草绘"对话框。选取实体顶面作为草绘面，RIGHT 面作为参考，参考方向向右，单击"草绘"按钮，进入草绘环境。

（2）单击"草绘器"工具栏中的"使用"按钮，选择圆柱的小圆。单击"确定"按钮✔，退出草图绘制环境。

（3）在操控板中输入拉伸深度为 2.5mm，单击"去除材料"按钮，去除多余材料。单击操控板中的"完成"按钮✔，结果如图 9-64 所示。

图 9-63　阵列

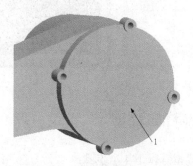

图 9-64　切除圆柱内多余的部分

18. 创建拉伸特征 4

（1）单击"基础特征"工具栏中的"拉伸"按钮，在打开的"拉伸"操控板中依次单击"放置"→"定义"按钮，打开"草绘"对话框。选取实体顶面作为草绘面，RIGHT 面作为参考，参考方向向右，单击"草绘"按钮，进入草绘环境。

（2）单击"草绘器"工具栏中的"圆"按钮○，绘制如图 9-65 所示的截面并修改尺寸。单击"确定"按钮✓，退出草图绘制环境。

（3）在操控板中输入拉伸深度为 12mm，单击操控板中的"完成"按钮☑，结果如图 9-66 所示。

图 9-65　绘制草图

图 9-66　电动机

9.4.2　打印模型

根据 8.2 节操作步骤 1～4 进行操作，为减少支撑，需要将模型旋转至合适位置。单击"旋转零件"按钮，弹出如图 9-67 所示的"旋转零件"对话框，将 X 轴所对应数值设置为-90°，也就是绕 X 轴旋转-90°，单击"确定"按钮，模型旋转完毕如图 9-68 所示。然后按步骤 3 继续放置模型，再根据步骤 5 对生成支撑后的模型进行切片处理，并导入相应快速成型机器中，即可打印。

图 9-67　"旋转零件"对话框

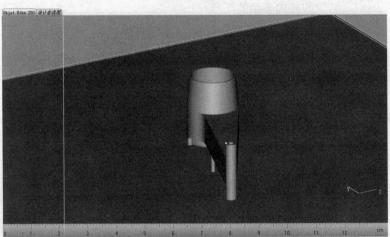

图 9-68　旋转模型 diandongji

9.4.3　处理打印模型

处理打印模型有以下 4 个步骤：

（1）取出模型。取出后的电动机模型如图 9-69 所示。

（2）清洗模型。

（3）去除支撑。

（4）打磨模型。打磨处理后的电动机模型如图 9-70 所示。

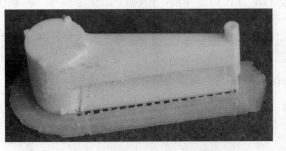

图 9-69 打印完毕的电动机模型 图 9-70 处理后的电动机模型

9.5 底 座

首先利用 Pro/ENGINEER 软件创建底座模型，再利用 Magics 软件打印底座的
3D 模型，最后对打印出来的底座模型进行清洗、去除支撑和毛刺处理，流程图如图 9-71 所示。

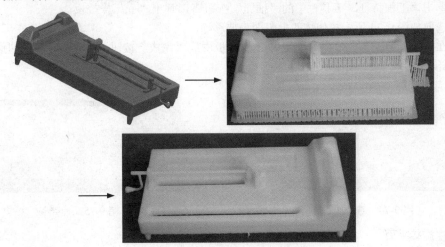

图 9-71 底座模型创建流程图

9.5.1 创建模型

1. 新建文件

启动 Pro/ENGINEER 5.0，选择菜单栏中的"文件"→"新建"命令，或者单击"标准"工具栏
中的"新建"按钮 ，弹出"新建"对话框，在"类型"选项组中选中"零件"单选按钮，在"子类
型"选项组中选中"实体"单选按钮，在"名称"文本框中输入文件名 dizuo.prt，其他选项接受系统
提供的默认设置，单击"确定"按钮，创建一个新的零件文件。

2. 建立底板

（1）单击"基础特征"工具栏中的"拉伸"按钮 ，在打开的"拉伸"操控板中依次单击"放置"→"定义"按钮，打开"草绘"对话框。选取 TOP 面作为草绘面，RIGHT 面作为参考，参考方向向右，单击"草绘"按钮，进入草绘环境。

（2）单击"草绘器"工具栏中的"矩形"按钮 ，绘制如图 9-72 所示的截面并修改尺寸。单击"确定"按钮 ，退出草图绘制环境。

（3）在操控板中输入拉伸深度为 8mm，单击操控板中的"完成"按钮 ，结果如图 9-73 所示。

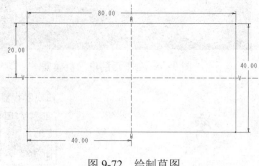
图 9-72　绘制草图

图 9-73　创建底板

3. 对底座进行抽壳

（1）单击"工程特征"工具栏中的"抽壳"按钮 ，弹出"壳"操控板。

（2）选取如图 9-74 所示拉伸体的上表面为要移除的面。

（3）在操控板中输入壁厚为 4mm，单击操控板中的"完成"按钮 ，完成对底板的抽壳，结果如图 9-75 所示。

图 9-74　选择平面 1

图 9-75　抽壳

4. 创建旋转平面

（1）单击"基准"工具栏中的"基准平面"按钮 ，打开"基准平面"对话框。

（2）选取如图 9-76 所示的内腔平面为参照面，输入平移值为 2mm，方向向外，单击"确定"按钮，完成平面的创建。

5. 创建支撑脚

（1）单击"基础特征"工具栏中的"旋转"按钮 ，在打开的"旋转"操控板中依次单击"放置"→"定义"按钮，打开"草绘"对话框。选取 DTM1 面作为草绘平面，单击"草绘"按钮，进入草绘环境。

（2）单击"草绘器"工具栏中的"几何中心线"按钮 ，绘制一条竖直中心线，单击"草绘器"工具栏中的"线"按钮 ，绘制如图 9-77 所示的截面并修改尺寸。单击"确定"按钮 ，退出草图绘制环境。

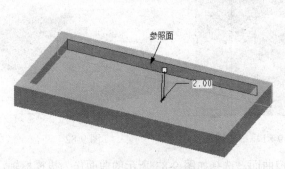

参照面

2.00

图 9-76 选择参照平面

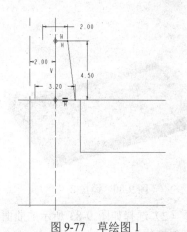

2.00

2.00

4.50

3.20

图 9-77 草绘图 1

Note

（3）在操控板中设置旋转方式为"变量" ，给定旋转角度值为 360°，单击操控板中的"完成"按钮 ，结果如图 9-78 所示。

6．镜像支撑脚

（1）在"模型树"选项卡中选择步骤 5 创建的旋转特征。

（2）单击"编辑特征"工具栏中的"镜像"按钮 ，打开"镜像"操控板，选择 FRONT 基准平面，单击"完成"按钮 ，完成支撑脚的镜像，如图 9-79 所示。

图 9-78 创建支撑脚

图 9-79 镜像 1

（3）同理，按住 Ctrl 键选中两个支撑脚，重复"镜像"命令，选择视图中的 RIGHT 基准平面，单击"完成"按钮 ，将两个支撑脚镜像到对称的位置上，如图 9-80 所示。

7．创建凸台

（1）单击"基础特征"工具栏中的"拉伸"按钮 ，在打开的"拉伸"操控板中依次单击"放置"→"定义"按钮，打开"草绘"对话框。底座未进行抽壳的上表面作为草绘平面，RIGHT 面作为参考，参考方向向下，单击"草绘"按钮，进入草绘环境。

（2）单击"草绘器"工具栏中的"矩形"按钮 ，绘制如图 9-81 所示的截面并修改尺寸。单击"确定"按钮 ，退出草图绘制环境。

（3）在操控板中输入拉伸深度为 4mm，单击操控板中的"完成"按钮 ，结果如图 9-82 所示。

8．创建拔模斜度

（1）单击"工程特征"工具栏中的"拔模"按钮 ，打开"拔模"操控板。

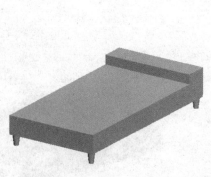

图 9-80　镜像 2　　　　　图 9-81　草绘图 2　　　　　图 9-82　凸台

（2）选择如图 9-83 所示的曲面作为拔模曲面，选择如图 9-83 所示的曲面作为拔模枢轴，输入拔模斜度值为 30°。

（3）单击操控板中的"完成"按钮☑，如图 9-84 所示。

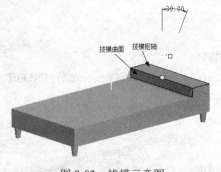

图 9-83　拔模示意图　　　　　　　　图 9-84　拔模

9．创建混合扫描的轨迹

（1）单击"基准"工具栏中的"草绘"按钮，打开"草绘"对话框，选择如图 9-85 所示的平面为草绘平面。

（2）单击"草绘器"工具栏中的"线"按钮，绘制如图 9-86 所示的直线，单击"确定"按钮☑，完成混合扫描的轨迹的创建。

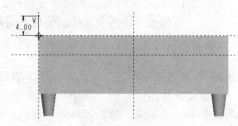

图 9-85　选择平面 2　　　　　　　　图 9-86　草绘图 3

10．创建混合扫描特征

（1）选择菜单栏中的"插入"→"扫描混合"命令，打开"扫描混合"操控板。系统自动选取步骤 9 绘制的草图为扫描轨迹。

（2）在操控板中"截面"下滑面板中选中"草绘截面"单选按钮，然后选取轨迹线的下端点，单击"草绘"按钮，如图 9-87 所示。

（3）单击"草绘器"工具栏中的"矩形"按钮□，绘制草图如图 9-88 所示。单击"确定"按钮✔，完成第一截面绘制。

（4）单击"截面"下滑面板中的"插入"按钮，创建截面 2，选取轨迹线的上端点，单击"草绘"按钮，单击"草绘器"工具栏中的"矩形"按钮□，绘制如图 9-89 所示的草图，单击"确定"按钮✔，完成第二截面绘制。

（5）单击"完成"按钮✔，完成混合扫描特征的创建，隐藏轨迹线，如图 9-90 所示。

图 9-87 截面选项

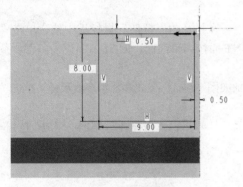

图 9-88 第一截面

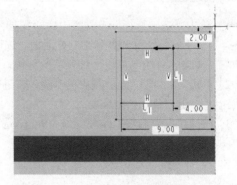

图 9-89 第二截面

11. 创建倒圆角特征

（1）单击"工程特征"工具栏中的"倒圆角"按钮，打开"倒圆角"操控板。

（2）按住 Ctrl 键，选取混合扫描特征顶面的 4 条棱边和侧面的 4 条棱边，如图 9-91 所示。在操控板中设置圆角半径为 1mm，单击操控板中的"完成"按钮✔，完成倒圆角特征的创建，结果如图 9-92 所示。

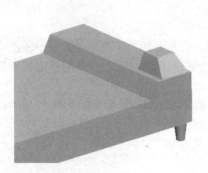

图 9-90 混合扫描

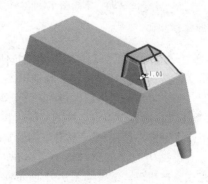

图 9-91 选取边 1

12. 镜像混合扫描和倒圆角特征

（1）按住 Ctrl 键在模型树中选择上面创建的混合扫描和倒圆角特征。

（2）单击"编辑特征"工具栏中的"镜像"按钮，打开"镜像"操控板，选择 FRONT 基准平面为镜像平面，单击"完成"按钮，完成镜像，如图 9-93 所示。

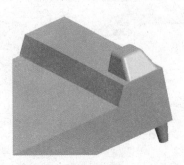
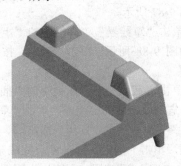

图 9-92　倒圆角 1　　　　　　　　　　　　　　　图 9-93　镜像 3

13. 创建连接杆

（1）单击"基础特征"工具栏中的"拉伸"按钮，在打开的"拉伸"操控板中依次单击"放置"→"定义"按钮，打开"草绘"对话框。选取 FRONT 面作为草绘面，RIGHT 面作为参考，参考方向向右，单击"草绘"按钮，进入草绘环境。

（2）单击"草绘器"工具栏中的"圆"按钮○，绘制如图 9-94 所示的截面并修改尺寸。单击"确定"按钮✔，退出草图绘制环境。

（3）在操控板中输入拉伸深度为 30mm，选择"对称"拉伸，单击操控板中的"完成"按钮，结果如图 9-95 所示。

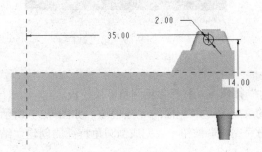
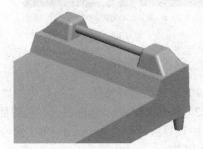

图 9-94　草绘图 4　　　　　　　　　　　　　　　图 9-95　连接杆

14. 创建切割槽

（1）单击"基础特征"工具栏中的"拉伸"按钮，在打开的"拉伸"操控板中依次单击"放置"→"定义"按钮，打开"草绘"对话框。选取底座上表面作为草绘面，RIGHT 面作为参考，参考方向向右，单击"草绘"按钮，进入草绘环境。

（2）单击"草绘器"工具栏中的"线"按钮╲和"圆"按钮○，绘制如图 9-96 所示的截面并修改尺寸。单击"确定"按钮✔，退出草图绘制环境。

（3）在操控板中输入拉伸深度为 23mm，单击"去除材料"按钮，去除多余材料。单击操控板中的"完成"按钮，结果如图 9-97 所示。

15. 创建凹槽

（1）单击"基础特征"工具栏中的"拉伸"按钮，在打开的"拉伸"操控板中依次单击"放置"→"定义"按钮，打开"草绘"对话框。选取底座上表面作为草绘面，RIGHT 面作为参考，参考方向向右，单击"草绘"按钮，进入草绘环境。

（2）单击"草绘器"工具栏中的"矩形"按钮□，绘制如图 9-98 所示的截面并修改尺寸。单击"确定"按钮✔，退出草图绘制环境。

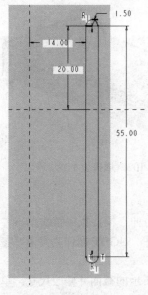

图 9-96　草绘图 5

图 9-97　切割槽

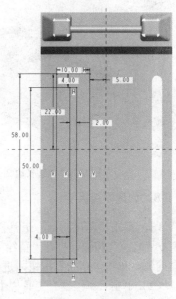

图 9-98　草绘图 6

（3）在操控板中输入拉伸深度为 0.3mm，单击"去除材料"按钮▱，去除多余材料。单击操控板中的"完成"按钮✔，结果如图 9-99 所示。

16．对凹槽里的小矩形进行倒角

（1）单击"工程特征"工具栏中的"倒角"按钮，在打开的"倒角"操控板中输入倒角值为 0.3mm，选择前面创建的凹槽里的小矩形顶面的 4 条边，如图 9-100 所示。

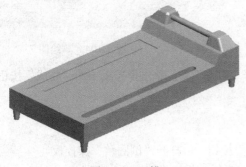

图 9-99　凹槽 1

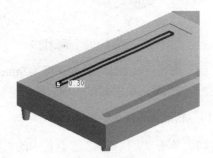

图 9-100　拾取倒角边

（2）单击操控板中的"完成"按钮✔，完成倒角的创建。

17．对凹槽的大矩形进行倒圆角

（1）单击"工程特征"工具栏中的"倒圆角"按钮，打开"倒圆角"操控板。按住 Ctrl 键，选择凹槽里的大矩形顶面的 4 条边，如图 9-101 所示。在操控板中设置圆角半径为 0.3mm，单击操控板中的"完成"按钮✔，完成倒圆角特征的创建。

（2）重复"倒圆角"命令，按住 Ctrl 键，选择底座和切割槽的边，如图 9-102 所示。在操控板中设置圆角半径为 1mm，单击操控板中的"完成"按钮☑，完成倒圆角特征的创建，结果如图 9-103 所示。

图 9-101　选取边 2　　　　　　　　　图 9-102　选择边 1

18. 创建阻挡板

（1）单击"基础特征"工具栏中的"拉伸"按钮⊡，在打开的"拉伸"操控板中依次单击"放置"→"定义"按钮，打开"草绘"对话框。选取 FRONT 面作为草绘面，RIGHT 面作为参考，参考方向向右，单击"草绘"按钮，进入草绘环境。

（2）单击"草绘器"工具栏中的"线"按钮＼，绘制如图 9-104 所示的截面并修改尺寸。单击"确定"按钮✔，退出草图绘制环境。

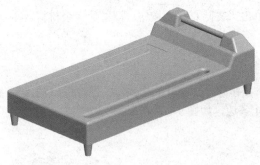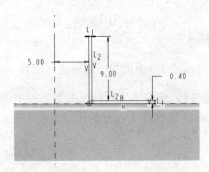

图 9-103　倒圆角 2　　　　　　　　　图 9-104　草绘图 7

（3）在操控板中输入拉伸深度为 9mm，选择"对称"⊟，单击操控板中的"完成"按钮☑，完成阻挡板的创建，结果如图 9-105 所示。

19. 创建倒圆角 1

（1）单击"工程特征"工具栏中的"倒圆角"按钮◝，打开"倒圆角"操控板。

（2）按住 Ctrl 键，选择如图 9-106 所示的边。在操控板中设置圆角半径为 3mm，单击操控板中的"完成"按钮☑，完成倒圆角特征的创建，结果如图 9-107 所示。

20. 创建螺帽 1

（1）单击"基础特征"工具栏中的"拉伸"按钮⊡，在打开的"拉伸"操控板中依次单击"放置"→"定义"按钮，打开"草绘"对话框。选取如图 9-107 所示的面 1 作为草绘面，FRONT 面作为参考，单击"草绘"按钮，进入草绘环境。

Note

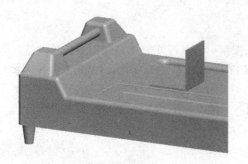

图 9-105 阻挡板

图 9-106 选择边 2

（2）单击"草绘器"工具栏中的"调色板"按钮 ，在弹出的如图 9-108 所示的"草绘器调色板"对话框中双击六边形，在视图中指定位置放置六边形，绘制如图 9-109 所示的截面并修改尺寸。单击"确定"按钮 ，退出草图绘制环境。

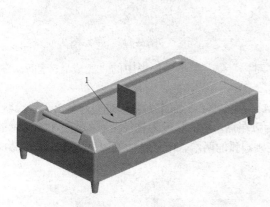

图 9-107 倒圆角 3

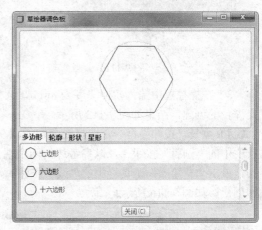

图 9-108 "草绘器调色板"对话框

（3）在操控板中输入拉伸深度为 0.7mm，单击操控板中的"完成"按钮 ，完成螺帽的创建，如图 9-110 所示。

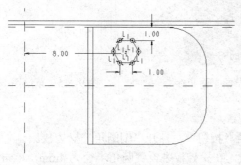

图 9-109 草绘图 8

图 9-110 螺帽

21. 镜像螺帽 1

（1）在"模型树"选项卡中选择步骤 20 创建的拉伸特征。

（2）单击"编辑特征"工具栏中的"镜像"按钮 ，打开"镜像"操控板，选择视图中 FRONT 基准平面，单击"完成"按钮 ，完成镜像，如图 9-111 所示。

22. 创建支撑台

（1）单击"基础特征"工具栏中的"拉伸"按钮，在打开的"拉伸"操控板中依次单击"放置"→"定义"按钮，打开"草绘"对话框。选取 FRONT 面作为草绘面，RIGHT 面作为参考，参考方向向左，单击"草绘"按钮，进入草绘环境。

（2）单击"草绘器"工具栏中的"线"按钮，绘制如图 9-112 所示的截面并修改尺寸。单击"确定"按钮，退出草图绘制环境。

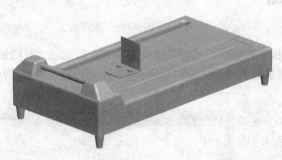

图 9-111 镜像螺帽

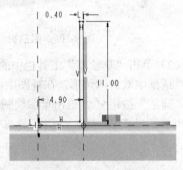

图 9-112 草绘图 9

（3）在操控板中输入拉伸深度为 8mm，选择"对称"，单击操控板中的"完成"按钮，完成支撑台的创建，结果如图 9-113 所示。

（4）重复"拉伸"命令，选择视图中如图 9-114 所示的中心平面作为草绘平面，单击"草绘器"工具栏中的"圆弧"按钮，以参考边的两个端点为弧端点，边的长度为直径绘制如图 9-115 所示的半圆，单击"草绘器"工具栏中的"线"按钮，连接圆弧的两端，向下拉伸的深度为 0.5mm，完成拉伸创建，如图 9-116 所示。

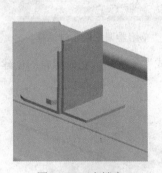

图 9-113 支撑台

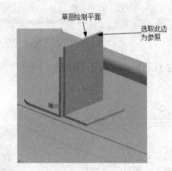

图 9-114 选择草绘平面和参考

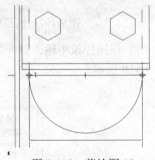

图 9-115 草绘图 10

23. 创建倒圆角 2

（1）单击"工程特征"工具栏中的"倒圆角"按钮，打开"倒圆角"操控板。

（2）按住 Ctrl 键，选择如图 9-117 所示的边。在操控板中设置圆角半径为 4mm，单击操控板中的"完成"按钮，完成倒圆角特征的创建，结果如图 9-118 所示。

24. 创建圆柱

（1）单击"基础特征"工具栏中的"拉伸"按钮，在打开的"拉伸"操控板中依次单击"放置"→"定义"按钮，打开"草绘"对话框。选取如图 9-118 所示的面 1 作为草绘面，FRONT 面作为参考，单击"草绘"按钮，进入草绘环境。

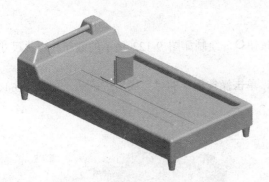

图 9-116　拉伸

图 9-117　选择边 3

（2）单击"草绘器"工具栏中的"圆"按钮◯，绘制如图 9-119 所示的截面并修改尺寸。单击"确定"按钮✔，退出草图绘制环境。

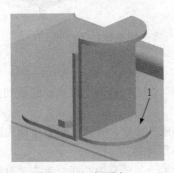

图 9-118　倒圆角 4

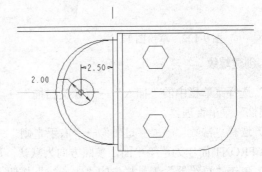

图 9-119　草绘图 11

（3）在操控板中输入拉伸深度为 8mm，选择"到选定项"，然后选取上方最近的半圆平面，单击操控板中的"完成"按钮✔，完成圆柱的创建，结果如图 9-120 所示。

25．创建平面

（1）单击"基准"工具栏中的"基准平面"按钮▱，打开"基准平面"对话框。

（2）选择 RIGHT 基准平面为参照，然后输入平移值为 3.5mm，方向向左，单击"确定"按钮，完成平面的创建，如图 9-121 所示。

图 9-120　圆柱

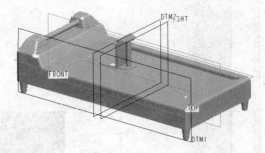

图 9-121　创建的平面

26．创建拉伸杆

（1）单击"基础特征"工具栏中的"拉伸"按钮，在打开的"拉伸"操控板中依次单击"放置"→"定义"按钮，打开"草绘"对话框。选取步骤 25 创建的基准平面作为草绘面，TOP 面作为

Note

参考，单击"草绘"按钮，进入草绘环境。

（2）单击"草绘器"工具栏中的"圆"按钮○，绘制如图 9-122 所示的截面并修改尺寸。单击"确定"按钮✔，退出草图绘制环境。

（3）在操控板中输入拉伸深度为 48mm，单击操控板中的"完成"按钮✔，完成圆柱的创建，结果如图 9-123 所示。

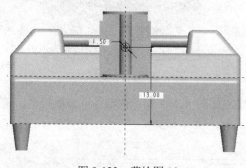

图 9-122　草绘图 12　　　　　　　　　　图 9-123　拉伸杆

27．创建螺纹

（1）选择菜单栏中的"插入"→"螺旋扫描"→"切口"命令，打开"切剪：螺旋扫描"对话框和"属性"菜单管理器。

（2）选择"常数"→"穿过轴"→"右手定则"→"完成"命令，打开"设置平面"菜单管理器，选取 FRONT 面作为草绘平面，参照方向为默认，进入草绘环境。

（3）单击"草绘器"工具栏中的"中心线"按钮，绘制一条竖直中心线。单击"草绘器"工具栏中的"直线"按钮＼，绘制草图如图 9-124 所示。单击"确定"按钮✔，完成草图绘制。

（4）打开"消息"窗口，输入节距值为 0.3mm，单击"接受值"按钮✔，接受节距值。

（5）系统进入扫描截面环境，单击"草绘器"工具栏中的"直线"按钮＼，绘制扫描截面，如图 9-125 所示，单击"确定"按钮✔，退出草图绘制环境。

（6）打开"方向"菜单管理器，选择"确定"命令，完成螺纹的创建，结果如图 9-126 所示。

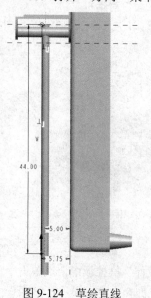
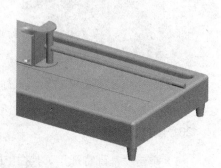

图 9-124　草绘直线　　　　图 9-125　草绘图 13　　　　图 9-126　螺纹

28．创建平面

（1）单击"基准"工具栏中的"基准平面"按钮 🔲，打开"基准平面"对话框。

（2）选择 RIGHT 基准平面为参照，然后输入平移值为 35.8mm，方向向右，如图 9-127 所示，单击"确定"按钮，完成平面的创建。

29．创建承载台

（1）单击"基础特征"工具栏中的"拉伸"按钮 🔲，在打开的"拉伸"操控板中依次单击"放置"→"定义"按钮，打开"草绘"对话框。选取步骤 28 创建的基准平面作为草绘面，TOP 面作为参考，单击"草绘"按钮，进入草绘环境。

（2）单击"草绘器"工具栏中的"线"按钮 ＼，绘制如图 9-128 所示的截面并修改尺寸。单击"确定"按钮 ✔，退出草图绘制环境。

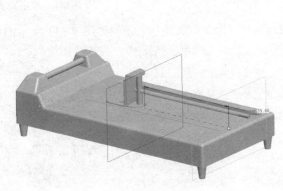

图 9-127　平面

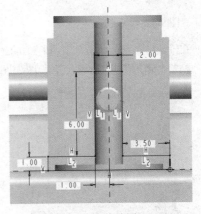

图 9-128　草绘图 14

（3）在操控板中输入拉伸深度为 2mm，拉伸方向向右，单击操控板中的"完成"按钮 ✔，完成承载台的创建，结果如图 9-129 所示。

30．创建螺帽 2

（1）单击"基础特征"工具栏中的"拉伸"按钮 🔲，在打开的"拉伸"操控板中依次单击"放置"→"定义"按钮，打开"草绘"对话框。选取如图 9-129 所示的面 1 作为草绘面，TOP 面作为参考，单击"草绘"按钮，进入草绘环境。

（2）单击"草绘器"工具栏中的"调色板"按钮 🎨，在弹出的"草绘器调色板"对话框中双击六边形，绘制如图 9-130 所示的截面并修改尺寸。单击"确定"按钮 ✔，退出草图绘制环境。

（3）在操控板中输入拉伸深度为 0.5mm，单击操控板中的"完成"按钮 ✔，完成螺帽的创建，结果如图 9-131 所示。

31．镜像螺帽 2

（1）在"模型树"选项卡中选择步骤 30 创建的拉伸特征。

（2）单击"编辑特征"工具栏中的"镜像"按钮，打开"镜像"操控板，选择视图中 FRONT 基准平面，单击"完成"按钮 ✔，完成镜像，如图 9-132 所示。

32．创建扫描轨迹

（1）单击"基准"工具栏中的"草绘"按钮，打开"草绘"对话框，选取 FRONT 基准平面作为草绘平面，单击"草绘"按钮，进入草图绘制环境。

图 9-129　承载台

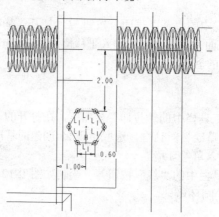

图 9-130　草绘图 15

图 9-131　螺帽

（2）单击"草绘器"工具栏中的"线"按钮╲和"圆弧"按钮╮，绘制如图 9-133 所示的草绘图，单击"确定"按钮✔，草绘图如图 9-133 所示。单击"确定"按钮✔，完成草图绘制。

图 9-132　镜像螺帽

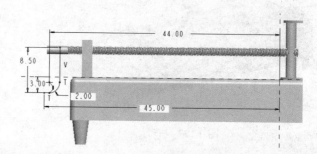

图 9-133　草绘图 16

33. 创建扫描特征

（1）单击"基础特征"工具栏中的"可变截面扫描"按钮，打开"可变截面扫描"操控板。

（2）选取刚绘制的草图作为轨迹线，再在操控板中单击"绘制截面"按钮，用来绘制扫描截面，单击"草绘器"工具栏中的"圆"按钮〇，绘制草图如图 9-134 所示。单击"确定"按钮✔，完成草图绘制。

（3）在操控板中单击"实体"按钮，单击"完成"按钮✔，完成结果如图 9-135 所示。

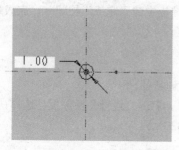

图 9-134　截面

图 9-135　扫描特征

34．创建旋转特征

（1）单击"基础特征"工具栏中的"旋转"按钮，在打开的"旋转"操控板中依次单击"放置"→"定义"按钮，打开"草绘"对话框。选取 FRONT 基准平面作为草绘平面，单击"草绘"按钮，进入草绘环境。

（2）单击"草绘器"工具栏中的"几何中心线"按钮，绘制一条中心线作为旋转轴。单击"草绘器"工具栏中的"线"按钮和"样条"按钮，绘制如图 9-136 所示的截面并修改尺寸。单击"确定"按钮，退出草图绘制环境。

（3）在操控板中设置拉伸方式为"变量"，给定旋转角度值为 360°，单击操控板中的"完成"按钮，结果如图 9-137 所示。

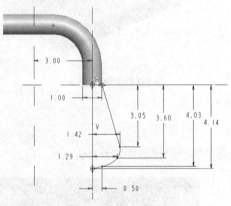

图 9-136　参考与草绘图

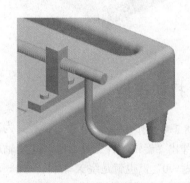

图 9-137　旋转体

35．创建凹槽

（1）单击"基础特征"工具栏中的"拉伸"按钮，在打开的"拉伸"操控板中依次单击"放置"→"定义"按钮，打开"草绘"对话框。选取底座上表面作为草绘面，RIGHT 面作为参考，参考方向向右，单击"草绘"按钮，进入草绘环境。

（2）单击"草绘器"工具栏中的"矩形"按钮，绘制如图 9-138 所示的截面并修改尺寸。单击"确定"按钮，退出草图绘制环境。

（3）在操控板中输入拉伸深度为 25mm，单击"去除材料"按钮，去除多余材料。单击操控板中的"完成"按钮，完成凹槽创建，结果如图 9-139 所示。

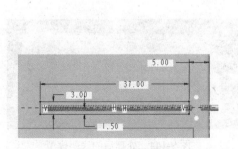

图 9-138　草绘图 17

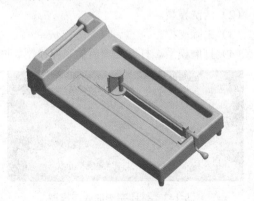

图 9-139　凹槽 2

36. 创建倒圆角3

（1）单击"工程特征"工具栏中的"倒圆角"按钮，打开"倒圆角"操控板。

（2）按住 Ctrl 键，选择凹槽顶面的两条边，如图 9-140 所示。在操控板中设置圆角半径为 1mm，单击操控板中的"完成"按钮，完成倒圆角特征的创建，结果如图 9-141 所示。

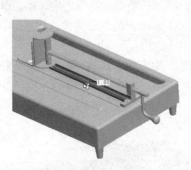
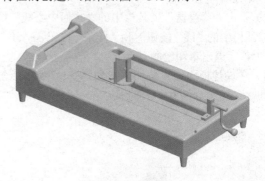

图 9-140　选取边 3　　　　　　　　　　图 9-141　倒圆角 5

9.5.2　打印模型

根据 8.2 节操作步骤 1～4 进行操作，为减少支撑，需要将模型旋转至合适位置。单击"旋转零件"按钮，弹出"旋转零件"对话框，将 X 轴所对应数值设置为-90°，也就是绕 X 轴旋转-90°，单击"确定"按钮，模型旋转完毕，如图 9-142 所示。然后按步骤 3 继续放置模型，再根据步骤 5 对生成支撑后的模型进行切片处理，并导入相应快速成型机器中，即可打印。

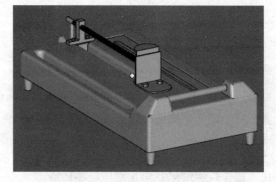

图 9-142　旋转模型 dizuo

9.5.3　处理打印模型

处理打印模型有以下 4 个步骤：

（1）取出模型。取出后的底座模型如图 9-143 所示。

（2）清洗模型。

（3）去除支撑。

（4）打磨模型。打磨处理后的底座模型如图 9-144 所示。

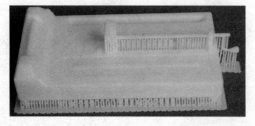
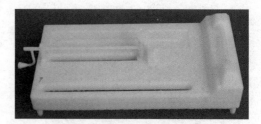

图 9-143　打印完毕的底座模型　　　　　　图 9-144　处理后的底座模型